電腦繪圖設計認證指南解題秘笈
Illustrator CC 第三版
| 視傳設計領域 |

TQC+

序

　　在視覺傳達與數位設計日益多元化的時代，圖像創意力與實務操作能力已成為設計人才邁向職場的關鍵核心。而 Adobe Illustrator 作為國際級標準的向量繪圖工具，長期廣泛應用於品牌識別、商品包裝、UI 設計、數位內容與跨媒體行銷，正是視覺設計專業者必備的重要技能之一。

　　電腦技能基金會多年來致力於推動數位技能與產學接軌，所推出的 TQC⁺ 電腦繪圖設計認證（Illustrator CC），已獲得設計、印刷、廣告、文創、電商及數位行銷等產業廣泛採認。企業在人才招募與職能評核過程中，越來越重視具備實作力與即戰力的專業證照，TQC+認證不僅反映考生對工具的熟練度，更代表了其在設計邏輯與專案執行上的專業素養。

　　『TQC⁺ 電腦繪圖設計認證指南 Illustrator CC(第三版)』是一本以實務應用為導向設計的範例題目，內容包含了各種實例演練的應用。對於一般使用者而言，要能對 Illustrator 功能全面融會貫通並輕易解出每一道試題，似乎不是一件容易的事；坊間的參考書大多著重於基本功能的介紹，然要從中學得使用技巧，實非易事。

　　有鑑於此，本會為建立使用者的學習信心和提高學習成效，特聘請胡凱元老師親自解題並精心規劃撰寫『TQC⁺ 電腦繪圖設計認證指南解題秘笈-Illustrator CC(第三版)』，期能以最完整最詳細的說明，一步一步引導您涉獵整個學習過程，而不致無所適從。

　　在充份學習之後，我們歡迎您參加本會主辦的 TQC⁺ 專業設計人才認證，取得「視傳設計領域」最具公信力的 Illustrator 電腦繪圖設計證照，為個人專業職能加分，並且預祝您學習有成、順利通過認證，考取證照。

財團法人中華民國電腦技能基金會
董事長

如何使用本書

一、本書使用說明

本書主要是為『TQC+ 電腦繪圖設計認證指南 Illustrator CC(第三版)』的操作題練習系統所編寫的解題技巧，祈望藉由書中解題步驟，提昇學習成效，練習之前請先安裝『TQC+ 電腦繪圖設計認證指南 Illustrator CC(第三版)』提供之附加資源。並請依照題目設計項目作答，並將作答結果，依該書指定之檔案名稱儲存於指定資料夾。

二、標示說明

本書中使用【】中括號及「」單引號兩種標示，說明如下：

【】中括號：凡屬於索引標籤、群組、按鈕、對話方塊或標籤的文字…皆以【】中括號呈現。

「」單引號：凡屬選項、輸入的資料或選取的文字…皆使用「」單引號呈現。

如下圖所示：

Step1 同樣使用【工具】/【群組選取工具】及【視窗】/【路徑管理員】/【聯集】，將形狀分別合併成單一路徑，右上與左下的路徑【填色】設定為「C:0% M:100% Y:0% K:0%」、左上與右下的路徑【填色】設定為「C:50% M:0% Y:100% K:0%」。

Step2 以圓心為準，繪製一個「10mm*10mm」，【填色】為「C:75%、M:100%、Y:0%、K:0%」、【筆畫】為「無」的正圓形。

三、注意事項

本書主要是針對『TQC+ 電腦繪圖設計認證指南 Illustrator CC(第三版)』操作題練習系統所作的解析，操作練習題共分為四大類，每一類10題，共40題，範例題目內容為認證題型與命題方向之示範，正式測驗試題不以範例題目為限。

『TQC+ 電腦繪圖設計認證指南解題秘笈-Illustrator CC(第三版)』需搭配『TQC+ 電腦繪圖設計認證指南 Illustrator CC(第三版)』使用，書中所提及參考展示檔於『TQC+ 電腦繪圖設計認證指南 Illustrator CC (第三版)』附加資

源中，練習時可隨時開啟參考展示檔，讓您在作答時互相對照。

書中的 Note 為考生容易犯錯或疏忽的地方及設計提示，提供您參考與借鏡。

在練習時，除熟識範例題目設計項目外，須能將各項設計功能舉一反三；考試時，仔細閱讀題目、把握時間，從容易掌握的設計項目先著手作答，萬全的準備是您爭取優良工作的不二法門，紮實的實力是您進軍職場的堅實後盾，希望本書及認證給您帶來實力、勝利和幸運，在數位化職場中嶄露頭角、勝人一籌。

四、TQC+專業設計人才認證

認證報名及相關注意事項，請至 TQC+ 專業設計人才認證網 https://www.TQCPLUS.org.tw 點選「我要報名」，詳閱報名及考試注意事項。「考生服務」提供證書申請及成績查詢等各項服務，請多加利用。

北區推廣中心

新竹（含）以北，包括宜蘭、花蓮及金馬地區
地　　址：105 台北市松山區八德路 3 段 32 號 8 樓
服務電話：(02) 2577-8806

中區推廣中心

苗栗至嘉義，包括南投地區
地　　址：406 台中市北屯區文心路 4 段 698 號 24 樓
服務電話：(04) 2238-6572

南區推廣中心

台南（含）以南，包括台東及澎湖地區
地　　址：807 高雄市三民區博愛一路 366 號 7 樓之 4
服務電話：(07) 311-9568

客服 E-MAIL： master@mail.csf.org.tw

目 錄

序
如何使用本書

  一、本書使用說明 1
  二、標示說明 1
  三、注意事項 1
  四、TQC+專業設計人才認證 2

第一類　基礎圖形繪製能力

  101.　大腹鮪 1-2
  102.　花瓶與花 1-13
  103.　燈塔 1-19
  104.　鳥類嘉年華 1-29
  105.　國王熊插圖 1-35
  106.　貼紙設計 1-41
  107.　鹿旗 1-48
  108.　蜜蜂花園插圖 1-54
  109.　活動地圖 1-62
  110.　美式卡通角色插畫 1-71

第二類　圖文表現能力

  201.　郵票設計 2-2
  202.　A5 書本封面 2-12
  203.　THE BAG 2-24
  204.　義大利麵宣傳圖 2-32
  205.　Travel agency 2-46
  206.　Lue COFFEE 隨手杯包裝 2-53

207.	老樹	2-60
208.	藍眼淚立體插畫	2-68
209.	TQC+	2-79
210.	Skyscraper in City	2-85

第三類　圖文整合設計能力

301.	Space	3-2
302.	Flashlight	3-10
303.	積木名畫	3-16
304.	Sugar Market Share	3-19
305.	THE DREAM	3-26
306.	音樂活動入場券設計	3-35
307.	花卉展覽海報設計	3-40
308.	診所名片	3-45
309.	郵票	3-51
310.	幼兒園圖表 DM	3-58

第四類　圖文應用能力

401.	拼貼藝術	4-2
402.	巧克力包裝	4-11
403.	森林住宅建案 A4 文宣	4-16
404.	Folder Design Template	4-22
405.	懸疑海報設計	4-26
406.	Milk Box Design Template	4-32
407.	flora	4-36
408.	水族館登入介面設計	4-44
409.	No Music No Life	4-51
410.	Social Media ROI Report	4-57

第一類
基礎圖形繪製能力

101. 大腹鮪
102. 花瓶與花
103. 燈塔
104. 鳥類嘉年華
105. 國王熊插圖
106. 貼紙設計
107. 鹿旗
108. 蜜蜂花園插圖
109. 活動地圖
110. 美式卡通角色插畫

101. 大腹鮪

101-1. 繪製鮪魚主體部分。

Step1 點選「開啟」鈕，選擇「ILD01.ai」檔案，按下【開啟】鈕。

Step2 使用【視窗】/【色票】面板，將版面上方兩組「顏色群組」，利用【色票】面板下方的「新增色票群組」鈕，轉換成色票，方便後續使用。

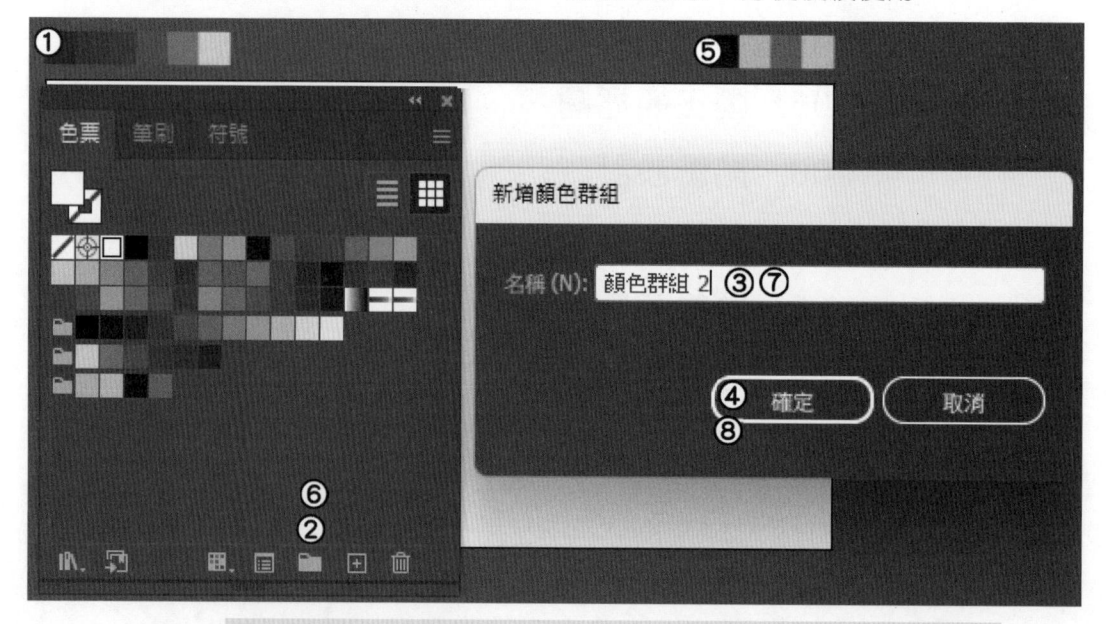

> Note 建立色票前，須將【ColorGuide】先解除鎖定，建立色票後再鎖上。

【101. 大腹鮪】

Step3　在【圖層】面板中，選擇「製作新圖層」鈕，並將圖層名稱修改成「the tuna」。

Step4　利用【工具列】/【橢圓形工具】，在版面處滑鼠左鍵一下，設定【寬度】為「150pt」、【高度】為「150pt」，按下「確定」鈕。

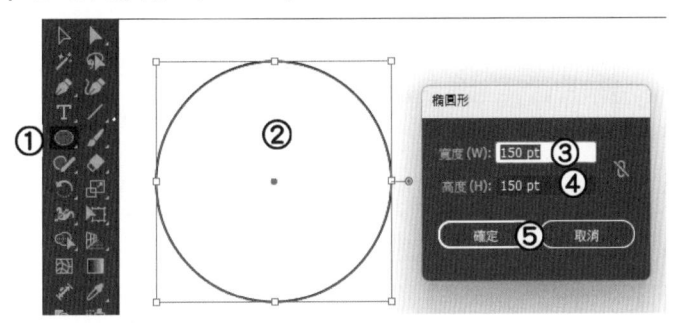

Step5　保持正圓形被選取狀態，利用【工具列】/【縮放工具】，對著【縮放工具】鈕連點滑鼠左鍵兩下，在縮放面板中輸入下列設定：
- 縮放：⊙非一致。
- 水平：220%。
- 按下「確定」鈕。

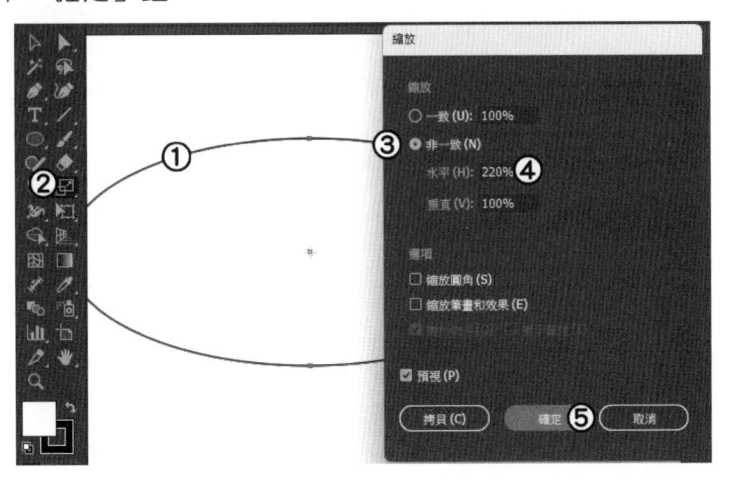

Step6　利用【工具列】/【直接選取工具】，對著橢圓形左右兩側的錨點把手向錨點方向向內拖曳。

【101. 大腹鮪】

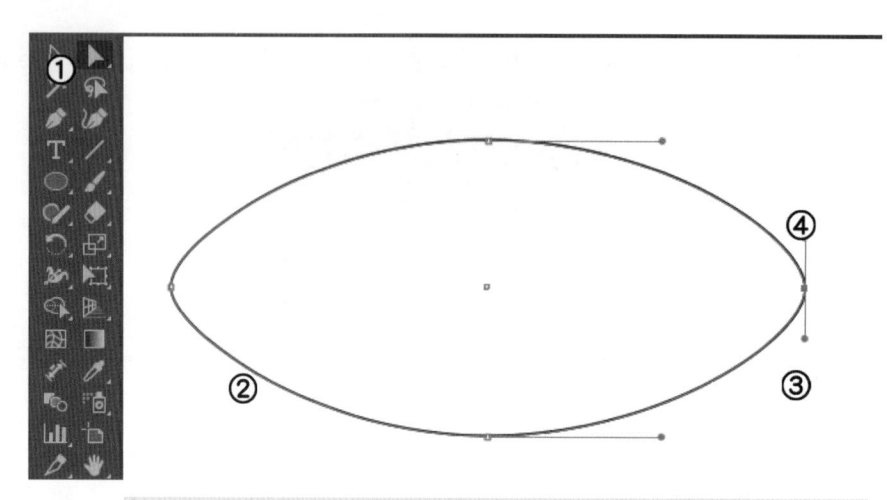

> **Note** 拖曳把手時候，建議可以配合「Shift」按鍵，這樣可以限制移動方向。

Step7 利用【工具列】/【選取工具】選擇橢圓形，使用【視窗】/【色票】面板，選擇「顏色群組2」中的「第四個色票」。

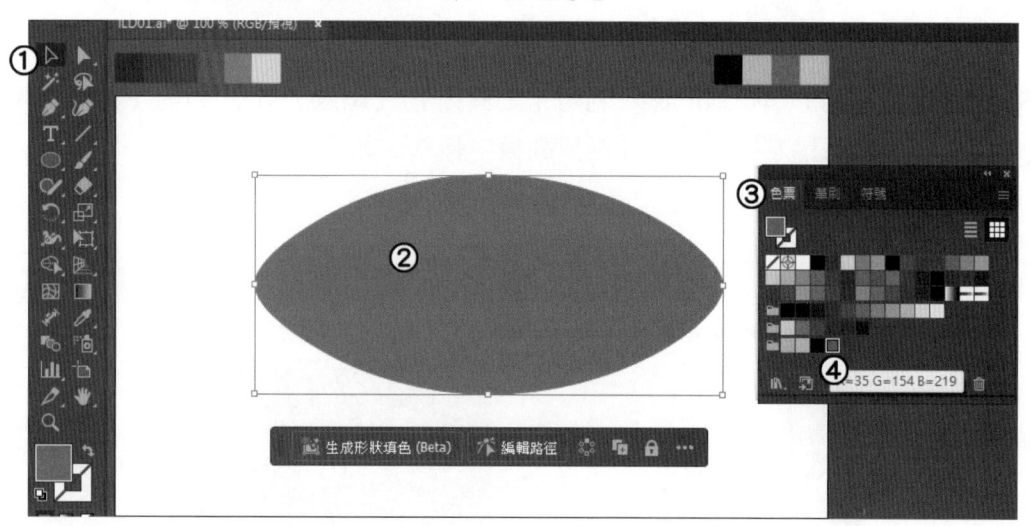

101-2. 建立尾鰭、魚鰓縫及上下魚鰭。

Step1 利用【工具列】/【橢圓形工具】，在版面處建立三個「150*150pt」的正圓形，並套用【色票】面板中「顏色群組2」的「第三個色票」。

【101. 大腹鮪】

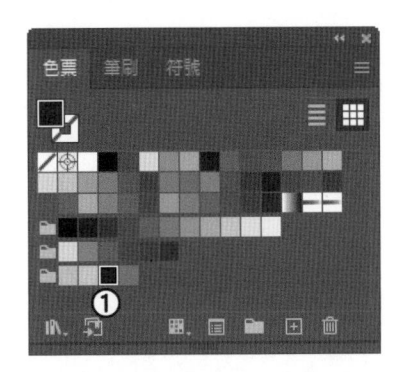

Step2 利用【工具列】/【縮放工具】，對著【縮放工具】鈕連點滑鼠左鍵兩下，在縮放面板中，將三個正圓形依序縮小成原尺寸的「60%」、「50%」、及「40%」。

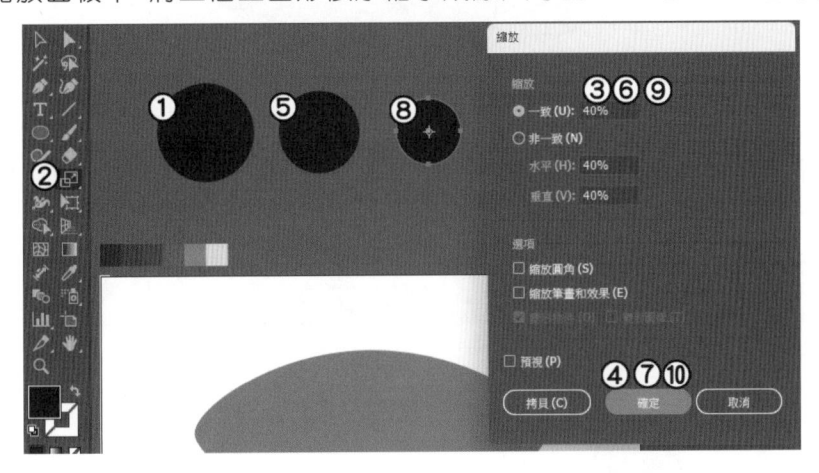

Step3 利用【工具列】/【選取工具】，利用【Alt】鍵+【左鍵拖曳】，分別將三個正圓形建立副本並偏移位置。

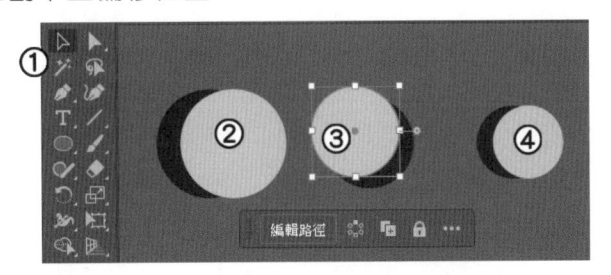

Step4 利用【路徑管理員】/【減去上層】，兩兩正圓形選取之後，【形狀模式】設定「減去上層」，分別將三個正圓形做裁切。

【101. 大腹鮪】

Step5 將「60%」的月牙形複製之後，置於魚身上下，「50%」的月牙形，移動至魚鰓處，「40%」的月牙形，移動至尾鰭處，參考展示檔，調整角度及圖層順序。

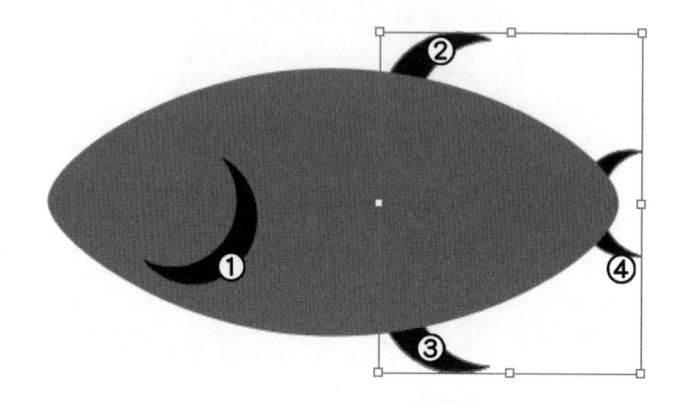

Step6 將【魚鰭】、【尾鰭】的錨點，利用【工具列】/【直接選取工具】選擇後，在【控制】列中，將【轉角】設定成「1.5pt」。

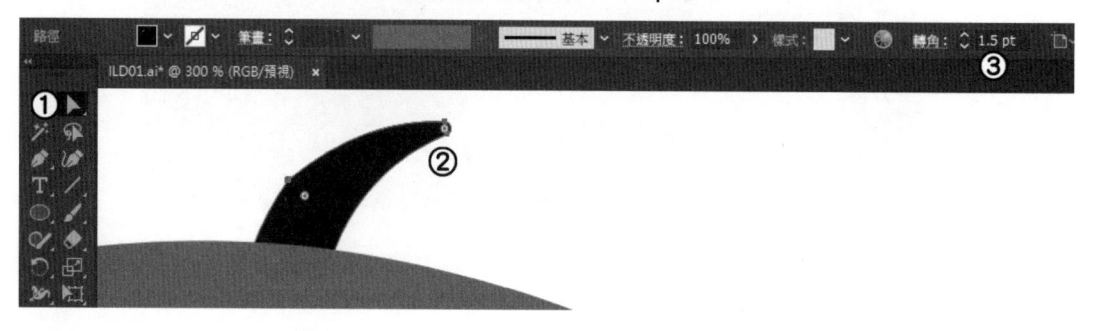

101-3. 製作離鰭及魚眼。

Step1 使用【工具列】/【多邊形工具】，建立一個半徑約「10pt」大小的三角形，並調整「位置」、「圖層順序」、「角度」及「轉角」。

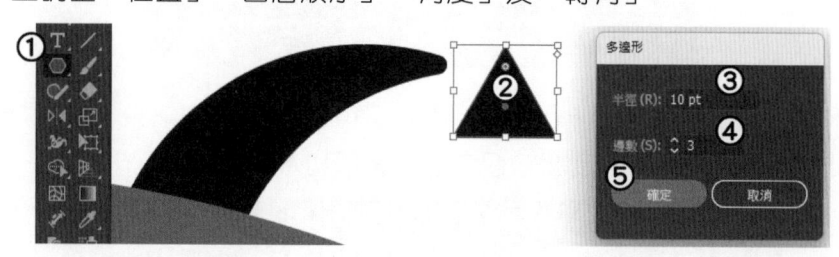

【101. 大腹鮪】

Step2 使用【工具列】/【縮放工具】,將三角形縮小「50%」、勾選「縮放圓角」,按下「拷貝」鈕,再調整「位置」與「角度」。

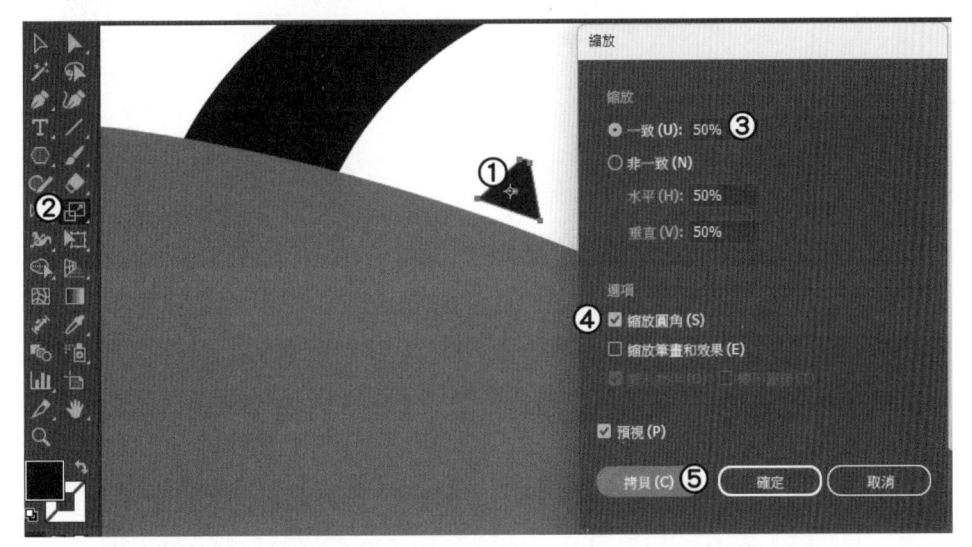

Step3 使用【工具列】/【漸變工具】對著【漸變工具】鈕連點滑鼠左鍵兩下,設定【間距】為「指定階數」,階數為「2」,並分別點選兩個三角形。

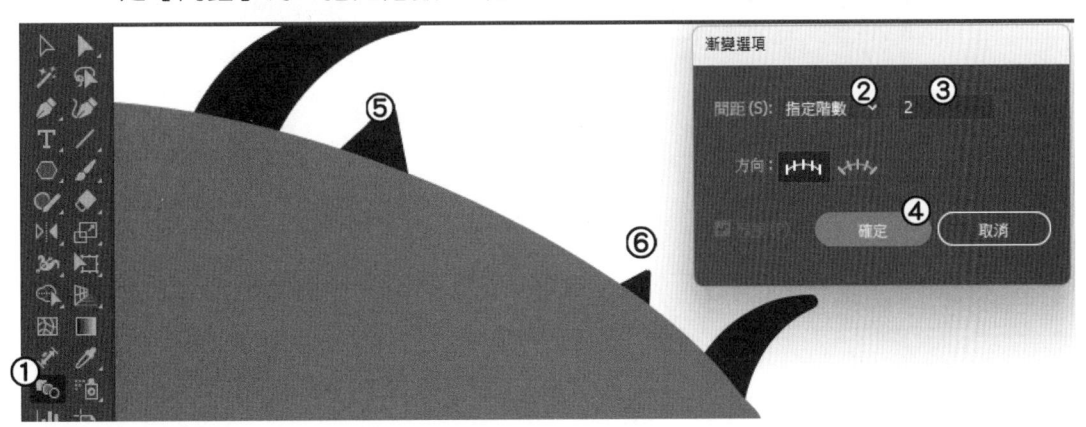

【101. 大腹鮪】

Step4　使用【工具列】/【鏡射工具】，對著【鏡射工具】鈕連點滑鼠左鍵兩下，【座標軸】設定為「水平」並按下「拷貝」鈕，將漸變物件依照水平鏡射方式建立副本，最後調整「位置」與「圖層順序」。

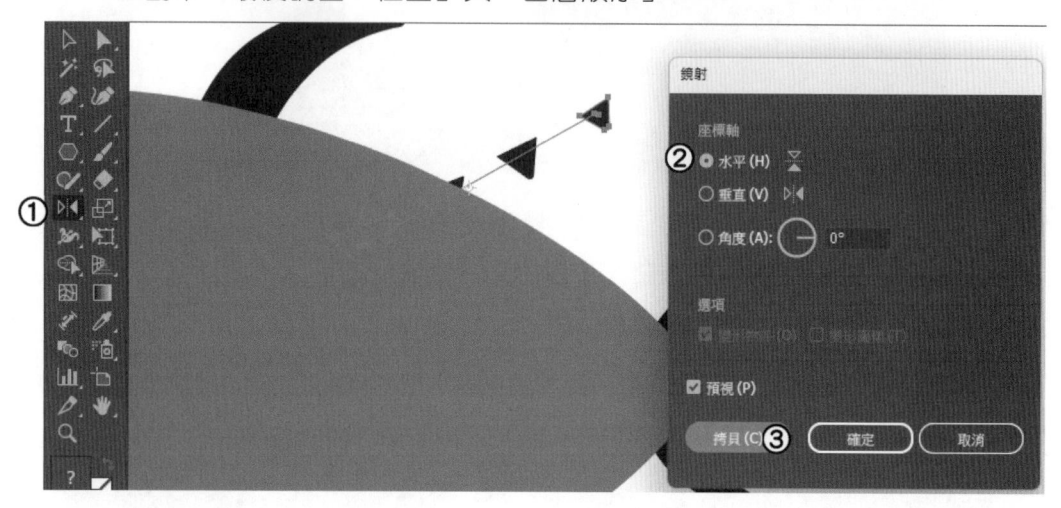

Step5　最後使用【工具列】/【橢圓形工具】，繪製一個「40pt」的白色圓形與「20pt」的黑色圓形，再用【工具列】/【多邊形工具】繪製一個三角形，選擇「黑色」圓形及「三角形」，使用【視窗】/【路徑管理員】面板，形狀模式選擇「減去上層」。

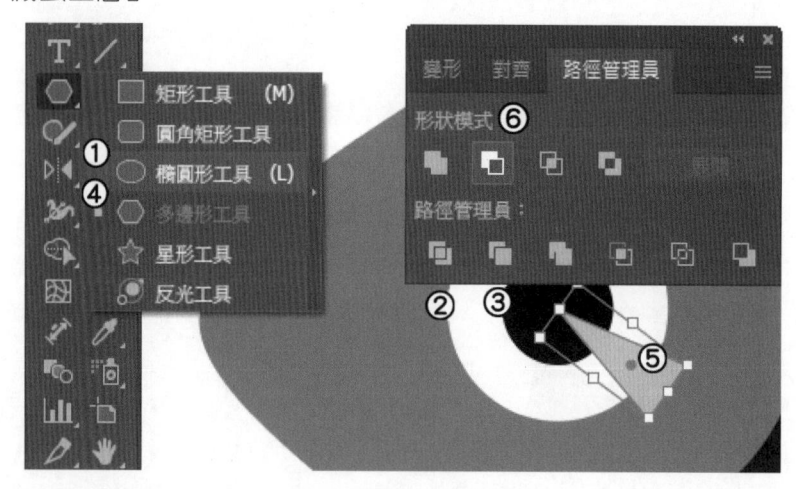

101-4. 設定魚身色塊。

Step1　利用【工具列】/【橢圓形工具】，在魚嘴處繪製一個正圓形，選擇「魚身」及「圓形」，使用【視窗】/【路徑管理員】面板，形狀模式選擇「減去上層」。，製作出魚嘴效果。

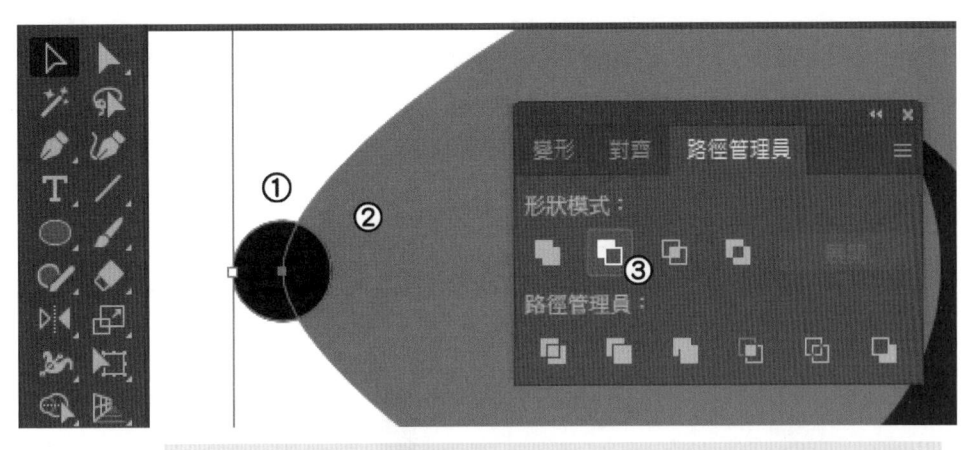

> **Note**「減去上層」後，圖層順序會改變，記得調整魚身回正確圖層位置。

Step2 在【圖層】面板中，將「魚身路徑」圖層拖曳到「製作新圖層」鈕處(重複三次)，分別建立三個副本，再分別套用【色票】面板中「顏色群組 2」的「第二個色票」、「第一個色票」、「第三個色票」。

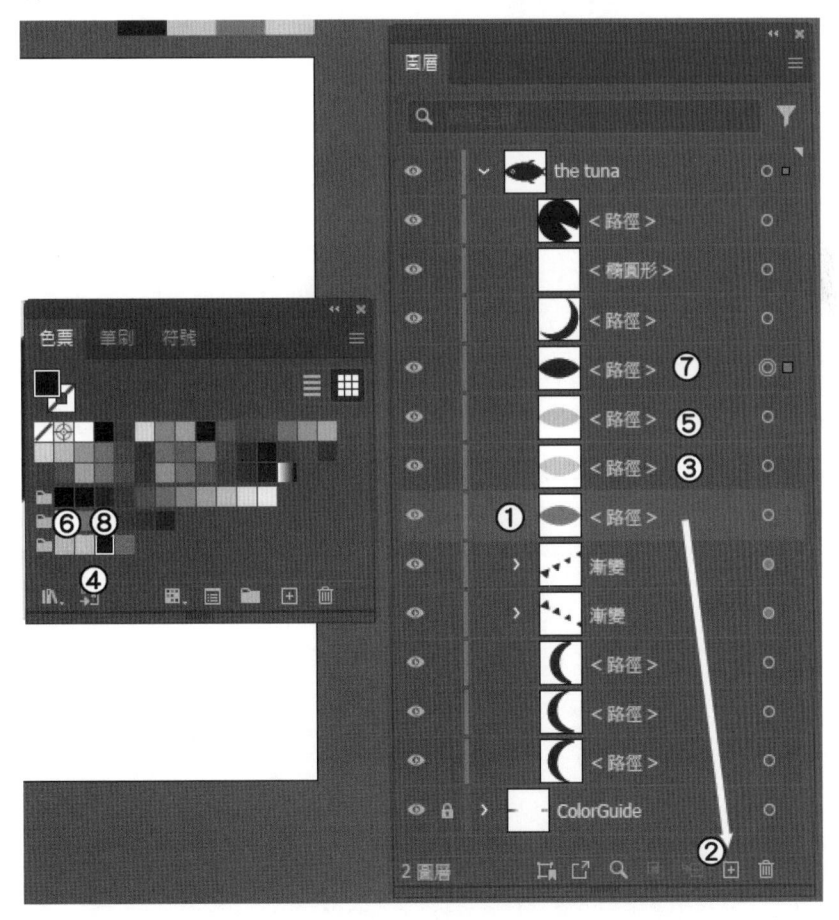

【101. 大腹鮪】

Step3 利用【工具列】/【直接選取工具】及【刪除錨點工具】,分別調整三個魚身副本的錨點,使其變形成「弧形」。

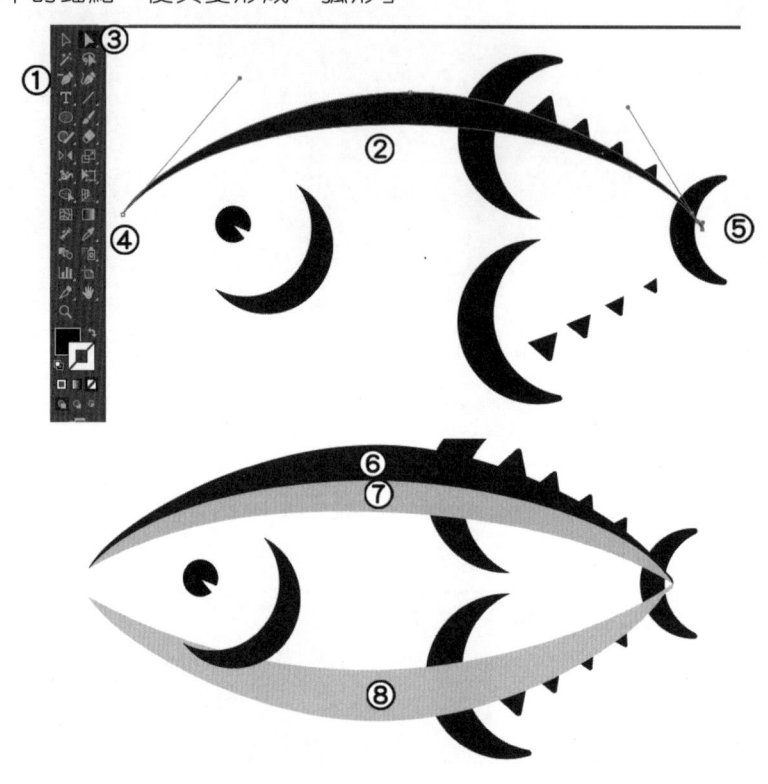

101-5. 設定背景。

Step1 在【圖層】面板中,在【the tuna】圖層下方新增一個【wave BG】圖層。

Step2 使用【工具列】/【矩形工具】,繪製一個【填色】為【色票】面板中「顏色群組 1」的「第一個色票」,【筆畫】為「無」、同版面尺寸大小相同的矩形。

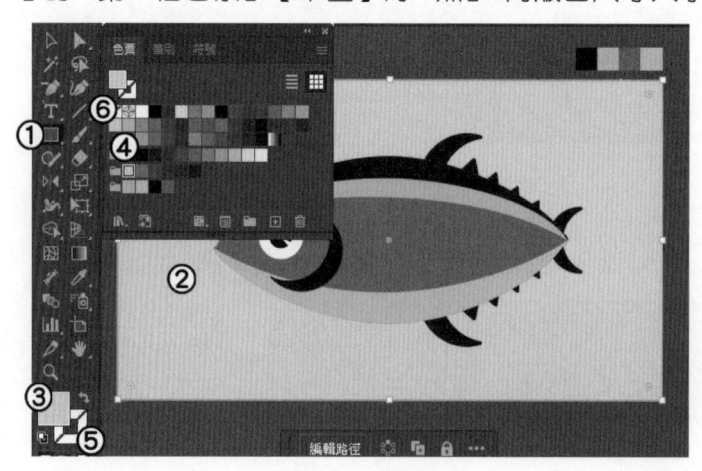

【101. 大腹鮪】

Step3 將方才建立的矩形,使用【視窗】/【圖層】面板中設定隱藏,使用【檢視】/【顯示格點】,利用【工具列】/【鋼筆工具】,繪製一個鋸齒線段,並用【工具列】/【直接選取工具】調整成「波浪狀」線段,【填色】為「無」、【筆畫】為「黑色」。

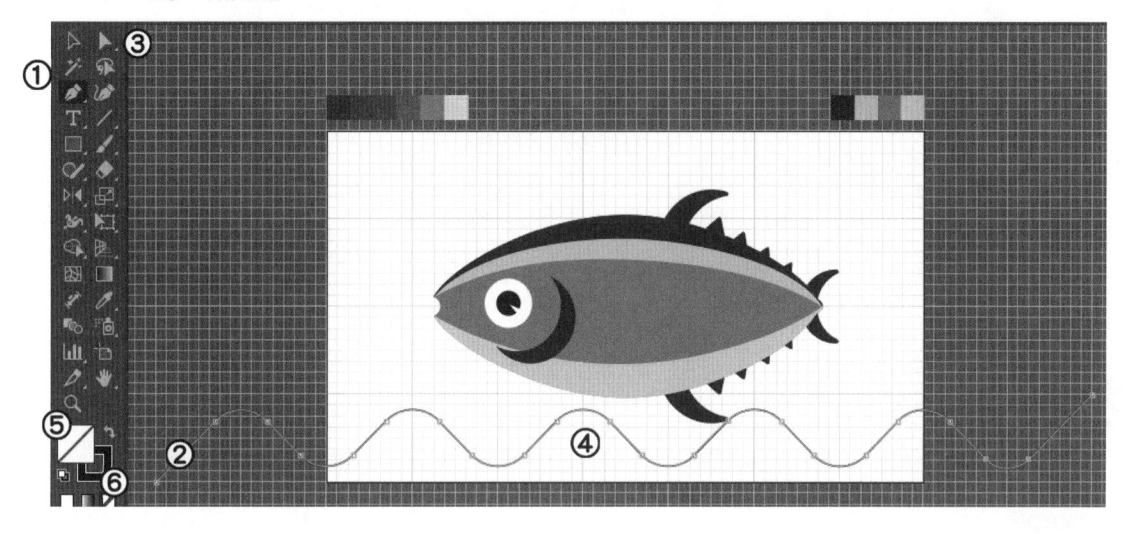

Step4 使用【工具列】/【選取工具】,配合【Alt】+【左鍵拖曳】功能,在複製四條曲線並調整位置,最後將上一個步驟「隱藏」的【矩形】設定成「顯示」。

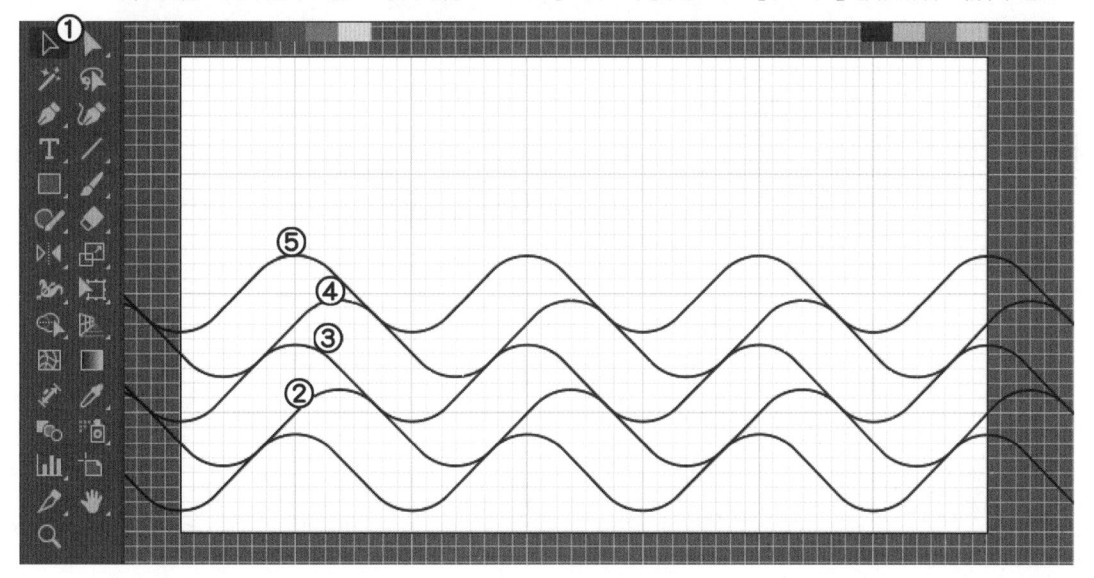

【101. 大腹鮪】

Step5 使用【工具列】/【選取工具】選取「五條曲線」及「矩形」，利用【工具列】/【路徑管理員】/【分割】，分成「六個區塊」。

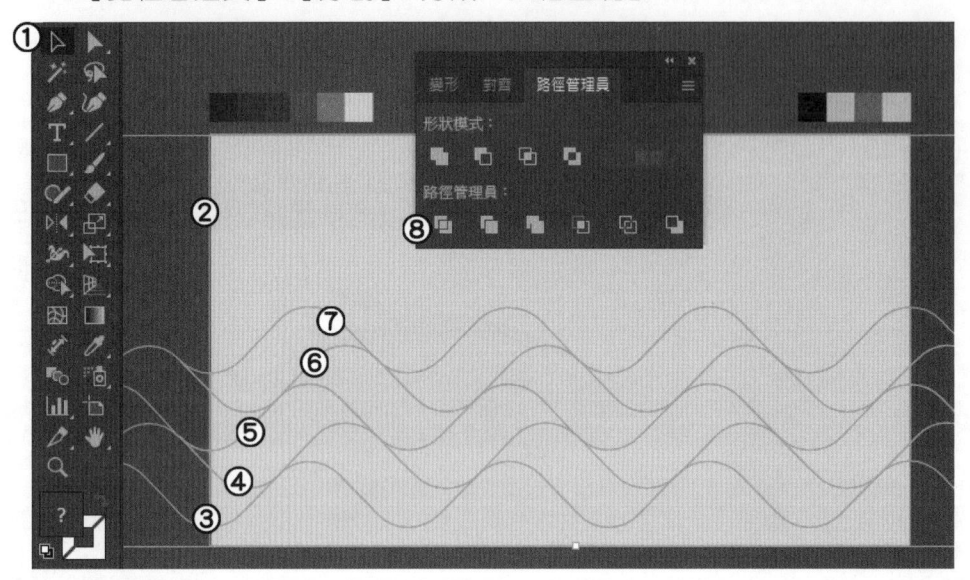

Step6 使用【工具列】/【即時上色油漆桶】，配合【色票】面板，依序填入相對應的區域。

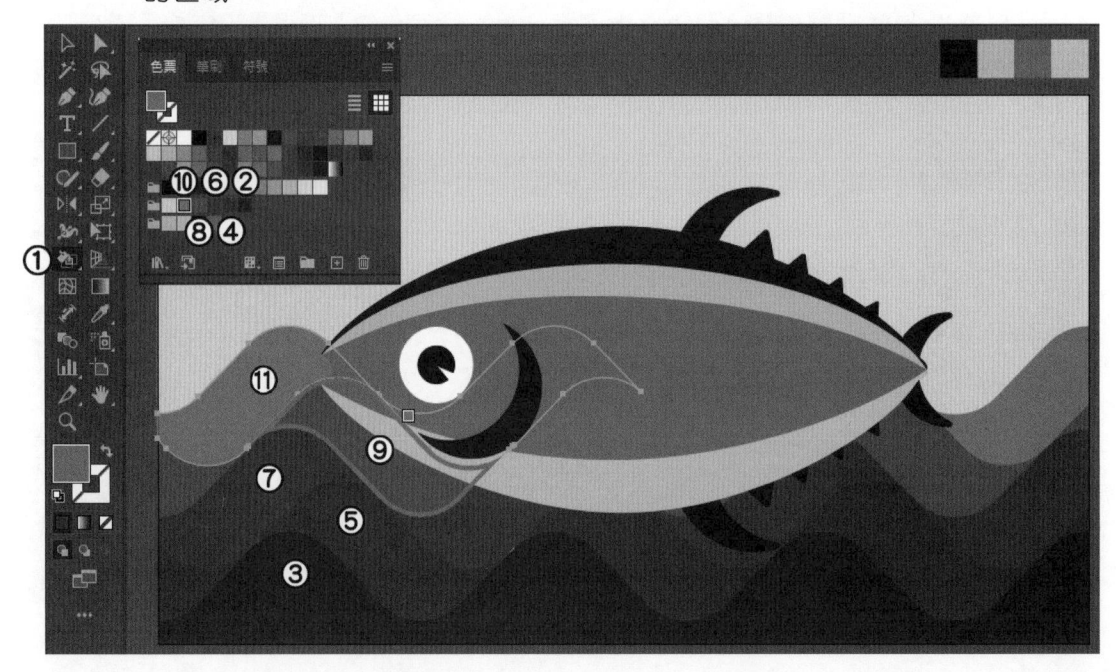

Step7 使用【檔案】/【另存新檔】功能，將完成結果儲存於 C:\ANS.CSF\IL01 資料夾中，檔案名稱請定為 ILA01.ai。

【101. 大腹鮪】

102. 花瓶與花

102-1. 設定背景及花瓶。

Step1 點選【新檔案】鈕,選擇【列印】標籤,【檔名】輸入「ILA01i」,【寬度】設定為「100mm」、【高度】設定為「130mm」,按下【建立】鈕。

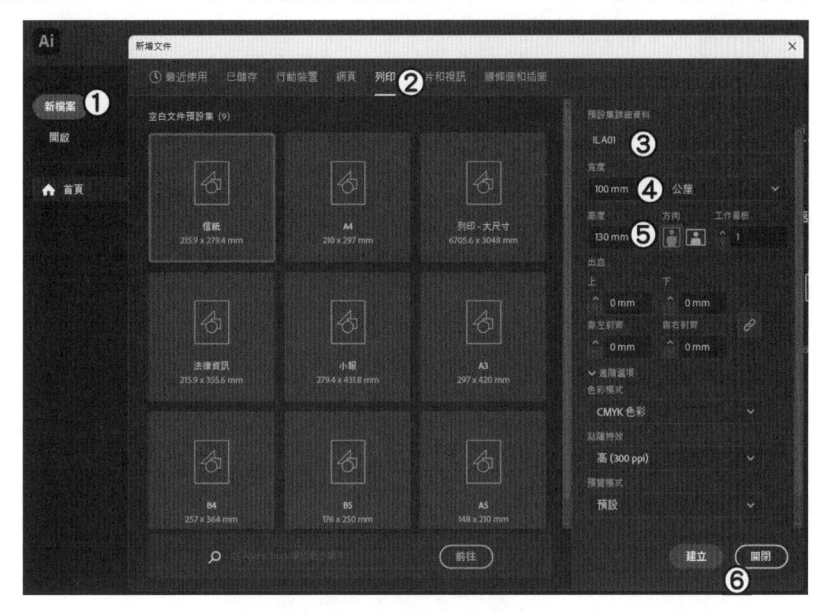

Step2 使用【工具列】/【矩形工具】,在版面中繪製一個同版面大小相同的矩形,【填色】設定為「#FBE2ED」、【筆畫】設定為「無」。

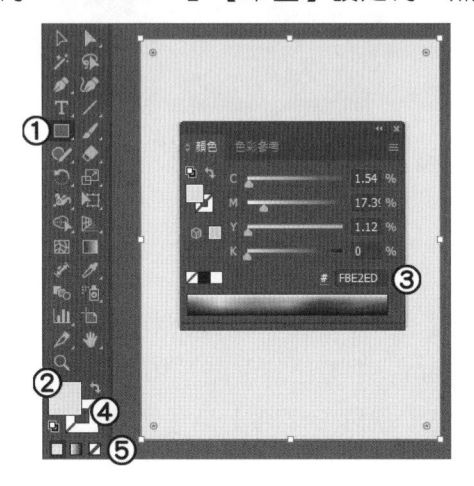

Step3 利用【工具列】/【線段區段工具】,在版面水平中央繪製一條垂直線段,【高度】設定為「50mm」、【筆畫寬度】設定為「118pt」、【筆畫】設定「#2A63AF」、【填色】設定為「無」。

【102. 花瓶與花】

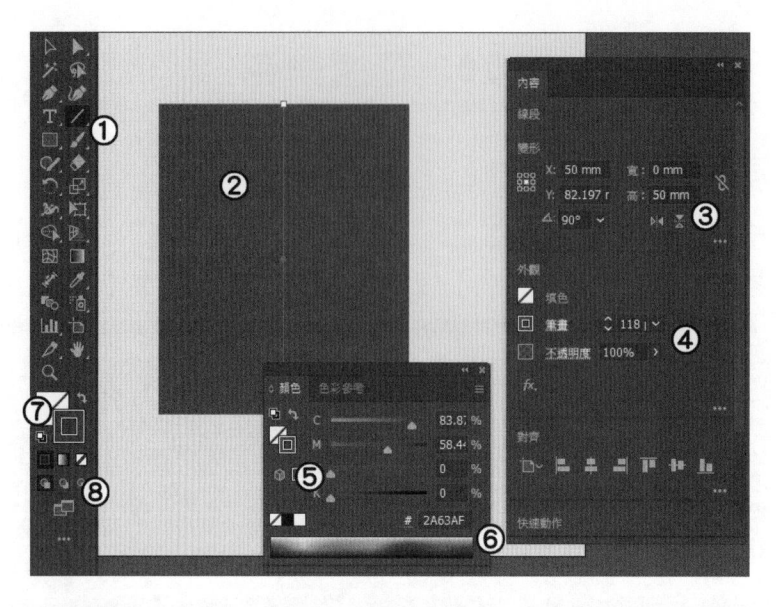

Step4　利用【工具列】/【寬度工具】，對著「垂直線」調整寬度，外觀參考展示檔。

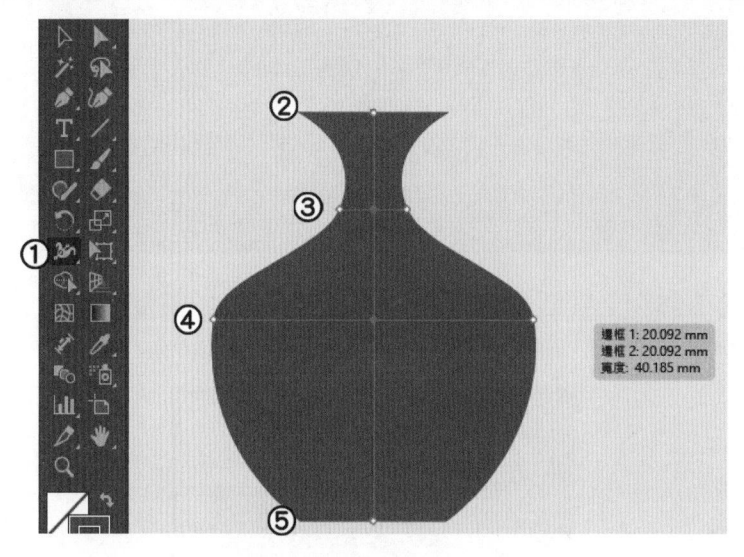

102-2. 建立花朵與花莖。

Step1　利用【工具列】/【星形工具】，在版面中建立一個【半徑 1】為「9mm」、【半徑 2】為「8mm」、【星芒數】為「16」的星形，按下「確定」鈕，利用【內容】面板調整【圓角 1 半徑】及【圓角 2 半徑】為「1mm」、【填色】設定為「白色」、【筆畫】設定「無」。

【102. 花瓶與花】

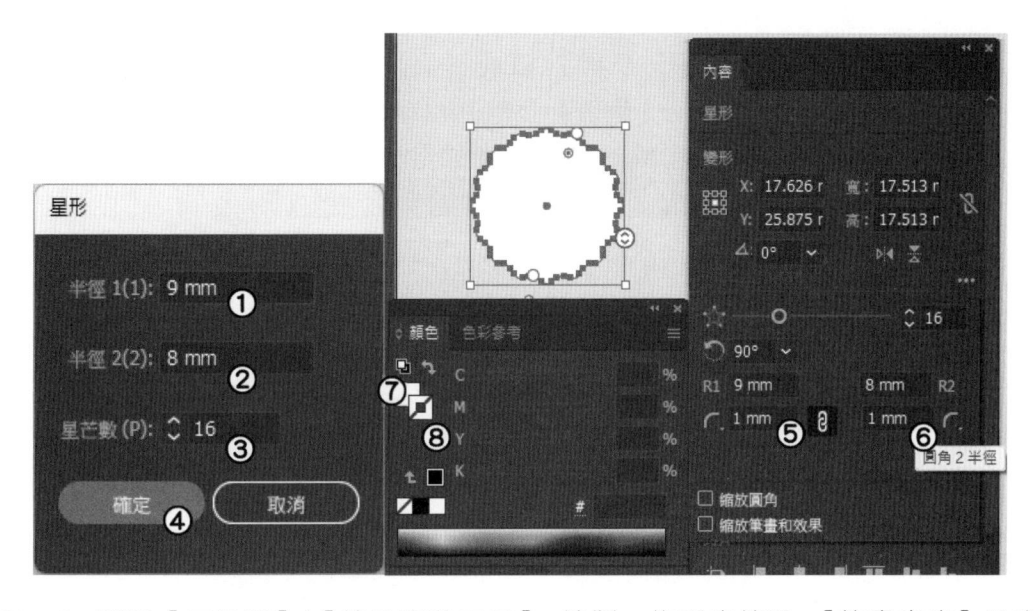

Step2 利用【工具列】/【線段區段工具】,繪製一條垂直線段,【筆畫寬度】設定為「1pt」、【筆畫】設定「#F39917」、【填色】設定為「無」。

Step3 利用【工具列】/【旋轉工具】,【角度】設定「30°」,按下「拷貝」鈕。

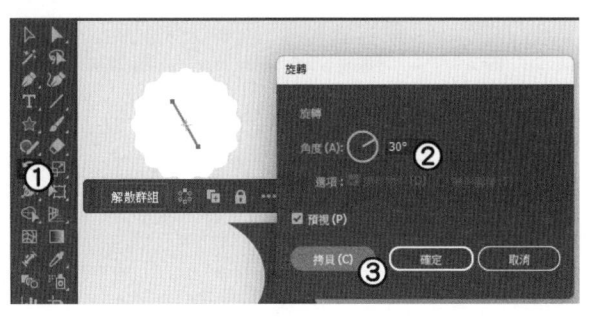

Step4 利用【Ctrl】+【D】四次,將旋轉的直線做重複拷貝旋轉,並將花蕊與花瓣以「對齊選取的物件」為基準,做「水平居中」、「垂直居中」對齊。

【102. 花瓶與花】

Step5 利用【工具列】/【弧形工具】，在【花朵】路徑下方繪製一條弧線，【筆畫寬度】設定為「2pt」、【筆畫】設定「#27AC38」、【填色】設定為「無」。

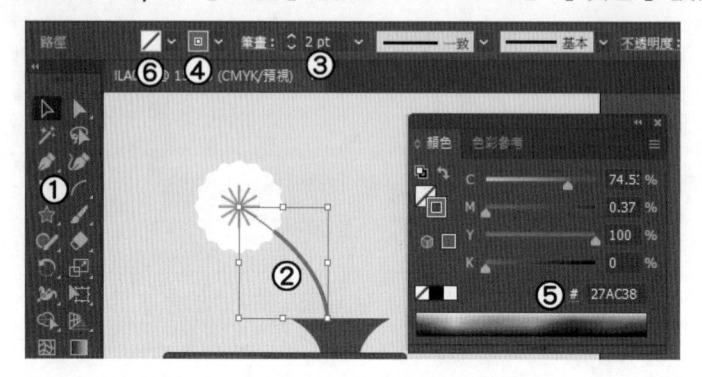

Step6 複製【花朵】、【花蕊】及【花莖】，並調整位置 。

102-3. 製作葉片。

Step1 使用【工具列】/【橢圓形工具】，建立一個垂直形態的橢圓形，再利用【效果】/【扭曲與變形】/【鋸齒化】，選擇「相對的」、設定【尺寸】為「2%」、【各區間的鋸齒數】為「9」，按下「確定」鈕。

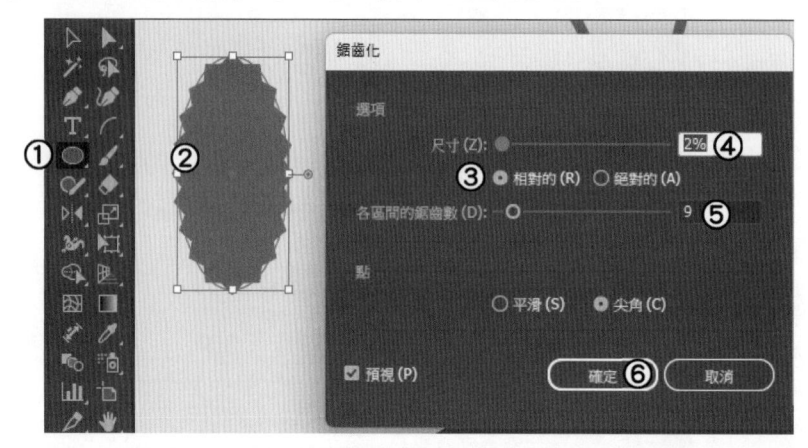

Step2 使用【工具列】/【剪刀工具】，將【鋸齒橢圓形】分割成兩個路徑，【右側路徑】的【填色】為「#27AC38」，【左側路徑】的【填色】為「漸層填色」，漸層顏色為「#27AC38」到「#1A773A」。

【102. 花瓶與花】

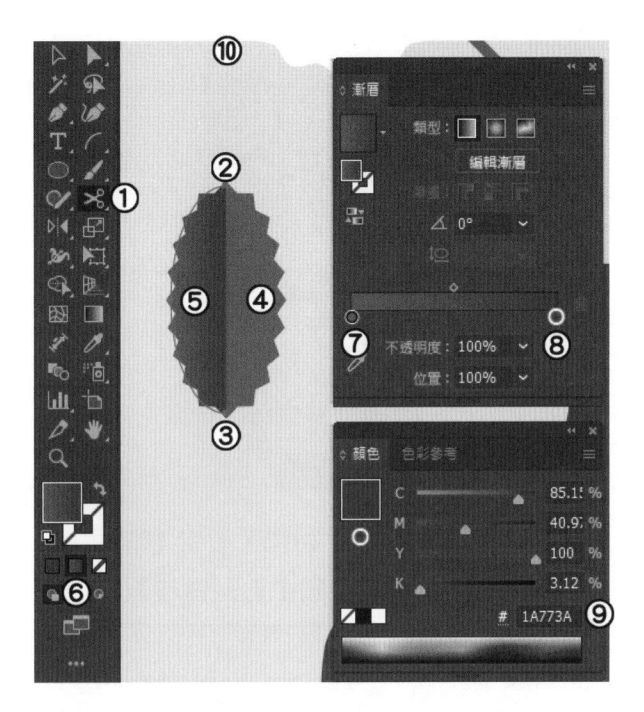

Step3 將【鋸齒橢圓形】群組後複製，參考展示檔，調整兩個【鋸齒橢圓形】的角度、大小與位置。

102-4. 設定文字。

Step1 利用【工具列】/【文字工具】，在版面上輸入「BEAUTIFUL VASE」文字，使用【視窗】/【文字】/【字元】面板、【字體】設定為「Yu Gothic UI Regular」、【字體大小】設定為「38」、【行距】設定為「36」，【段落對齊】設定為「置中」，【文字顏色】設定為「#F39917」。

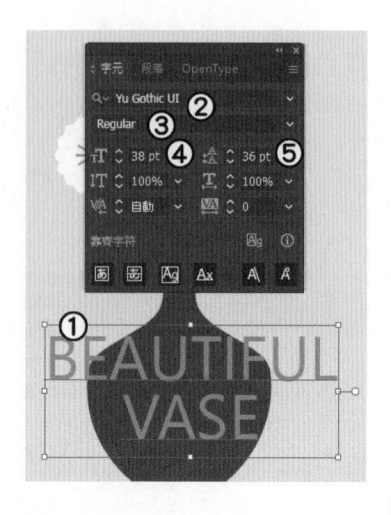

Step2 利用【效果】/【彎曲】/【弧形】功能，設定【彎曲】為「25%」，按下「確定」鈕，並參考展示檔，將文字置中於適當位置。

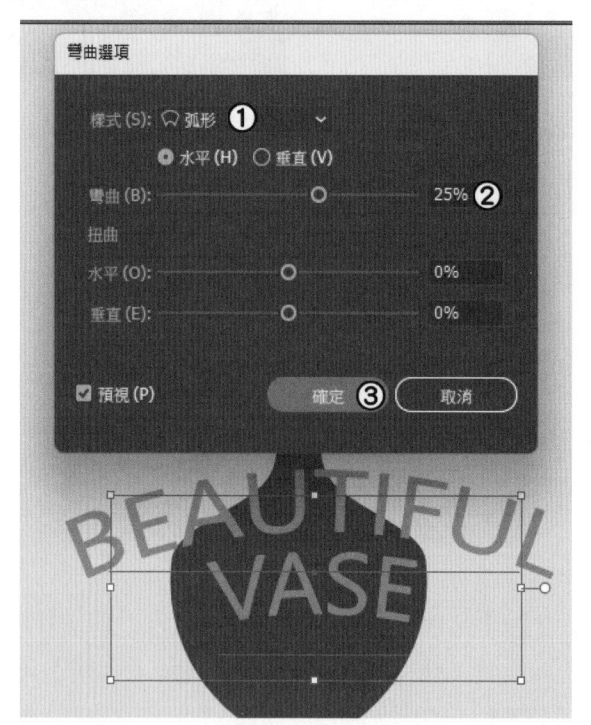

【102. 花瓶與花】

103. 燈塔

103-1. 設定燈塔圖形。

Step1　按下【開啟】鈕,選擇「ILD01.ai」。

Step2　使用【視窗】/【色票】面板,選擇上方五個色塊,按下「新增顏色群組」鈕,直接按下「確定」鈕,將五個色塊建立成「色票群組」。

Step3　使用【工具列】/【直接選取工具】,分別調整燈塔左右下方的錨點,利用鍵盤方向鍵,分別向左右移動 4~5 次,最底部的左右錨點,也分別向左右移動 2 次,使其變成梯形。

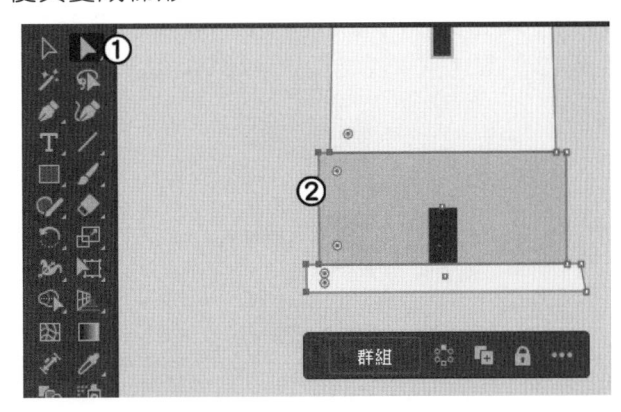

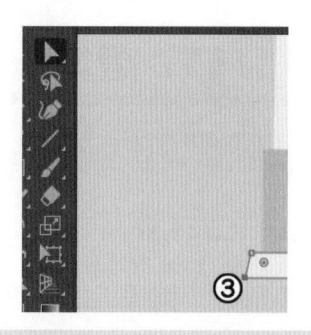

> Note 調整時,可以利用鍵盤上的左右方向鍵作微調。

Step4 使用【工具列】/【矩形工具】,在燈塔上方繪製一個矩形,【填色】為【色票】面板中「顏色群組 1」的「第一個色票」、【筆畫】為「無」,再利用【工具列】/【直接選取工具】調整矩形變成梯形。

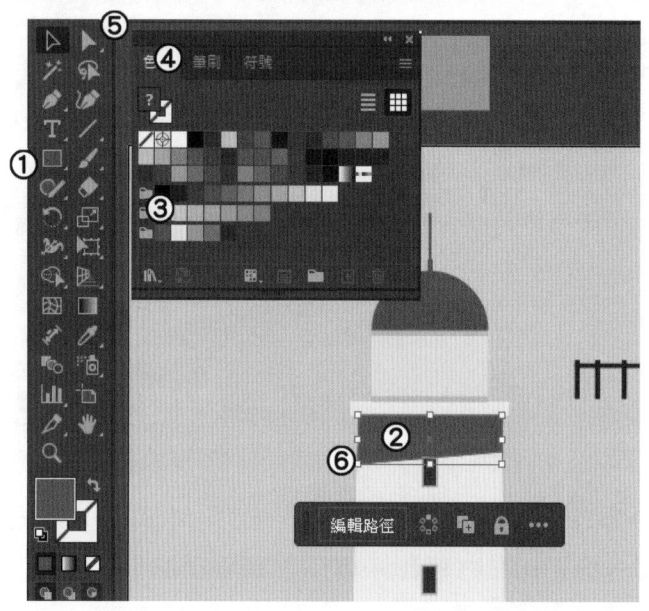

Step5 使用相同方式,建立另外兩個矩形(如果覆蓋到窗戶,請調整圖層順序)。

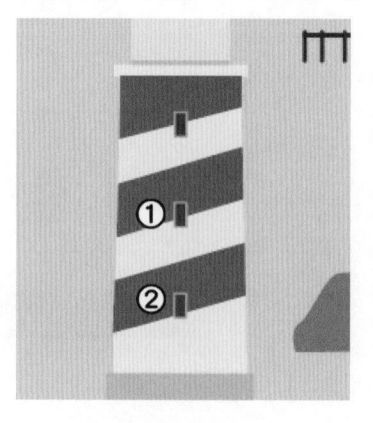

【103. 燈塔】

> **Note** 可以利用【複製】(Ctrl+C)、【就地貼上】(Ctrl+Shift+V)功能，再透過【工具列】/【直接選取工具】調整路徑，或是利用【工具列】/【漸變工具】製作三個矩形。

Step6　使用【工具列】/【選取工具】，選取上方半圓形，加上「1pt」寬度的【筆畫】、【填色】為【色票】面板中「顏色群組 1」的「第二個色票」，並在【圖層】面板中，移動至旗桿上層。

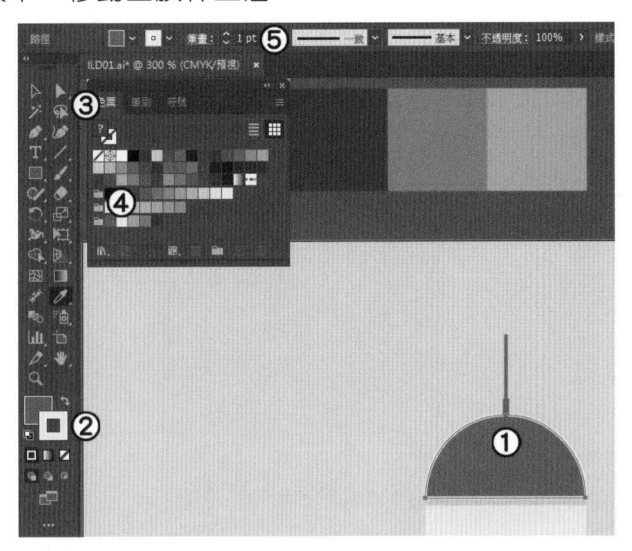

Step7　接著將半圓形作複製，使用【工具列】/【選取工具】，按住「Alt」鍵，調整寬度使其變形。

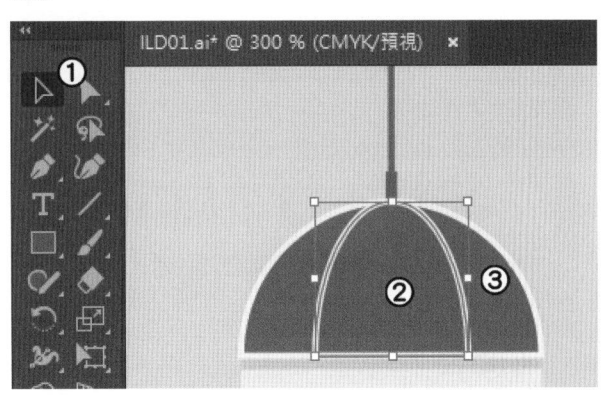

Step8　使用【工具列】/【曲線工具】及【直接選取工具】，繪製出旗幟形狀，填色為「上方色票 1」、筆畫為「無」。

【103. 燈塔】

Step9 使用【工具列】/【選取工具】，選取垂直欄杆線段，利用【視窗】/【對齊】面板，【對齊至】選擇「對齊關鍵物件」，以最左側欄杆為基準，【對齊物件】設定「垂直齊下」，再將【對齊至】選擇「對齊選取的物件」、【均分物件】設定為「水平依中線均分」，最後將欄杆移動到燈塔頂部並調整大小。

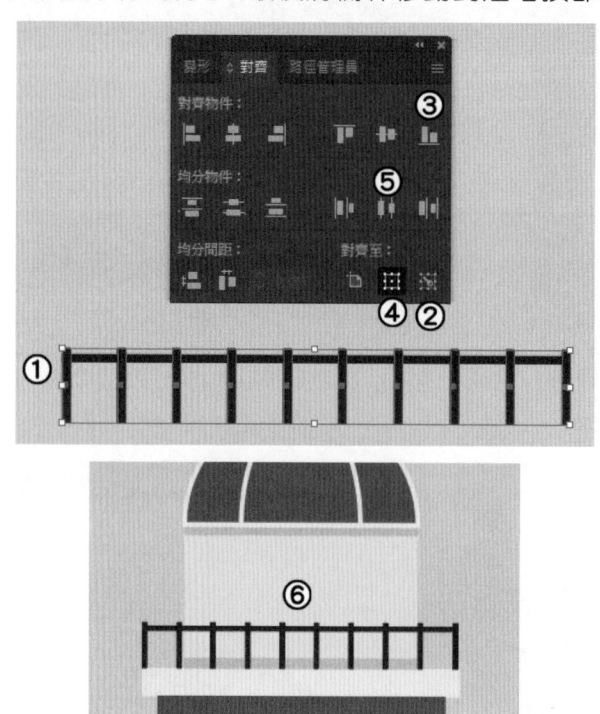

103-2. 調整「View」的路徑。

Step1 先隱藏「Light house」圖層，選取「View」圖層的路徑，使用【工具列】/【美工刀】，將路徑分割成數個路徑，再利用【顏色】面板，調整顏色。

【103. 燈塔】

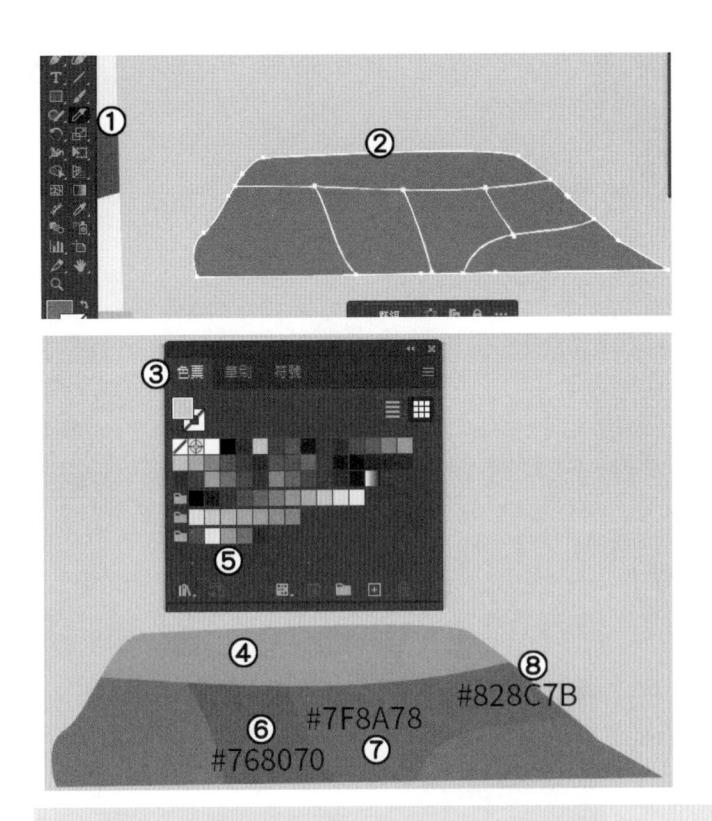

> Note 使用美工刀分割時，注意分割邊界是否有交集。

Step2 利用【編輯】/【複製】及【貼上】，建立另一個路徑，並使用【工具列】/【選取工具】分別調整大小及位置，使用【工具列】/【鏡射工具】水平翻轉路徑。

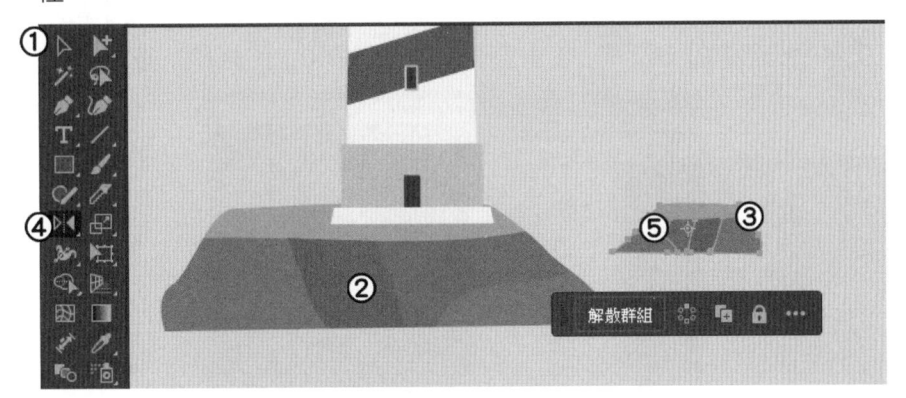

Step3 使用【工具列】/【橢圓形工具】，繪製數個【填色】為白色、【筆畫】為無的正圓形，將其群組或合併成單一路徑。

103-3. 設定背景。

Step1 使用【工具列】/【矩形工具】,繪製一個同版面大小的矩形。

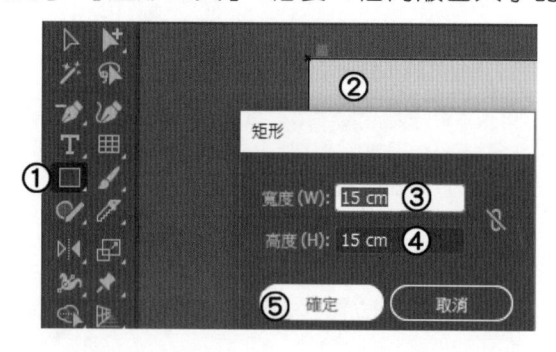

Step2 使用【工具列】/【矩形格線工具】,繪製一個【寬度】、【高度】為「15cm」、【水平分隔線】為「7」、【垂直分隔線】為「0」的格線,按下「確定」鈕。

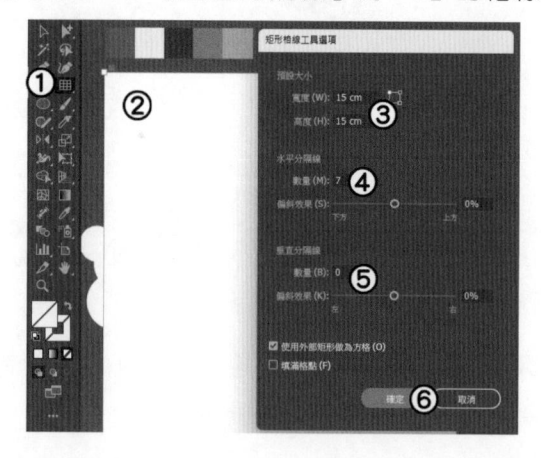

Step3 選擇矩形及格線,利用【視窗】/【路徑管理員】/【分割】,將矩形分割成八等分。

【103. 燈塔】

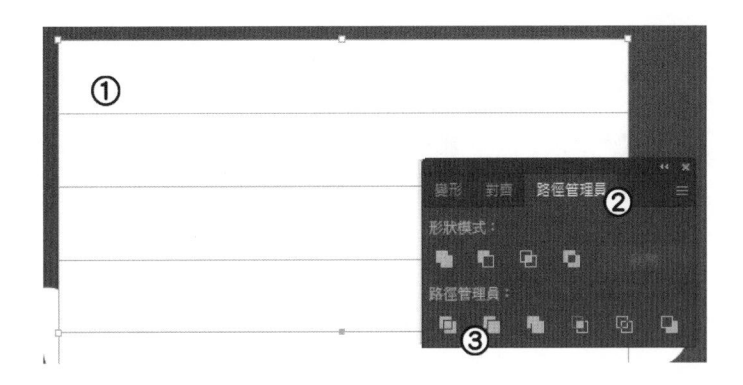

Step4 使用【工具列】/【群組選取工具】,將最下方的兩個矩形選取後,利用【視窗】/【路徑管理員】/【聯集】,將兩個矩形合併。

Step5 使用【工具列】/【群組選取工具】,配合【視窗】/【色票】,將七個矩形依序套用「SKY」顏色群組的顏色。

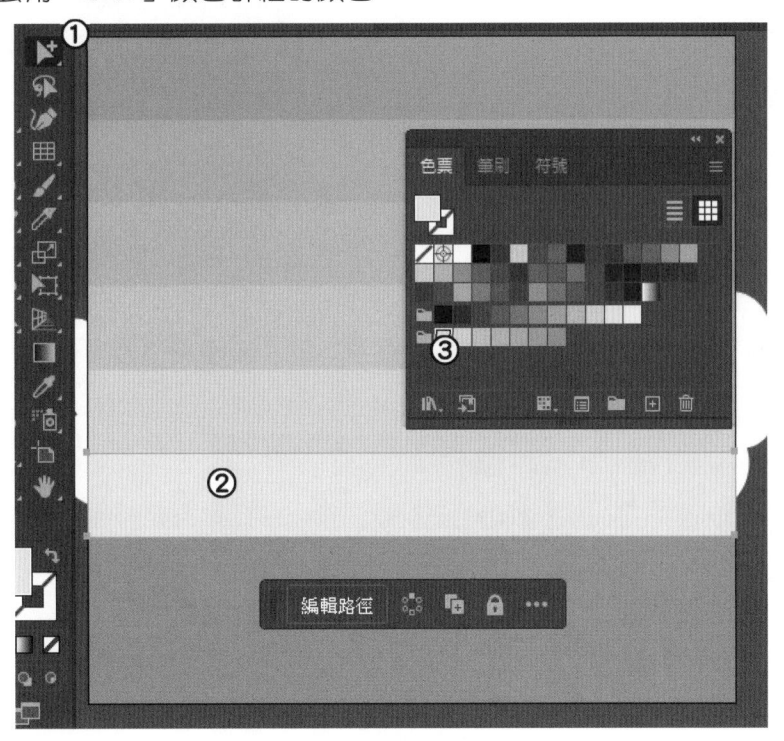

Step6 使用【檔案】/【置入】,選擇「Birds.jpg」,取消「連結」,按下「置入」鈕,在版面上左鍵拖曳出影像。

【103. 燈塔】

Step7 使用【視窗】/【控制】，選擇【影像描圖】為「素描圖」，按下「展開」後，先套用【色票】面板中「顏色群組 1」的「第五個色票」，再利用【工具列】/【群組選取工具】調整影像位置。

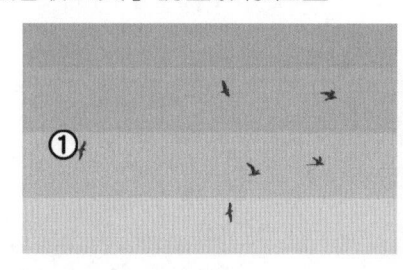

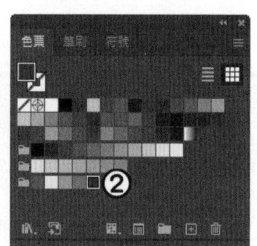

103-4. 調整最後版面。

Step1 利用【視窗】/【圖層】，調整「背景矩形」、「雲朵」及「Birds 剪影」的順序。

> Note 順序由下往上分別為「背景矩形」、「雲朵」、「Birds 剪影」，若雲朵要在海平面之下，請把最下方的矩形排列在雲朵上層。

Step2 利用【工具列】/【橢圓形工具】，在版面上左鍵一下，輸入一個【寬度】、【高度】為「10cm」的正圓形，置於版面正中央，並且複製路徑。

【103. 燈塔】

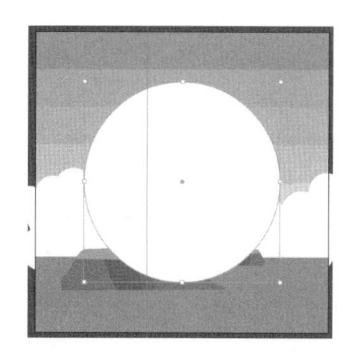

Step3 在【圖層】面板中，選擇「View」圖層中所有路徑（除了兩個 10cm*10cm 的正圓形），使用【工具列】/【縮放工具】，縮放為「一致：85%」，按下「確定」鈕。

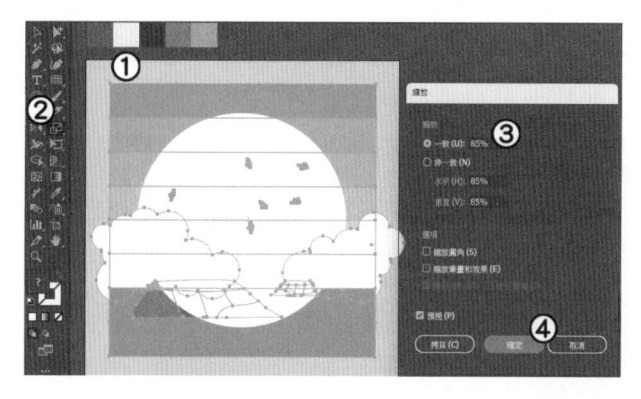

Step4 保持「Step3」所選取的路徑，增加選取一個「10*10cm」的正圓形，使用【視窗】/【路徑管理員】/【裁切】，將圓形以外區域刪除。

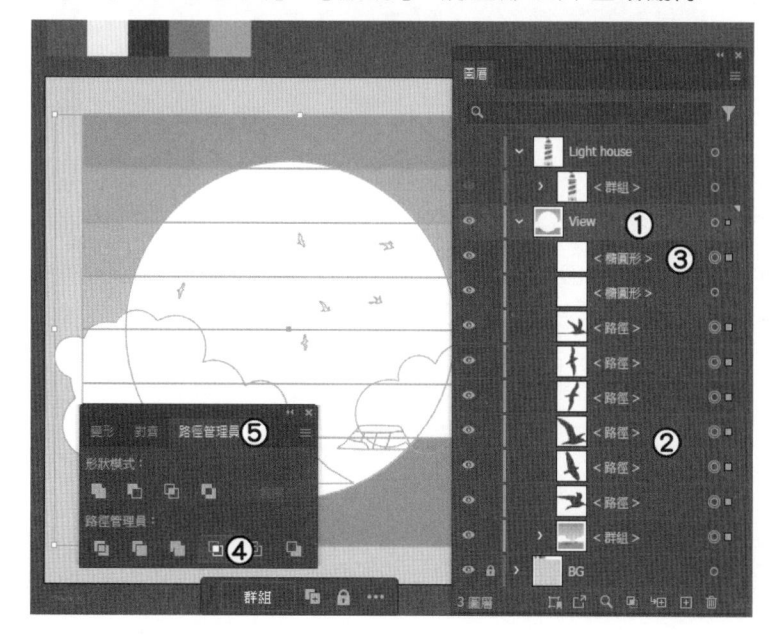

【103. 燈塔】

Step5 在【圖層】面板中，選擇之前製作的「10cm*10cm」的正圓形，將正圓形調整成【填色】為「無」、【筆畫】為「白色」、【寬度】為「10pt」。

Step6 在【圖層】面板中，顯示在「Light house」圖層，並使用【工具列】/【選取工具】，調整大小及位置。

【103. 燈塔】

104. 鳥類嘉年華

104-1. 設定背景。

Step1　按下【開啟】鈕,選擇「ILD01.ai」。

Step2　使用【工具列】/【矩形工具】,繪製一個同版面大小相同的矩形,【筆畫】設定為「無」、【填色】設定為「漸層」,使用【視窗】/【漸層】面板,類型設定為「任意形狀變形」,利用【檢色器】,將【左上角】及【右下角】點的顏色為「粉色」、【右上角】及【左下角】點的顏色為「紫色」。

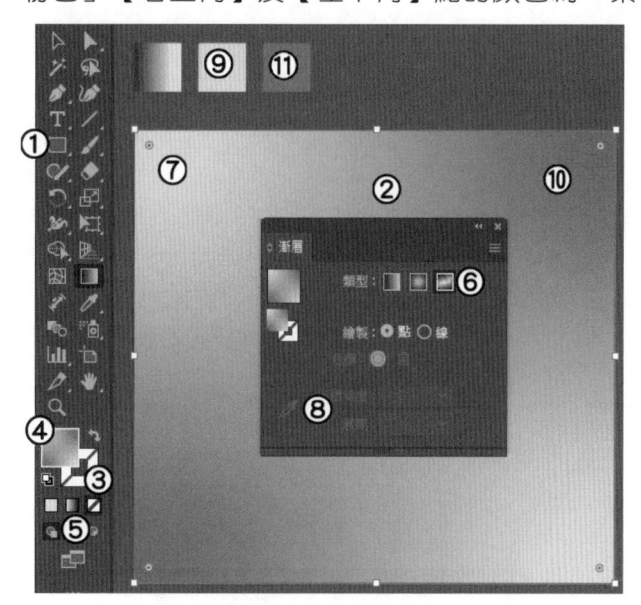

104-2. 製作橢圓圖樣。

Step1　使用【工具列】/【橢圓形工具】,在版面上繪製一個「5*20mm」橢圓形,【填色】設定為「白色」、【筆畫】為「無」,再使用【工具列】/【錨點工具】,將上下錨點轉換成尖角。

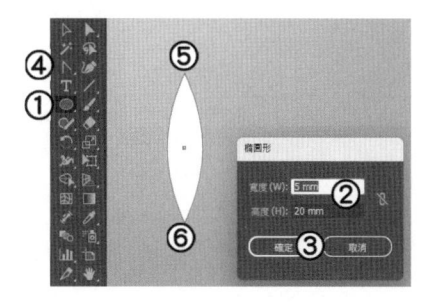

【104. 鳥類嘉年華】

Step2 使用【工具列】/【旋轉工具】,配合【Alt】鍵點選下方錨點,【角度】設定為「45°」,按下「確定」鈕,重複上一個步驟,【角度】設定為「90°」,按下「拷貝」鈕,最後利用【物件】/【變形】/【再次變形】兩次,建立成四瓣花紋。

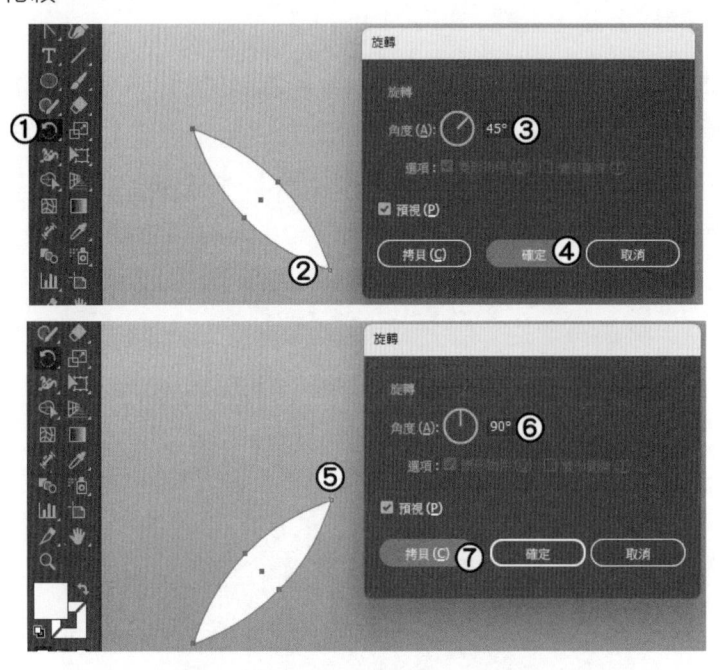

Step3 選擇四瓣花紋,使用【物件】/【圖樣】/【製作】,進入【圖樣選項】,保持預設值,按下「完成」。

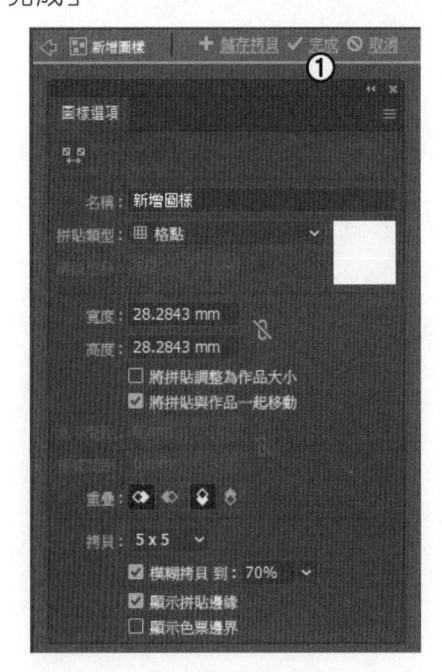

【104. 鳥類嘉年華】

Step4 使用【工具列】/【矩形工具】，繪製一個同版面大小相同的矩形，【筆畫】設定為「無」、【填色】設定為「白色」，利用【視窗】/【色票】，套用方才建立的「新增圖樣」，再使用【視窗】/【透明度】，將【不透明度】設定為「20%」。

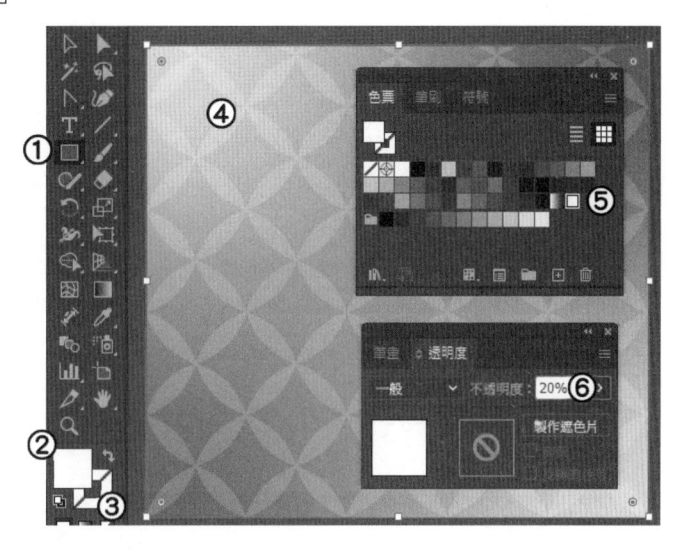

104-3. 設定漸層圓形背景。

Step1 使用【工具列】/【橢圓形工具】，繪製一個「100*100mm」正圓形，【填色】設定為「白色」、【筆畫】設定為「無」。

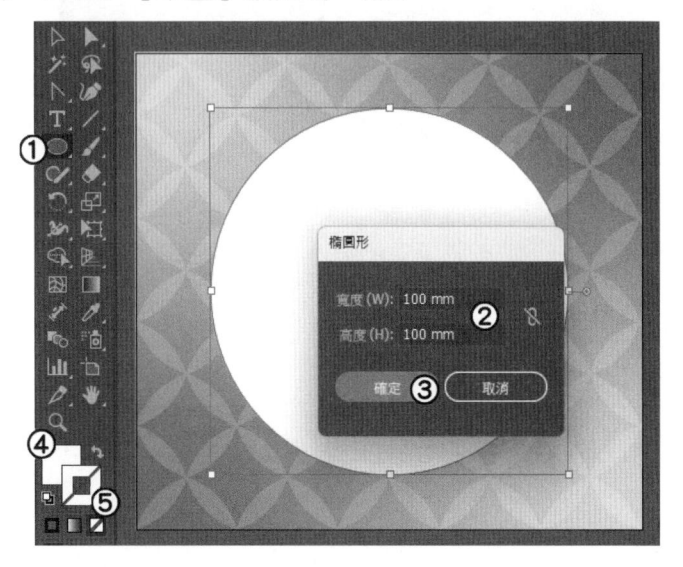

Step2 使用【工具列】/【美工刀工具】，將正圓形分割成三個區域。

【104. 鳥類嘉年華】

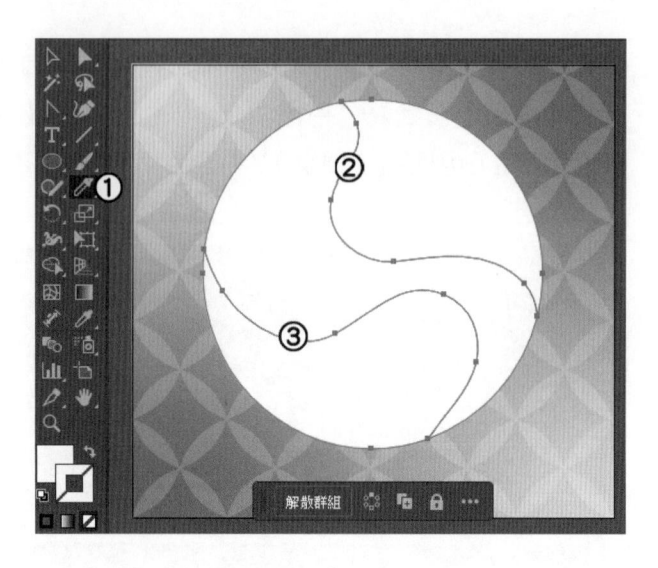

Step3 利用【工具列】/【群組選取工具】，分別選擇分割路徑，再使用【工具列】/【檢色滴管工具】，選擇上方漸層色票。並利用【視窗】/【漸層】面板，微調漸層顏色位置。

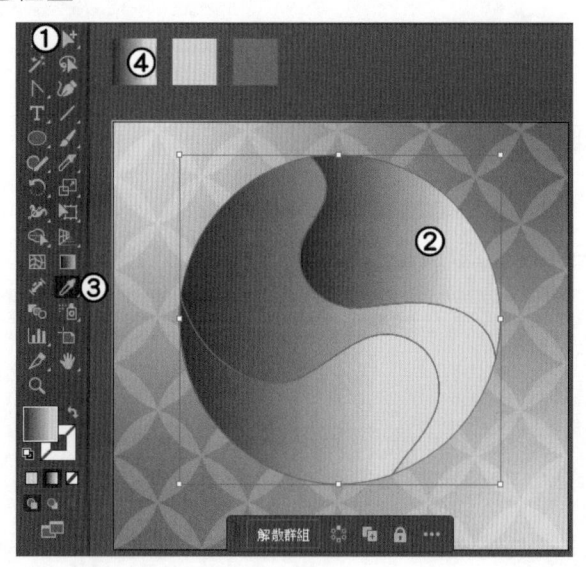

104-4. 置入圖檔並調整。

Step1 使用【檔案】/【置入】，置入「BIRD.jpg」，取消「連結」，按下「置入」鈕。

Step2 利用【控制列】/【影像描圖】/【素描圖】,調整位置之後,按下「展開」鈕。

Step3 選取「影像描圖」路徑,設定填色為「漸層」,使用【漸層】面板中【檢色器】將色標設定為「白色」,角度設定「130°」,第一個色標位置設定在「58%」,第二個色標位置設定在「100%」、不透明度設定為「0%」,並將整個圓形 LOGO 放於工作區域中間的適當位置。

【104. 鳥類嘉年華】

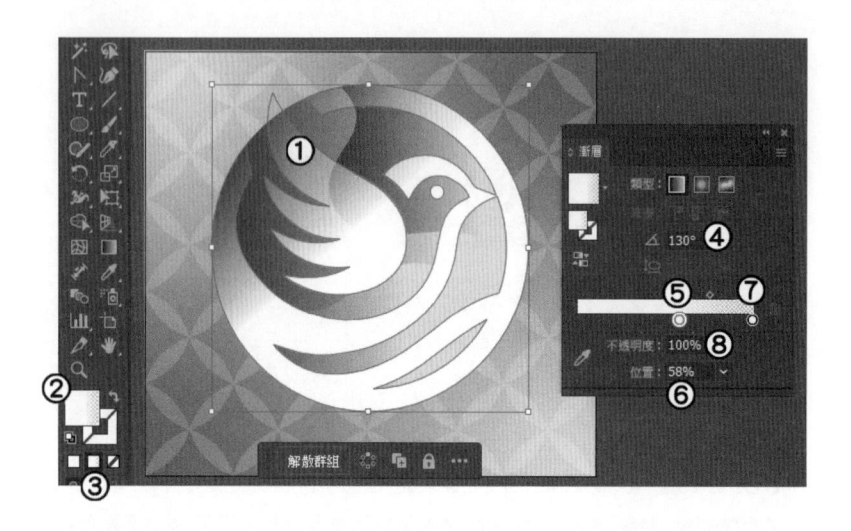

104-5. 輸入文字。

Step1 使用【工具列】/【文字工具】，在版面上輸入「BIRD CARNIVAL」，使用【視窗】/【文字】/【字元】面板，設定【字體】為「Elephant Regular」、【字體大小】為「24pt」、【填色】為「白色」，並將文字置於 LOGO 中間下方的適當位置。。

105. 國王熊插圖

105-1. 設定「LOGO」圖層。

Step1　按下【開啟】鈕,選擇「ILD01.ai」。

Step2　使用【工具列】/【選取工具】選取要填色的物件後,使用【工具列】/【即時上色油漆桶】滑鼠左鍵點一下物件,製作為即時上色群組,再配合【Alt】鍵吸取色票顏色後,依序將顏色填入圖形中

> Note　白熊身體跟手部也需要填入白色顏色。

Step3　利用【工具列】/【群組選取工具】,選擇【白熊身體陰影區域】,將【筆畫】設定為「無」。

【105. 國王熊插圖】

Step4 使用【工具列】/【橢圓形工具】，繪製一個「48*11mm」，【填色】設定為「灰色色票」、【筆畫】為「無」，並調整至【白熊】圖層下層。

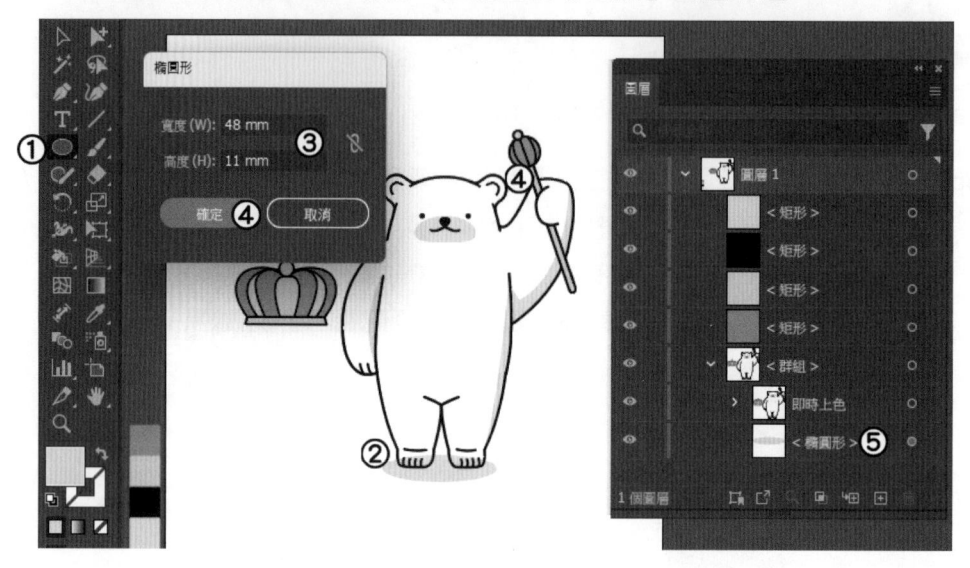

Step5 選擇【橢圓形】路徑，使用【效果】/【模糊】/【高斯模糊】，設定【半徑】為「10像素」，按下「確定」鈕，再選擇【視窗】/【透明度】將漸變模式設定為「色彩增值」。

Step6 調整皇冠及白熊的位置、大小及圖層順序。

> Note 因為圖形目前是「即時上色」，所以建議使用【路徑】/【展開】，展開「物件」、「填色」、「筆畫」。

105-2. 設定背景圖形。

Step1 新增圖層，移動到【圖層1】下方，使用【工具列】/【橢圓形工具】，分別建立兩個「85*85mm」、「108*108mm」，【填色】設定「黃色」色票、【筆畫】設定為「無」，並調整位置及大小。

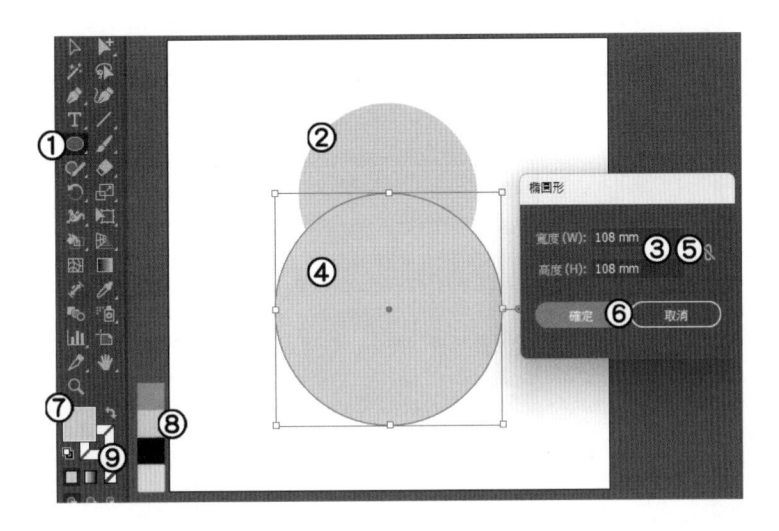

Step2 使用【工具列】/【多邊形工具】,繪製一個【半徑】為「70mm」、【邊數】設定為「3」三角形,並調整大小及位置,【填色】設定「漸層」、【筆畫】設定為「無」。

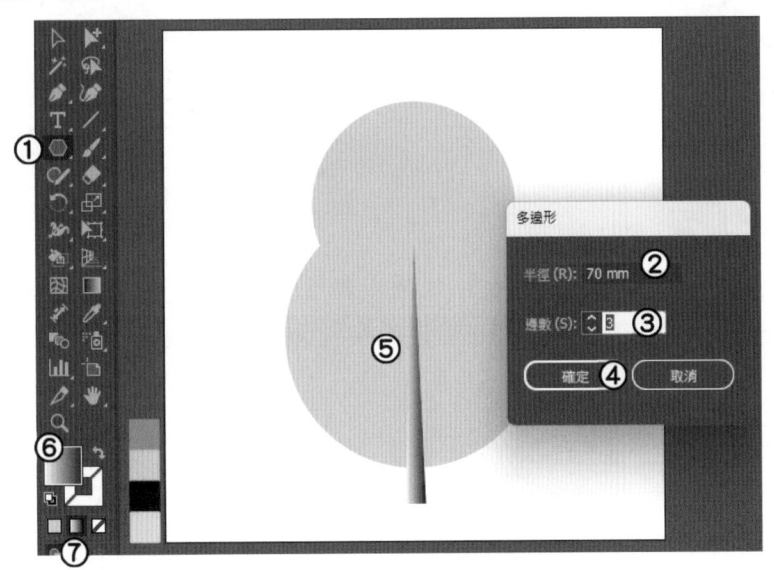

Step3 選取三角形路徑,使用【視窗】/【漸層】,設定【類型】為「放射性漸層」、【角度】為「-180°」、將【左側色塊標記】設定為「#FFF226」、【右側色塊標記】設定為「白色」。

【105. 國王熊插圖】

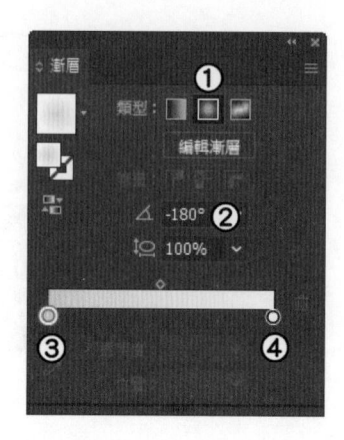

Step4 使用【工具列】/【旋轉工具】，配合【Alt】鍵點選三角形上方錨點，重新指定旋轉中心點，設定【角度】為「15°」，按下「拷貝」鈕。

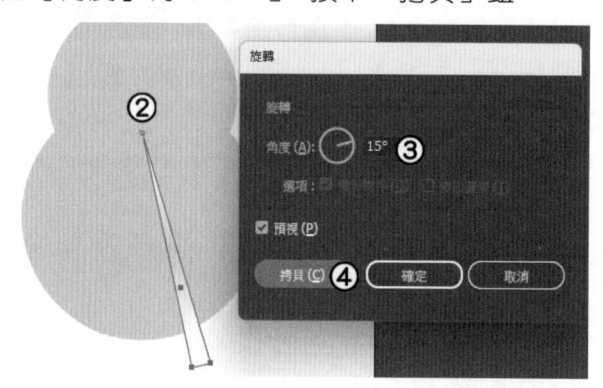

Step5 重複使用【物件】/【變形】/【再次變形】（或 Ctrl + D 組合鍵）22 次，建立出剩餘的光芒效果並將光芒置於中間適當位置。

105-3. 建立文字圖層。

Step1 新增一個圖層，使用【工具列】/【文字工具】，在版面上輸入「GOOD DAYS」字串，並使用【視窗】/【文字】/【字元】面板，設定【字體】為「Arial Black」、【字體大小】為「60pt」。

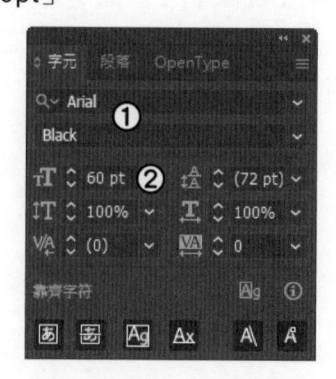

【105. 國王熊插圖】

Step2　設定文字【填色】為「白色」、【筆畫】為「黑色」,【筆畫寬度】為「1.5pt」。

Step3　使用【效果】/【彎曲】/【弧形】,設定彎曲為「40%」,按下「確定」鈕。

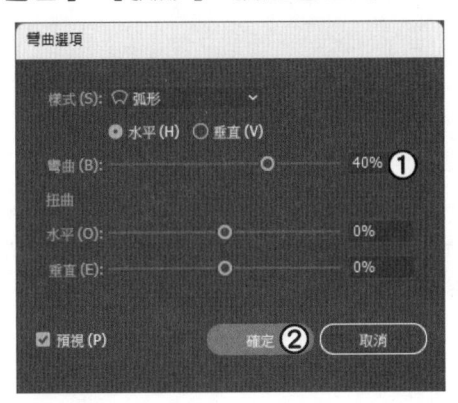

Step4　將「弧形文字」向下複製並移動到下一層,將【填色】改成為「#B5B5B5」,使用【物件】/【漸變】/【漸變選項】,設定【間距】為「指定階數:1」,然後選取兩字串,再使用【物件】/【漸變】/【製作】,套用漸變效果。

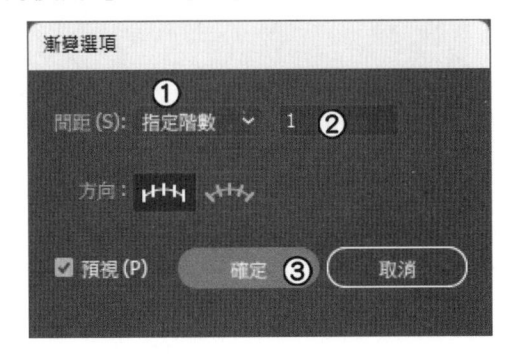

【105. 國王熊插圖】

105-4. 建立光芒形狀。

Step1　使用【工具列】/【矩形工具】，繪製一個「12mm*12mm」正方形，【填色】為「黃色色票」、【筆畫】為「無」，使用【工具列】/【旋轉工具】，【角度】設定為「45°」，按下「確定」鈕。

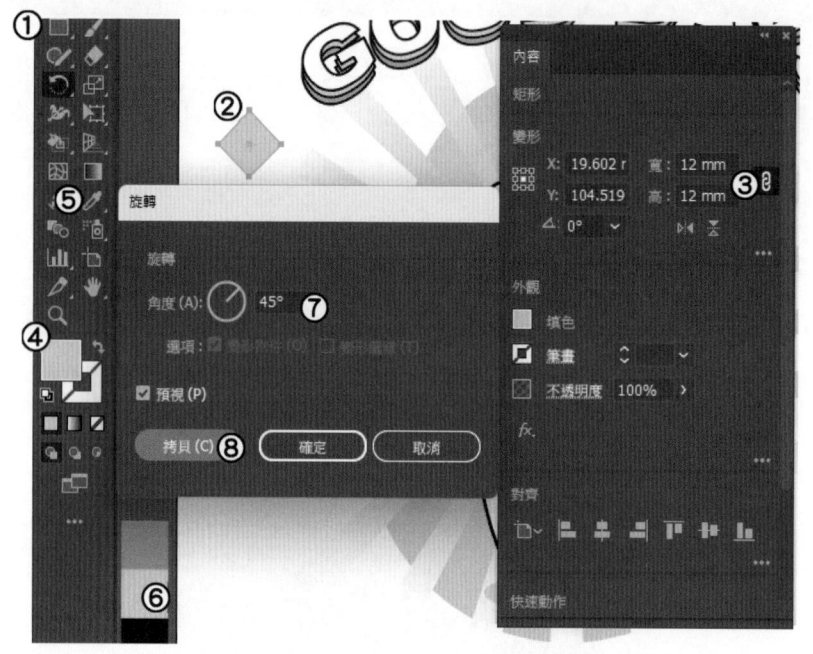

Step2　使用【效果】/【扭曲與變形】/【縮攏與膨脹】功能，設定【縮攏】為「-40%」，按下「確定」鈕。。

Step3　將光芒形狀複製，參考展示檔案調整大小及位置。

【105. 國王熊插圖】

106. 貼紙設計

106-1. 製作貼紙底圖。

Step1　按下【開啟】鈕，選擇「ILD01.ai」。

Step2　使用【視窗】/【色票】面板，選擇上方四個色塊，按下「新增顏色群組」鈕，直接按下「確定」鈕，將四個色塊建立成「色票群組」。

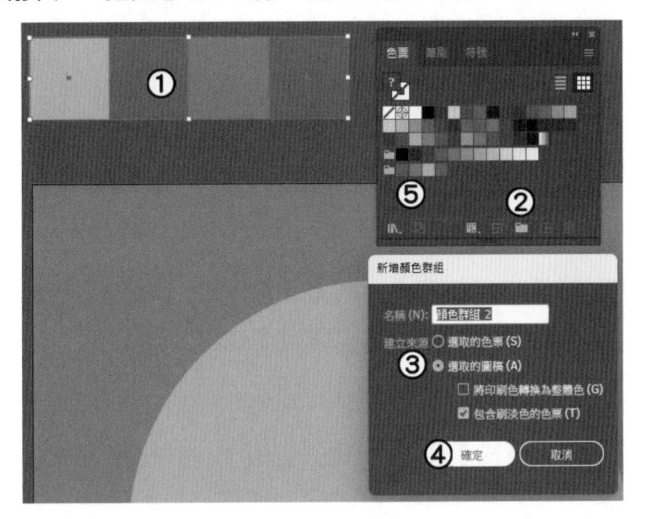

Step3　使用【物件】/【路徑】/【位移複製】，設定【位移】為「1cm」，按下「確定」鈕，使用【視窗】/【色票】面板，將「位移複製」產生的圓，將【填色】套用「顏色群組 1」中的「色票二」。

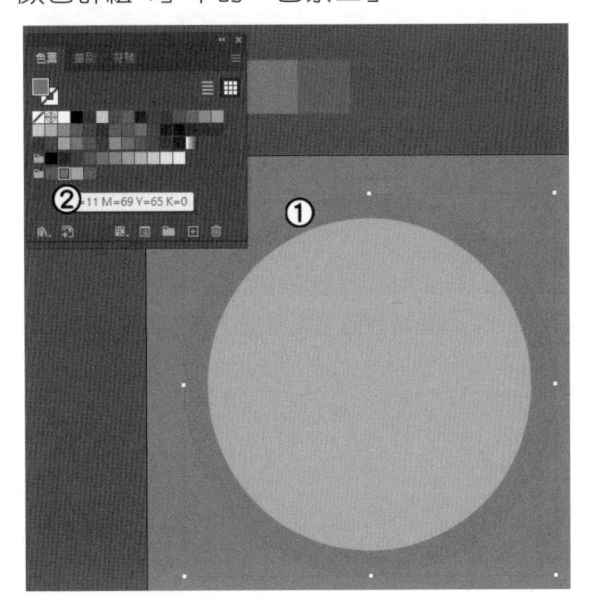

【106. 貼紙設計】

Step4 選擇原始正圓形,使用【視窗】/【筆畫】,設定【寬度】為「20pt」、【端點】為「圓端點」、勾選「虛線」、【第一虛線】為「0pt」、【第一間格】為「40pt」。

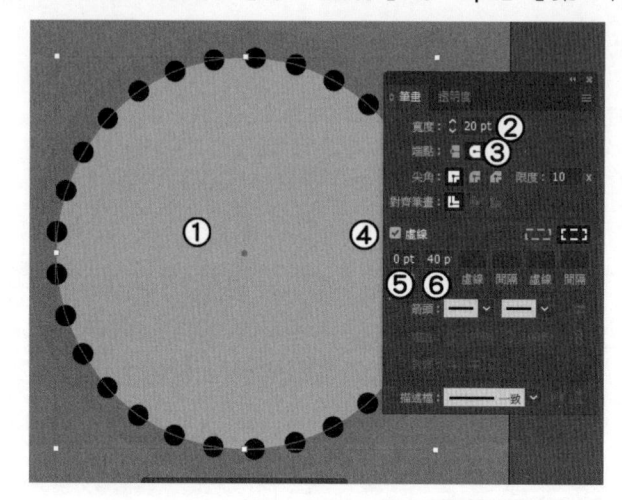

Step5 使用【物件】/【擴充外觀】,將【填色】與【筆畫】分離,選取【筆畫】,再使用【物件】/【展開】,將【填色】與【筆畫】展開。

Step6 同時選取【正圓形路徑】與【複合路徑】,使用【視窗】/【路徑管理員】面板,按下【形狀模式】中的「減去上層」,完成花邊形狀。

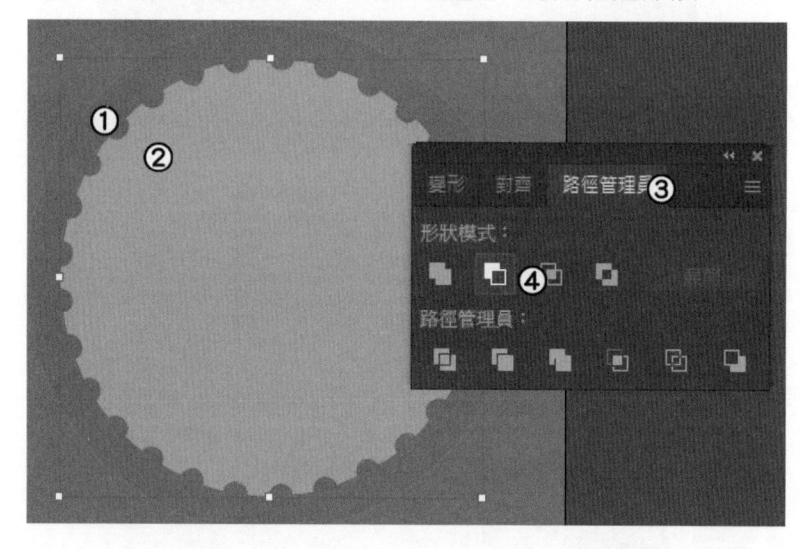

【106. 貼紙設計】

106-2. 分割調整花盆。

Step1　顯示【Plant pot】圖層、使用【工具列】/【剪刀工具】,將正方形分割成上下兩個矩形,並將【上方矩形】的【填色】套用「色票四」、【下方矩形】的【填色】套用「色票三」。

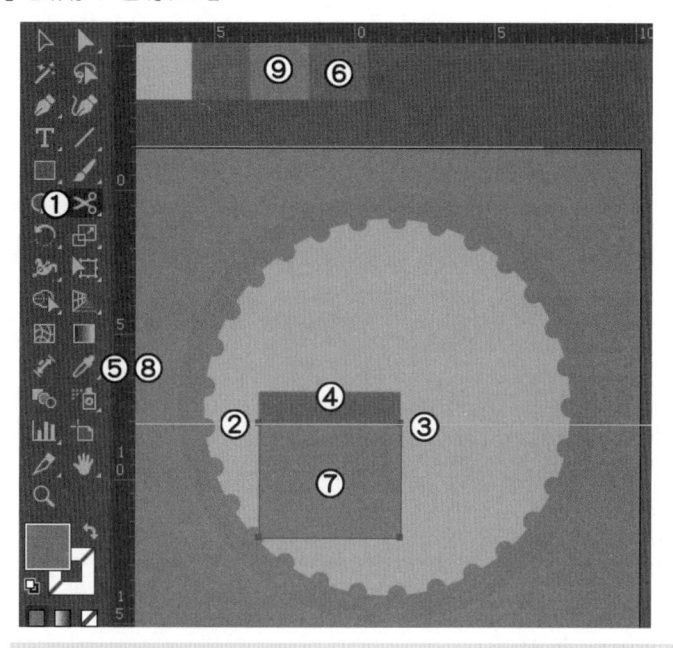

> Note　可以配合參考線來分割。

Step2　使用【工具列】/【任意變形工具】/【透視扭曲】工具,將【下方矩形】調整成【上寬下窄】的「梯形」。

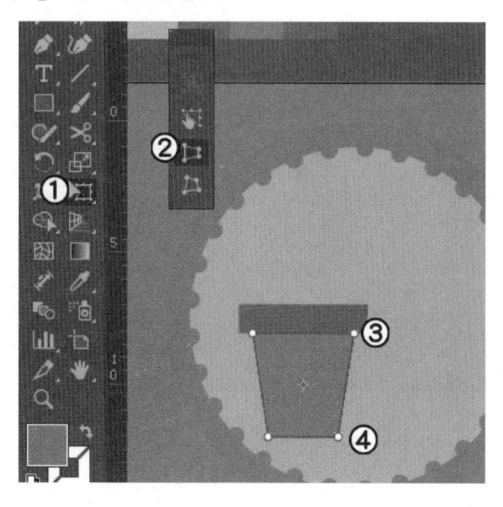

【106. 貼紙設計】

Step3 使用【工具列】/【美工刀工具】,將【梯形】分割成兩個路徑,修改【右下方路徑】的【填色】改成「色票四」。

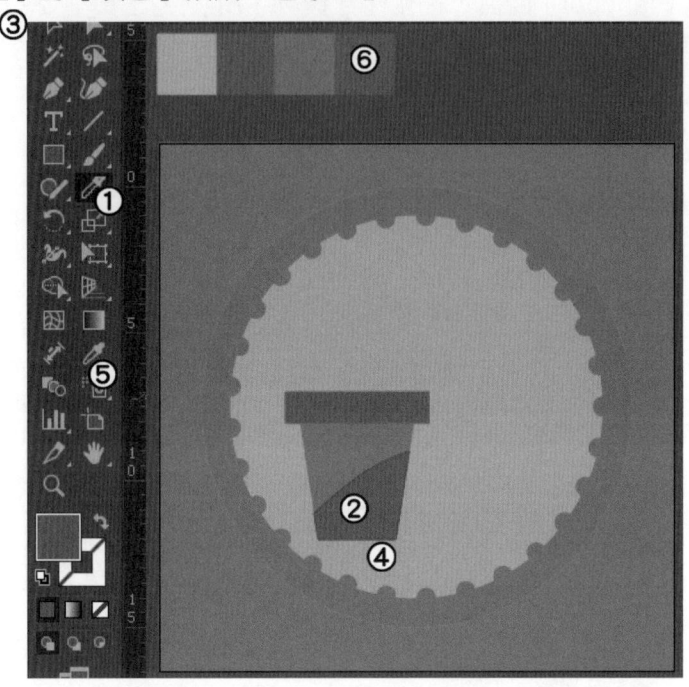

106-3. 製作 Flower 圖形。

Step1 顯示【Flower】圖層,使用【工具列】/【選取工具】選擇黑色圓型,使用【工具列】/【旋轉工具】,按住【Alt】鍵,點選白色圓心,改變旋轉中心點,設定【角度】為「72°」,按下「拷貝」鈕。

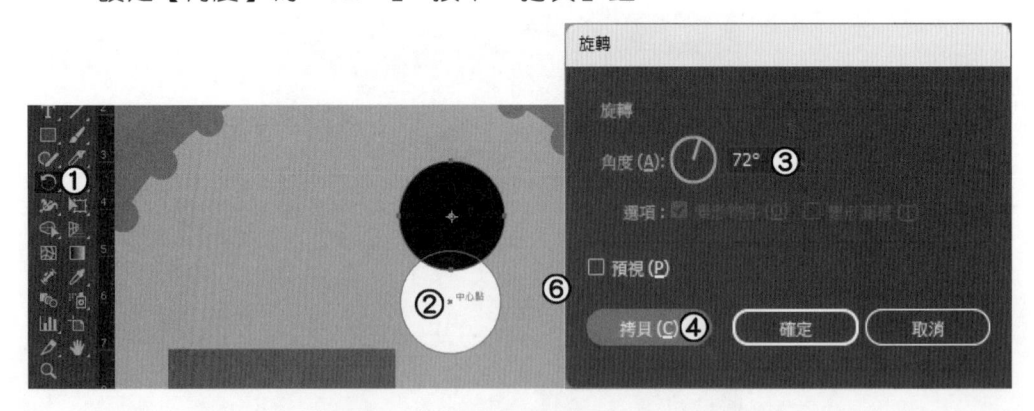

Step2 再使用【物件】/【變形】/【再次變形】三次,將【黑色圓形】變成五個,選取五個【黑色圓形】,再利用【視窗】/【路徑管理員】面板,按下【形狀模式】中的「聯集」,將五個黑色圓形合併。

【106. 貼紙設計】

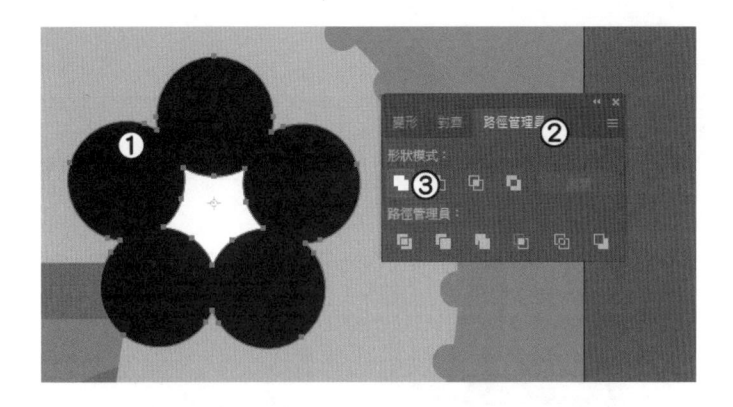

Step3 使用【視窗】/【漸層】,【類型】選擇「任意形狀漸層」,將「點」刪除,只留下三個,選擇「點」後,利用「檢色器」選擇「色票一」、「色票二」及「色票三」。

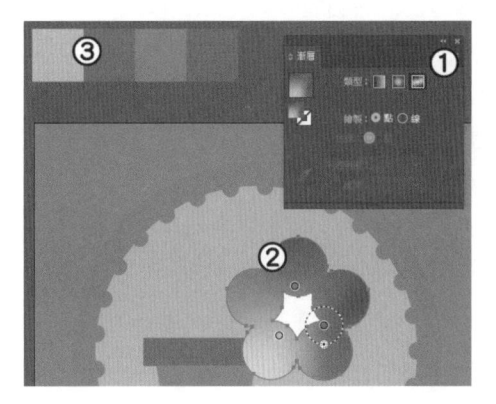

Step4 使用【視窗】/【筆畫】,設定寬度為「4pt」,筆畫為「白色」,將漸層五瓣花移動至白色圓形下層。

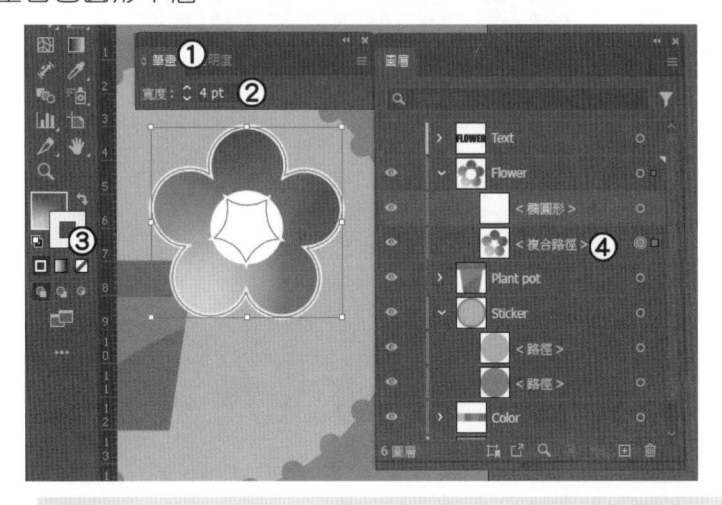

> Note　漸層五瓣花中空部分,可以利用【刪除錨點工具】刪除。

【106. 貼紙設計】

106-4. 繪製莖、葉。

Step1 新增圖層「Stem and leaf」,使用【工具列】/【橢圓形工具】,繪製一個橢圓形,設定【填色】為「色票二」,使用【工具列】/【錨點工具】,將上下錨點轉換成銳角,最後調整位置及角度。

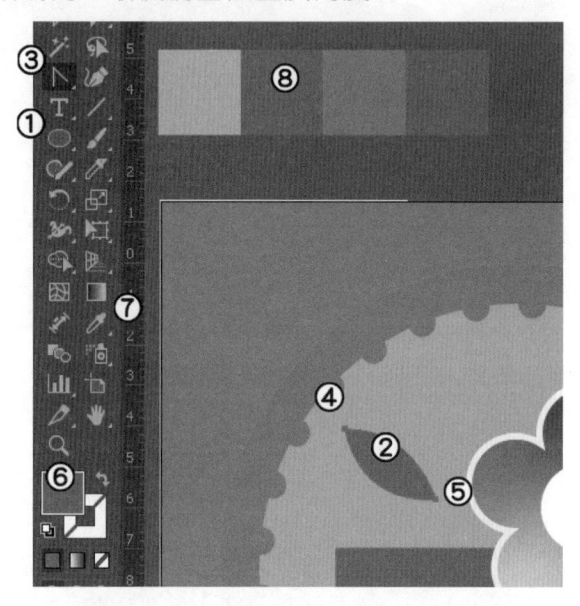

Step2 使用【工具列】/【弧形工具】,繪製一條曲線,【筆畫寬度】設定為「5pt」、【筆畫】套用「色票二」。

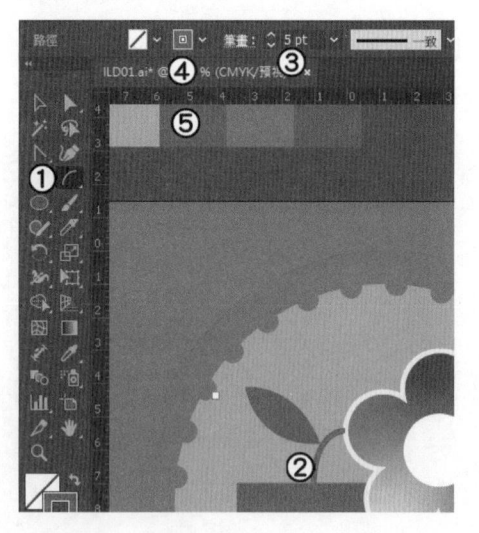

【106. 貼紙設計】

106-5. 設定文字筆刷。

Step1　顯示【Text】圖層，選取「FLOWER」文字，使用【視窗】/【筆刷】面板，按下「新增筆刷」鈕，新增【線條圖筆刷】，按下「確定」鈕，【線條圖筆刷選項】面板採用預設值即可。

Step2　刪除原來的文字字串，使用【工具列】/【弧形工具】，設定【X軸長度】設定為「4cm」、【Y軸長度】設定為「3cm」、【斜率】設定為「-50」，按下「確定」鈕，最後套用「FLOWER」筆刷。

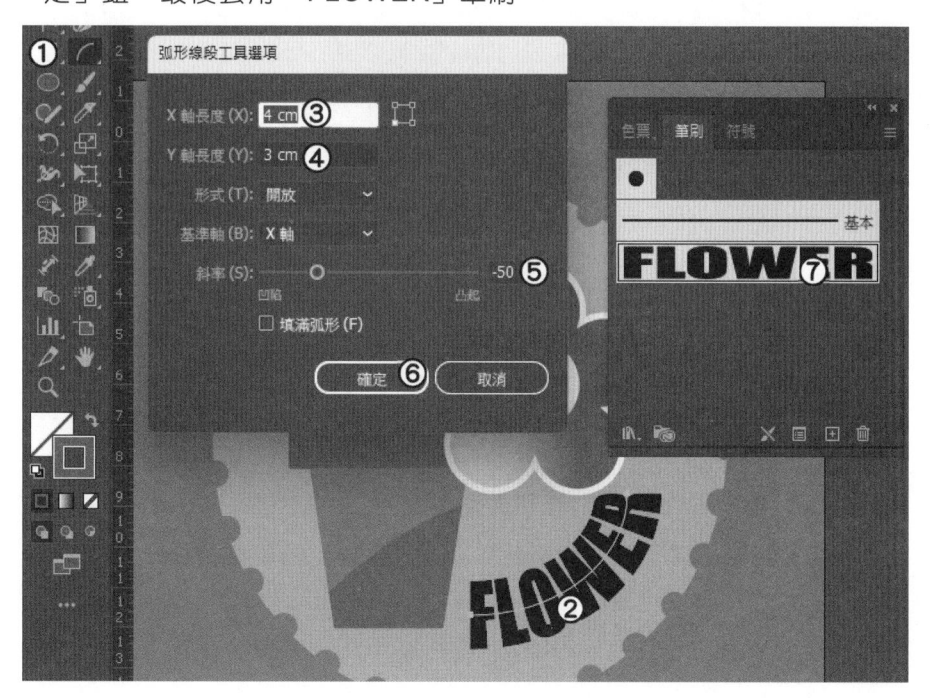

【106. 貼紙設計】

107. 鹿旗

107-1. 置入並設定切割面。

Step1　按下【開啟】，選擇「ILD01」。

Step2　使用【檔案】/【置入】，將「deer head.png」置入，取消勾選「連結」。

Step3　選取「deer head.png」，使用【內容】面板，將「deer head.png」尺寸修改成【寬度】為「550pt」、【高度】為「584pt」，並調整位置及圖層順序。

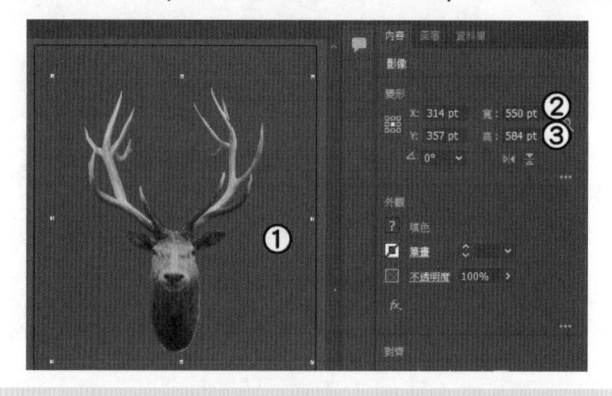

Note　建議「鹿頭」幾何線段繪製完成後再調整圖層順序。

Step4　使用【工具列】/【鋼筆工具】，在「鹿頭」處繪製數格三角形的路徑。

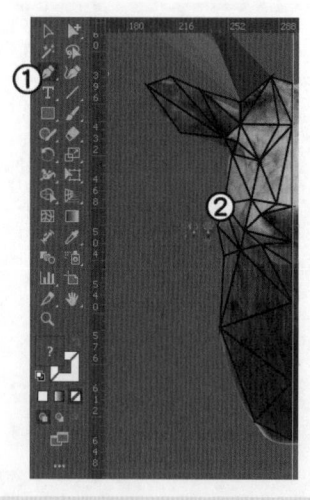

Note　建議建立一條垂直參考線，鏡射完成後再刪除。

107-2. 填色並鏡射複製。

Step1　使用【檔案】/【置入】，將「Demo.tif」檔案置入，再使用【工具列】/【檢色滴管工具】吸取顏色，依序套用至方才建立數個三角形的路徑，最後將【筆畫】設定成「無」。

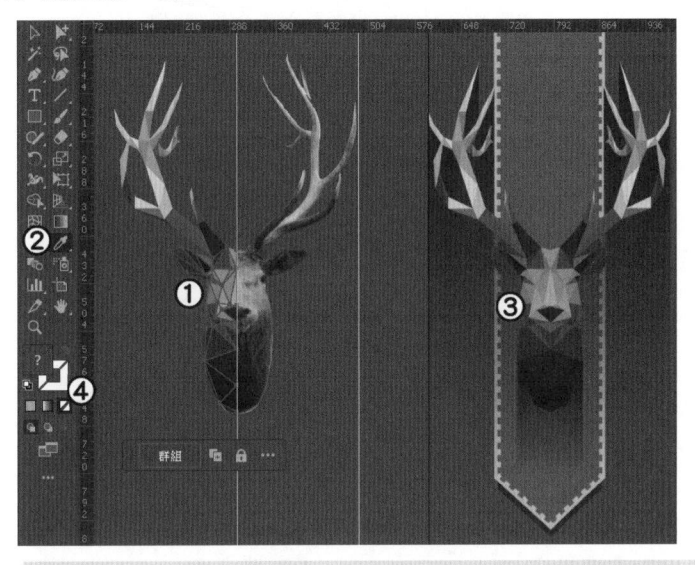

> Note：建議將「Demo.tif」置入，用於繪製三角形及擷取顏色，使用完畢後再刪除。

Step2　刪除「deer head.png」圖層，在【圖層】面板中，將「deer head_L」圖層複製，重新命名為「deer head_R」，再使用【工具列】/【選取工具】全選「deer head_R」中的路徑，使用【工具列】/【鏡射工具】，配合【Alt】+【左鍵一下】以「垂直參考線」為基準，座標軸為「垂直」，按下「確定」鈕。

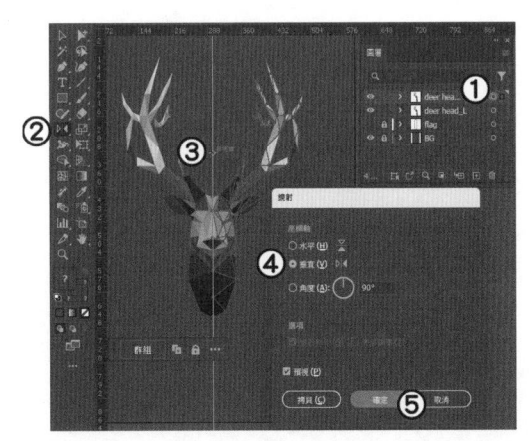

【107. 鹿旗】

107-3. 製作長掛旗。

Step1 在【圖層】面板中,將「flag」圖層「顯示」並取消「鎖定」,然後再複製「多邊形」圖層兩次。

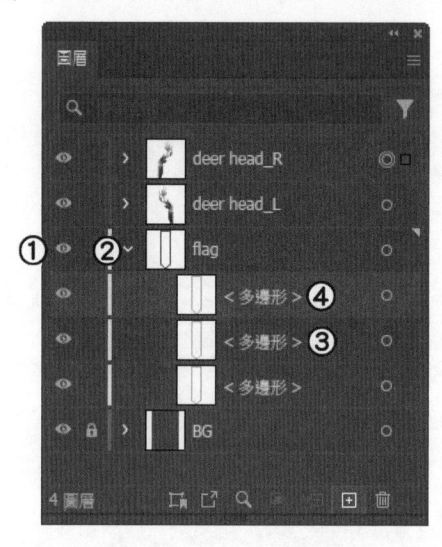

Step2 分別設定三層多邊形的【填色】、【筆畫】、【位置】,設定值如下:
- 最上層:【填色】為「#2E8888」、【筆畫】為「#CBCBCB」,【筆畫寬度】為「10pt」、勾選「虛線」、【虛線】為「9pt」、【間隔】為「10pt」。
- 中間層:【填色】為「無」、【筆畫】為「#CBCBCB」,【筆畫寬度】為「10pt」。
- 最下層:【填色】為「#2F302F」、【筆畫】為「無」、使用【工具列】/【選取工具】左鍵兩下,設定【水平】為「0pt」【垂直】為「20pt」,按下「確定」鈕。

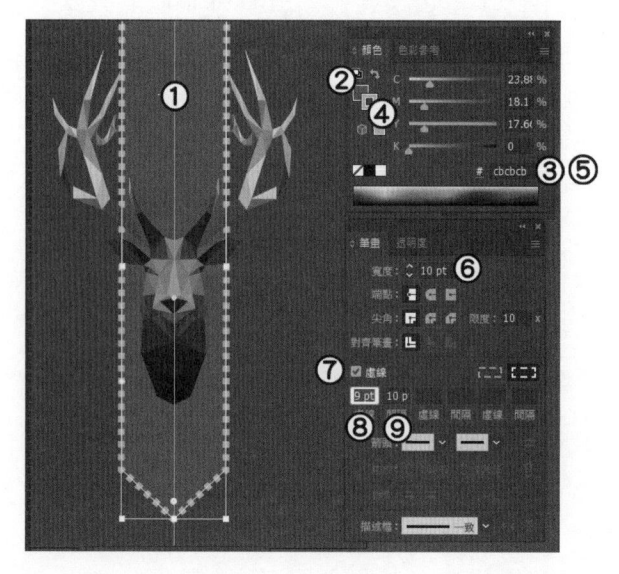

【107. 鹿旗】

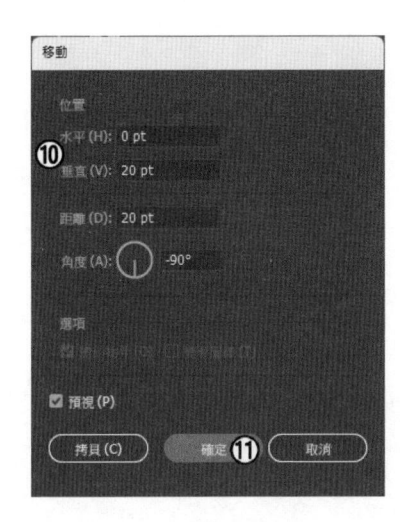

107-4. 製作陰影效果。

Step1　在「flag」圖層上方新增一個「drop shadow」圖層。

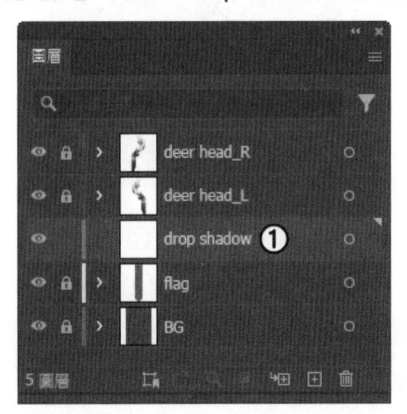

Step2　使用【工具箱】/【鋼筆工具】，繪製右側陰影，填色設定為「#1D1D1D」，再使用【物件】/【建立漸層網格】功能，設定橫欄為「1」、直欄為「1」，按下「確定」鈕。

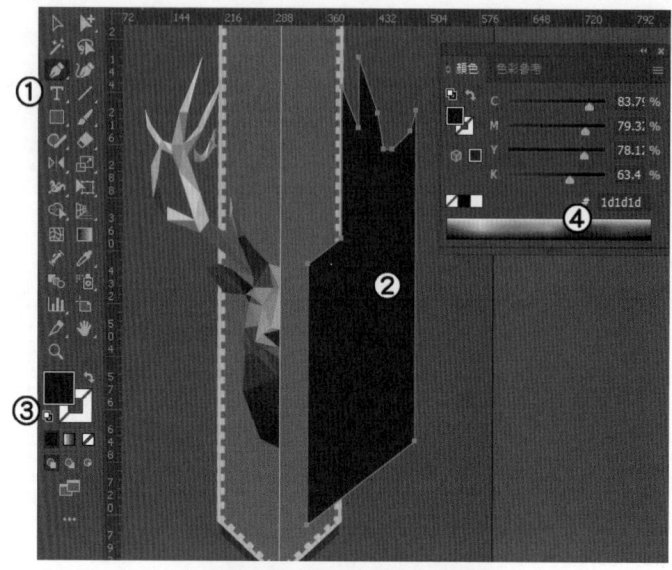

Step3 使用【工具箱】/【網格工具】,選取「最下緣」的兩個錨點,在【視窗】/【透明度】面板中,【不透明度】設定為「0%」。

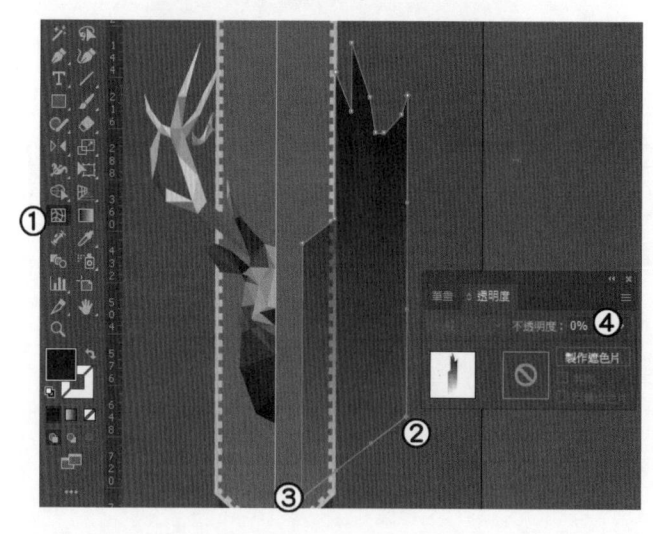

【107. 鹿旗】

Step4 使用【工具列】/【鏡射工具】，配合【Alt】+【左鍵一下】以「鹿頭中心點」為基準，【座標軸】為「垂直」，按下「拷貝」鈕。

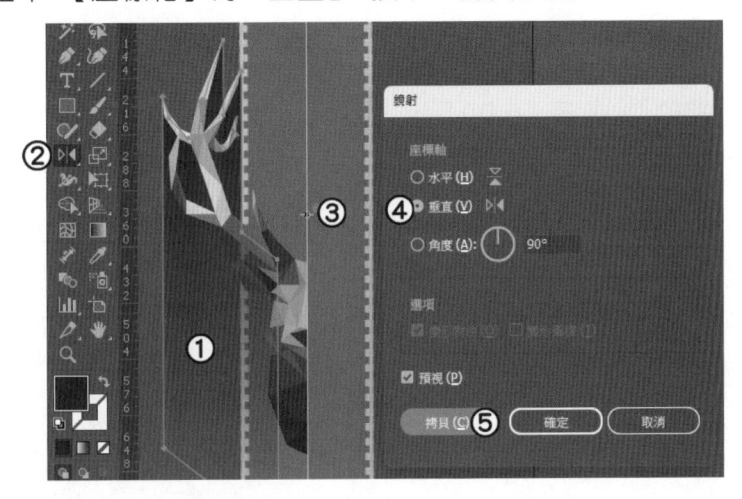

Step5 利用相同方式，在身體下方繪製一個矩形，轉換成「網格」物件，調整下方錨點的【不透明度】為「0%」即可。

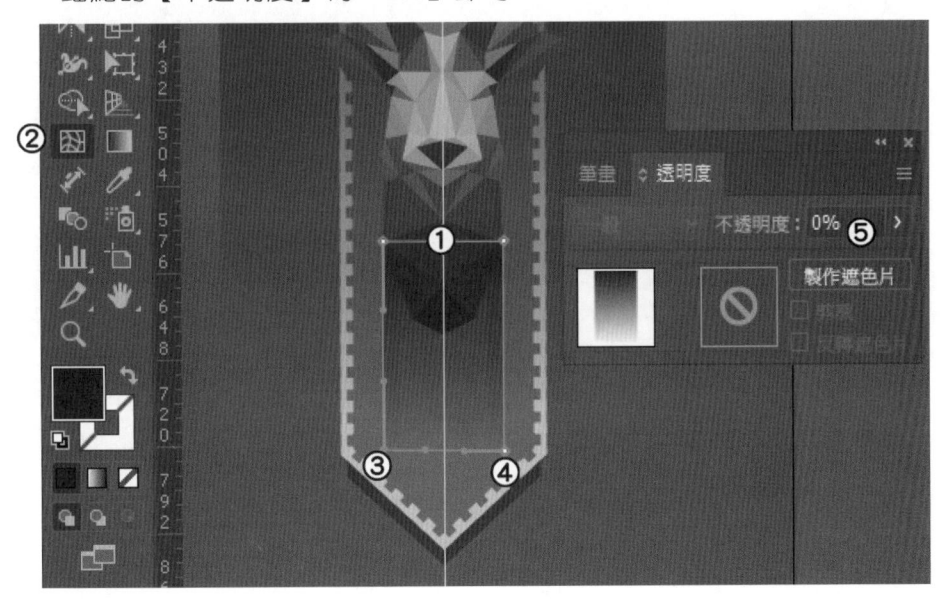

【107．鹿旗】

108. 蜜蜂花園插圖

108-1. 設定蜂巢背景

Step1　按下【開啟】,選擇「ILD01」。

Step2　新增一個圖層,使用【工具列】/【矩形工具】,繪製一個同版面大小的矩形,【填色】設定為「漸層」、【筆畫】為「無」,使用【視窗】/【漸層】面板,設定【角度】為「90°」、【左側色彩標記】為「色票 04」、【右側色彩標記】為「色票 06」,再調整【視窗】/【透明度】面板,設定【不透明度】為「80%」。

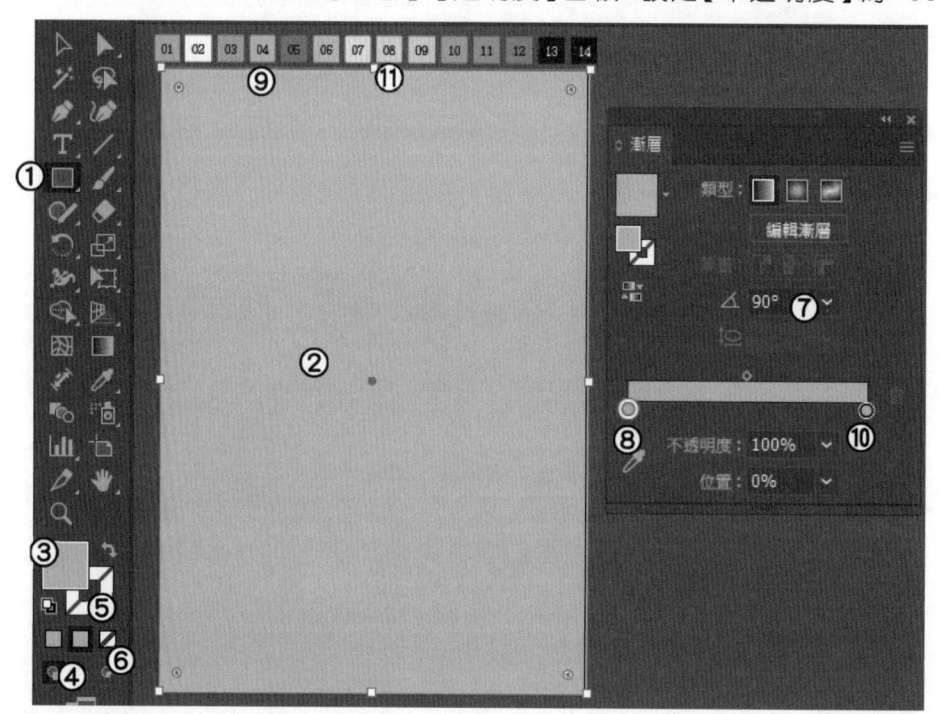

Step3　使用【工具列】/【多邊形工具】,設定【半徑】為「12mm」、【邊數】為「6」的六邊形,按下「確定」鈕,再使用【工具列】/【旋轉工具】,設定【角度】為「30°」,按下「確定」鈕。

【108. 蜜蜂花園插圖】

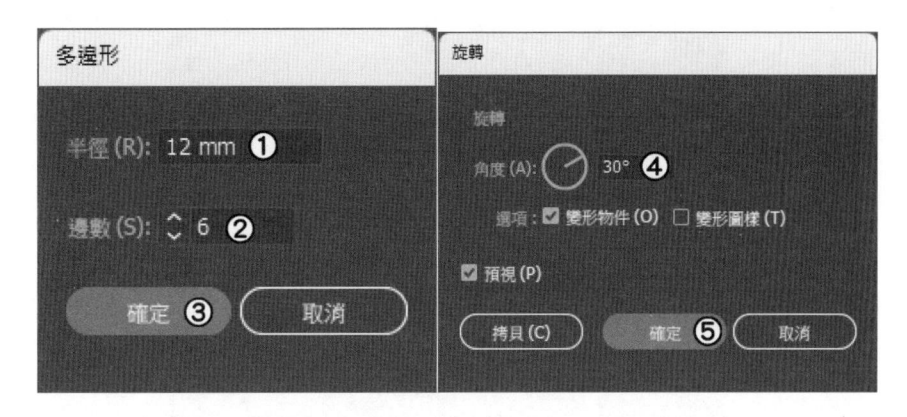

Step4 使用【視窗】/【漸層】面板,設定【角度】為「90°」、【左側色彩標記】為「色票 04」、【右側色彩標記】為「色票 12」,【筆畫】設定為「白色」、【筆畫寬度】設定為「1pt」。

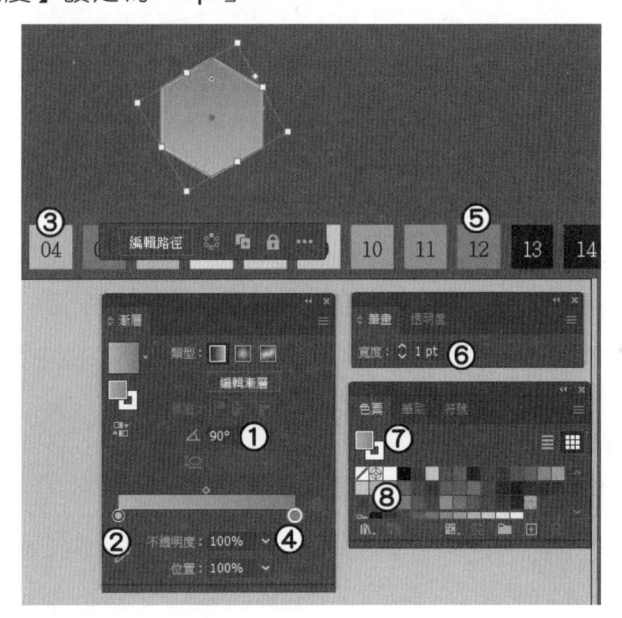

Step5 使用【物件】/【圖樣】/【製作】面板,設定【拼貼類型】為「磚紋(依列)」、【寬度】為「21mm」、【高度】為「18mm」,【拷貝】設定為「9 x 9」,按下「完成」鈕,將【圖樣】建立成「色票」。

【108. 蜜蜂花園插圖】

Step6 使用【工具列】/【矩形工具】，繪製一個同版面大小的矩形，【填色】設定為「新增圖樣」色票、【筆畫】為「無」。

Step7 使用【視窗】/【透明度】面板，按下「製作遮色片」鈕，在遮色片中繪製一「上白下黑」、角度為「90°」的漸層矩形，完成後點選【透明度】面板左側影像。

【108. 蜜蜂花園插圖】

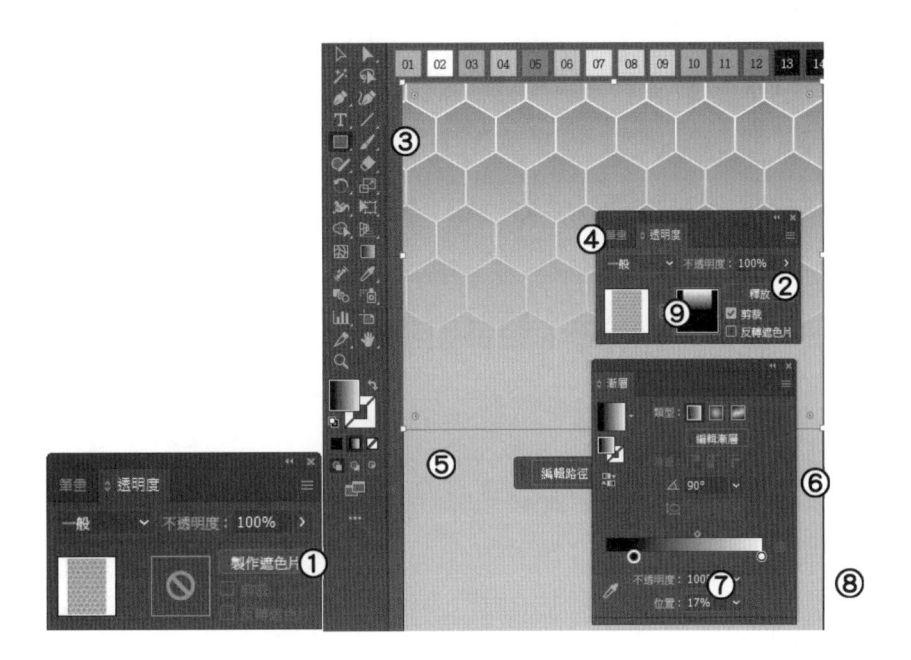

108-2. 製作草地與太陽。

Step1　使用【工具列】/【鋼筆工具】，繪製【草地】區域，並利用【工具列】/【檢色滴管工具】將【填色】套用「色票03」、【筆畫】設定成「無」。

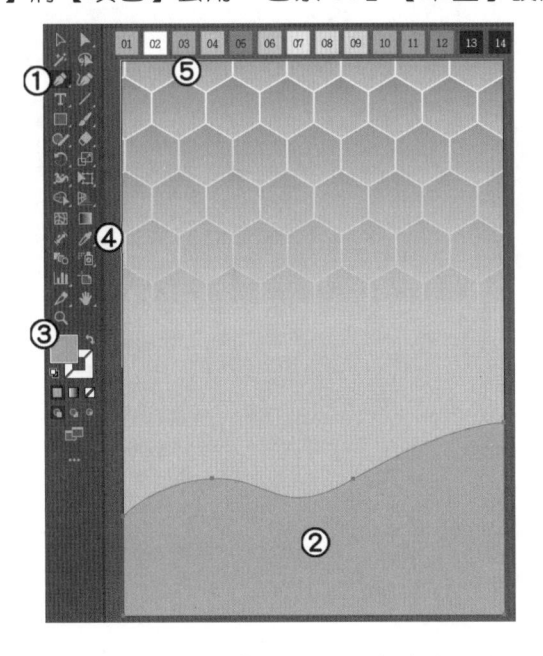

Step2　使用【工具列】/【橢圓形工具】，在版面中建立一個「42*42mm」、【填色】套用「色票07」、【筆畫】設定成「無」的正圓形。

【108. 蜜蜂花園插圖】

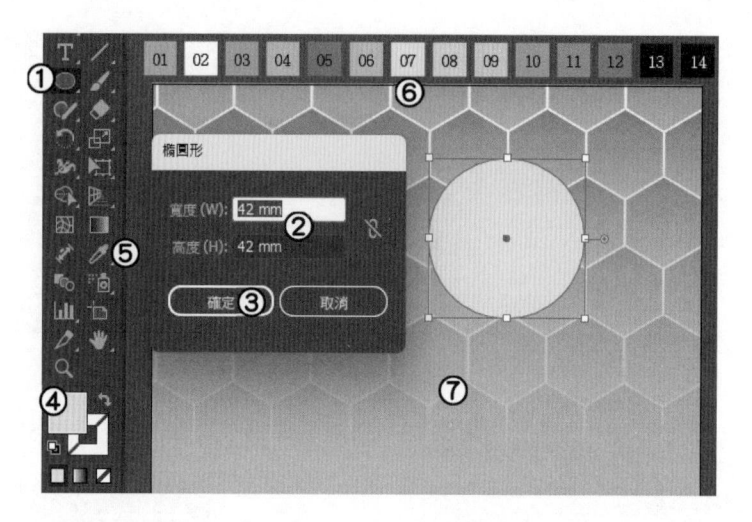

Step3 使用【物件】/【路徑】/【位移複製】,【位移】設定「4mm」,按下「確定」鈕、將【填色】修改套用「色票 08」,再重複一次步驟,再將第二次位移複製的正圓形【填色】修改套用「色票 09」。

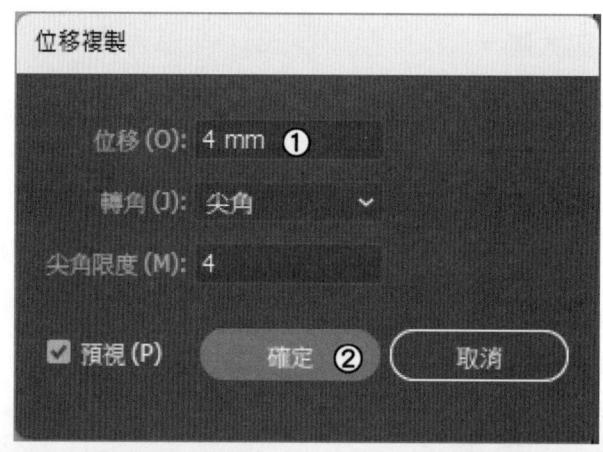

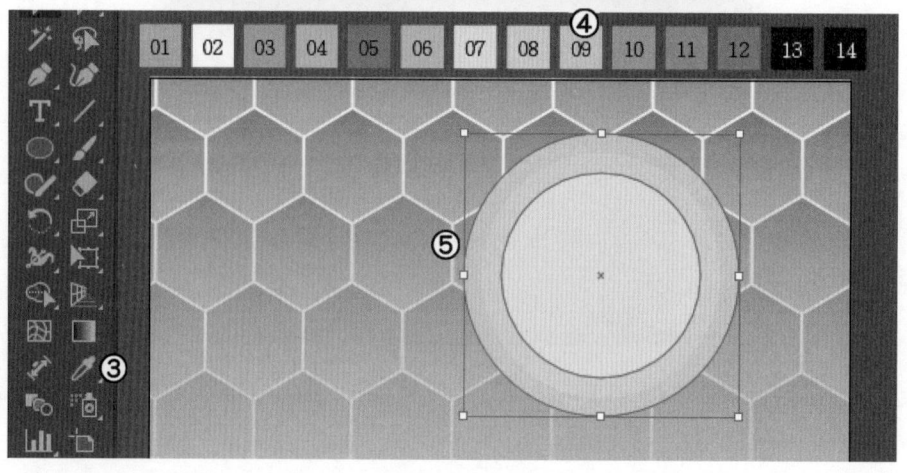

【108. 蜜蜂花園插圖】

108-3. 製作花朵。

Step1 使用【工具列】/【點滴筆刷工具】,【填色】設定為「色票 04」,利用鍵盤的「【」(左中括號)調整筆刷大小,在版面中建立花梗並調整位置。

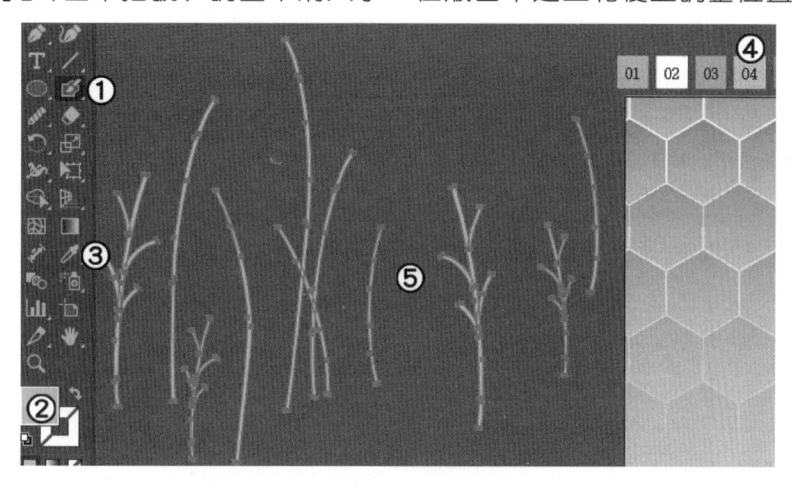

Step2 使用【工具列】/【橢圓形工具】及【直接選取工具】,繪製並調整三個橢圓形,全選之後,先利用【形狀建立程式工具】,將花瓣分成五份,再針對五個路徑,分別【填色】設定為「色票 11」及「色票 12」。

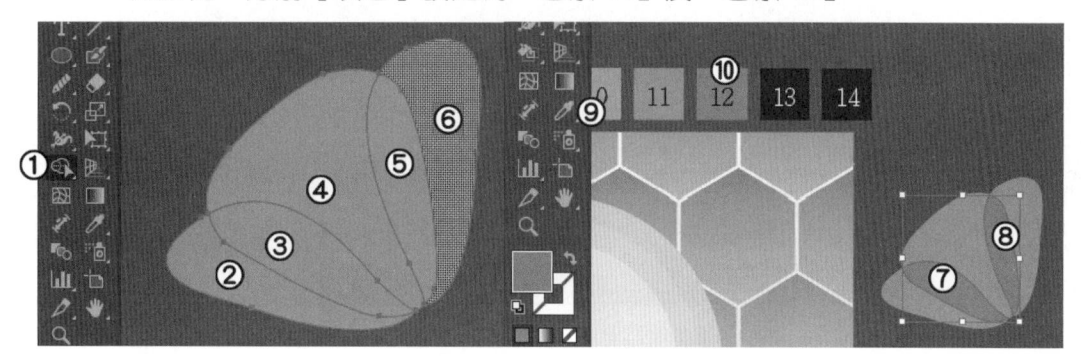

Step3 使用【工具列】/【橢圓形工具】及【直接選取工具】,繪製並調整五個橢圓形及一個正圓形,五個花瓣【填色】設定為「色票 02」,花蕊【填色】設定為「色票 10」。

Step4 複製白花與橘花,貼附到花梗處。

【108. 蜜蜂花園插圖】

108-4. 製作草。

Step1　使用【工具箱】/【鋼筆工具】，繪製幾個尖角路徑，【填色】設定為「色票 05」、【筆畫】設定為「無」。

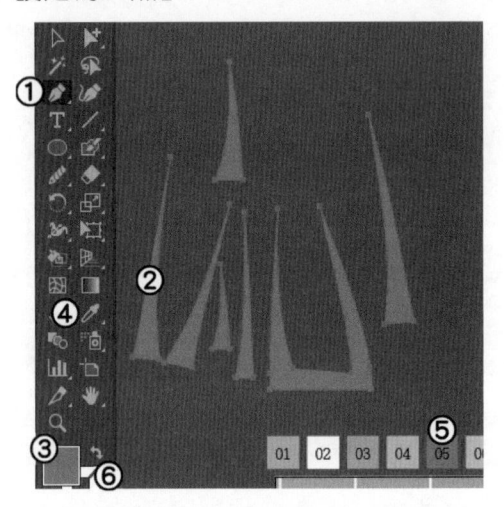

Step2　將尖角路徑群組，複製數個群組，調整大小及翻轉，排列到版面下方。

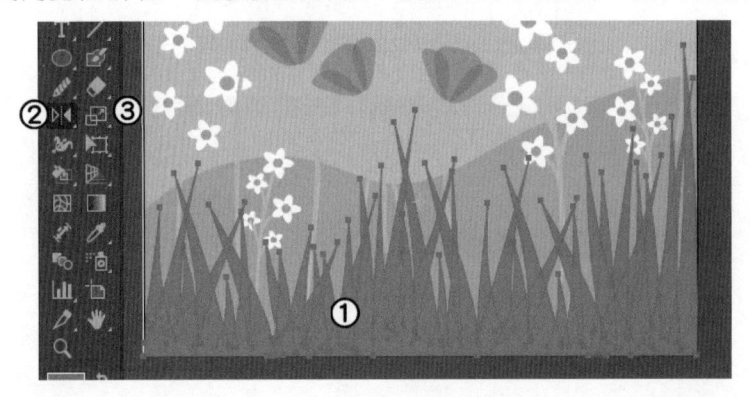

108-5. 製作蜜蜂。

Step1　利用【工具箱】/【橢圓形工具】及【矩形工具】，在版面上繪製四個橢圓形及兩個矩形，分別【填色】設定為「色票 01」、「色票 09」、「色票 13」、「色票 14」，翅膀【不透明度】設定為「60%」。

【108. 蜜蜂花園插圖】

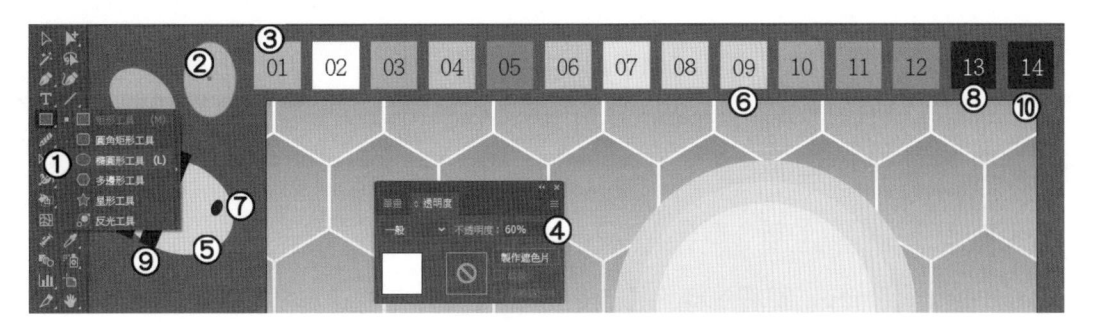

Step2 選取蜜蜂身體及條紋，使用【視窗】/【路徑管理員】/【分割】，將路徑分成數個區塊，把身體以外的路徑刪除，調整翅膀及身體位置，將其群組。

Step3 將「蜜蜂」複製出四個，利用【工具列】/【鏡射工具】及【縮放工具】，調整蜜蜂大小、方向及角度。

【108. 蜜蜂花園插圖】

109. 活動地圖

109-1. 建立 Map 圖層。

Step1 按下【開啟】鈕,選擇「ILD01.ai」。

Step2 新增「map」圖層,使用【工具列】/【矩形工具】及【鋼筆工具】,參考展示檔,繪製三個路徑,分別將【填色】設定為「色票 1」、「色票 2」、「色票 4」、【筆畫】為「無」。

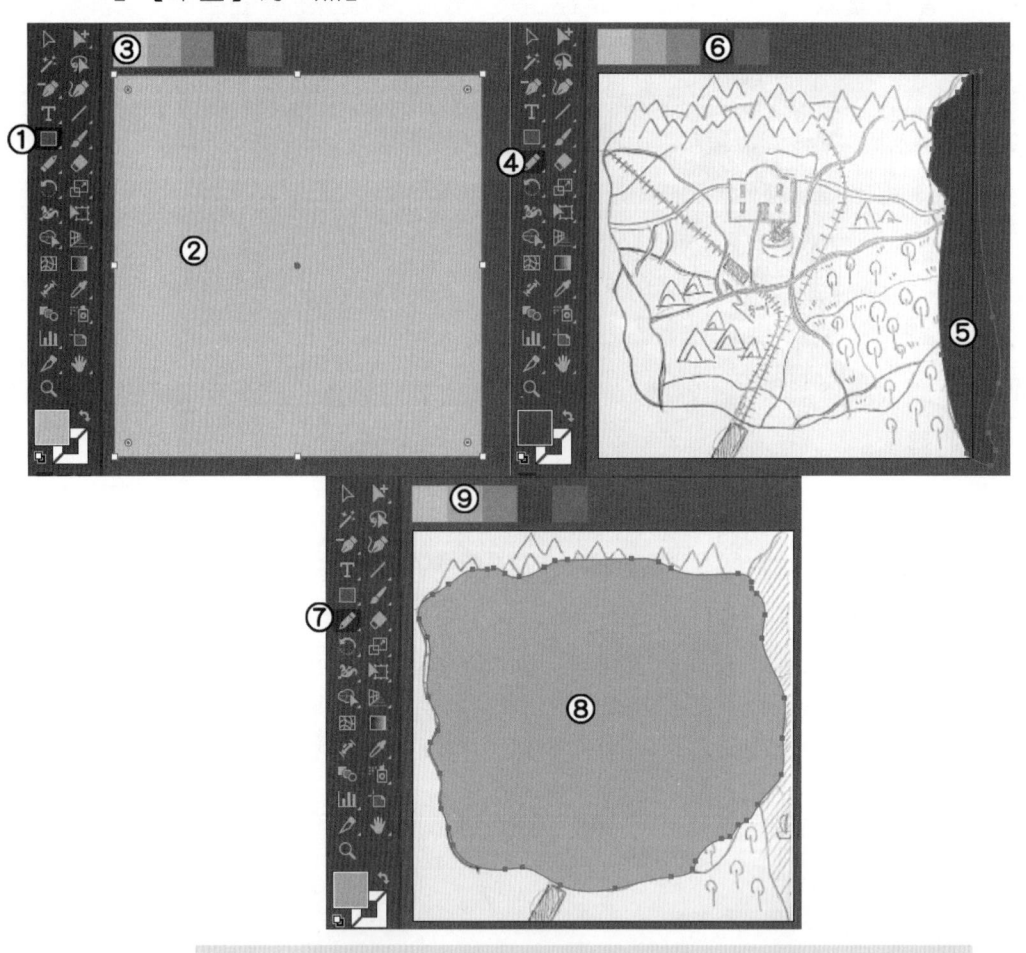

> Note 繪製時,善用顯示/隱藏圖層功能。

Step3 調整圖層順序,複製矩形圖層並移動至最上層,作為遮色片,全選四個圖層,利用【路徑】/【剪裁遮色片】/【製作】功能,將版面以外的路徑做隱藏。

【109. 活動地圖】

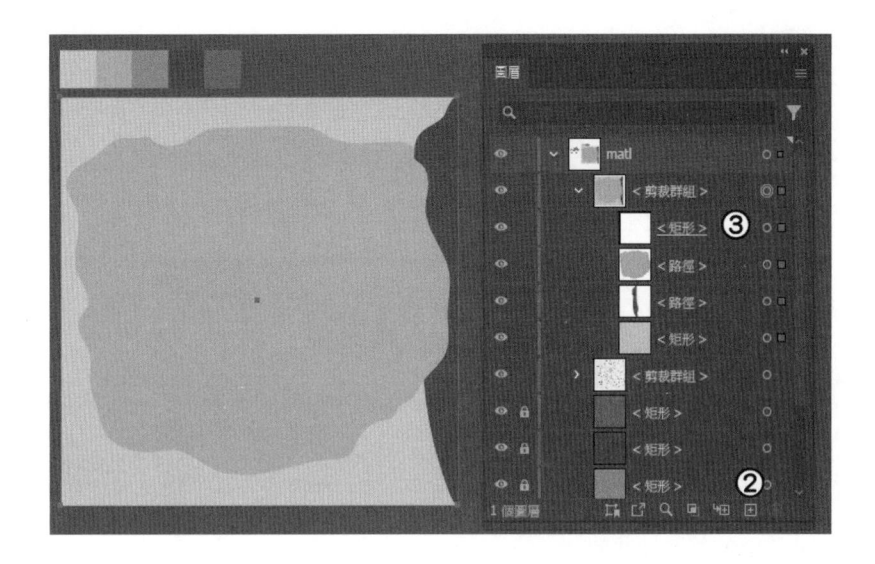

109-2. 載入炭筆筆刷。

Step1　選擇【工具列】/【繪圖筆刷工具】，開啟【視窗】/【筆畫】面板，利用【筆刷資料庫選單】/【藝術】/【藝術_粉筆炭筆鉛筆】，點選「炭筆色-羽化」。

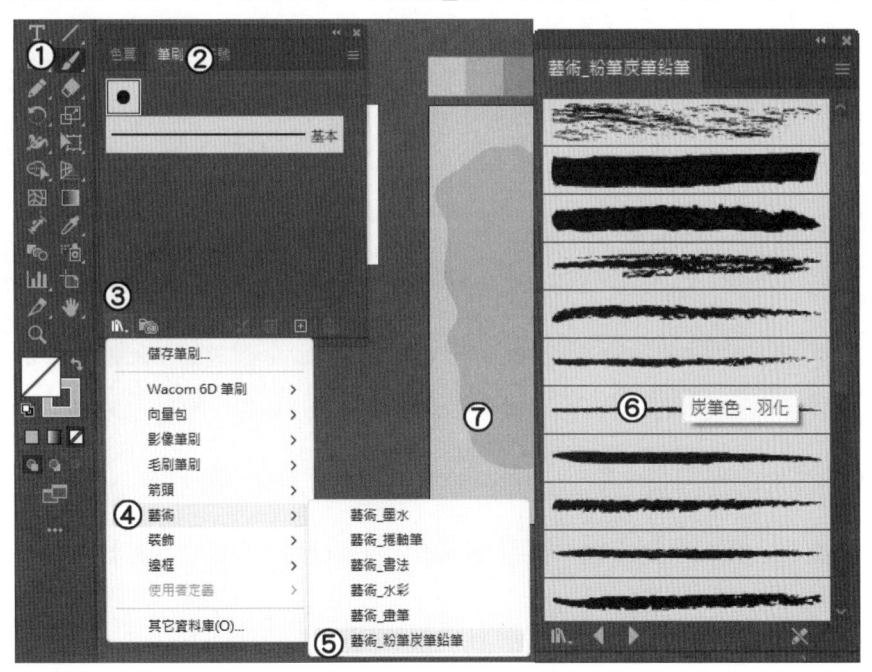

Step2　使用【工具列】/【繪圖筆刷工具】，【填色】設定為「無」、【筆畫】設定為「色票 1」，並動態調整【筆畫寬度】，在版面上繪製粗細不同線條作為道路。

【109. 活動地圖】

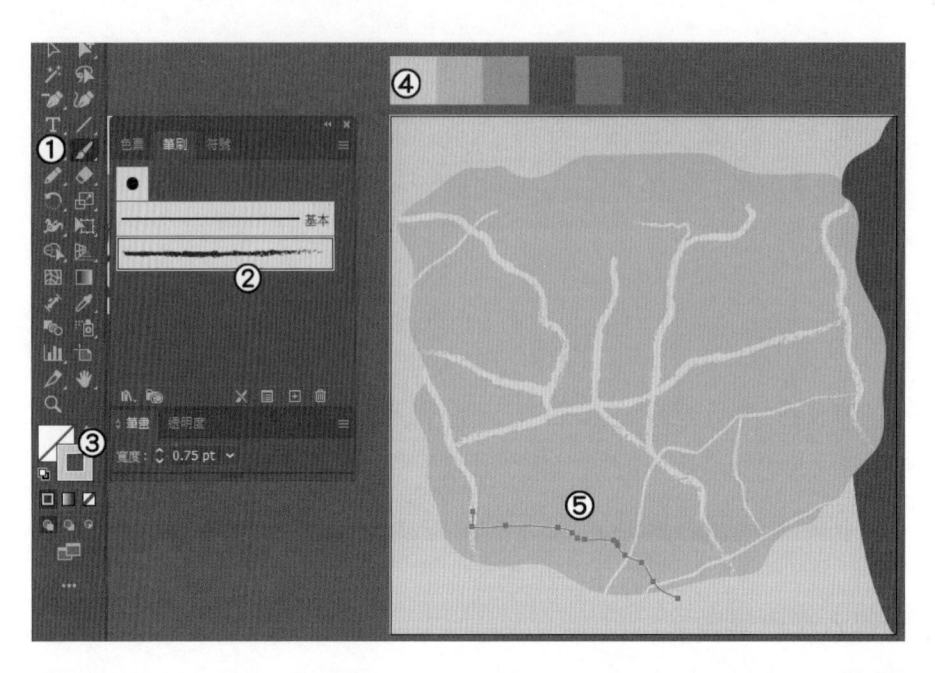

Step3 複製套用「色票 2」不規則路徑，並挑選出深綠色區域四周的筆刷並複製。

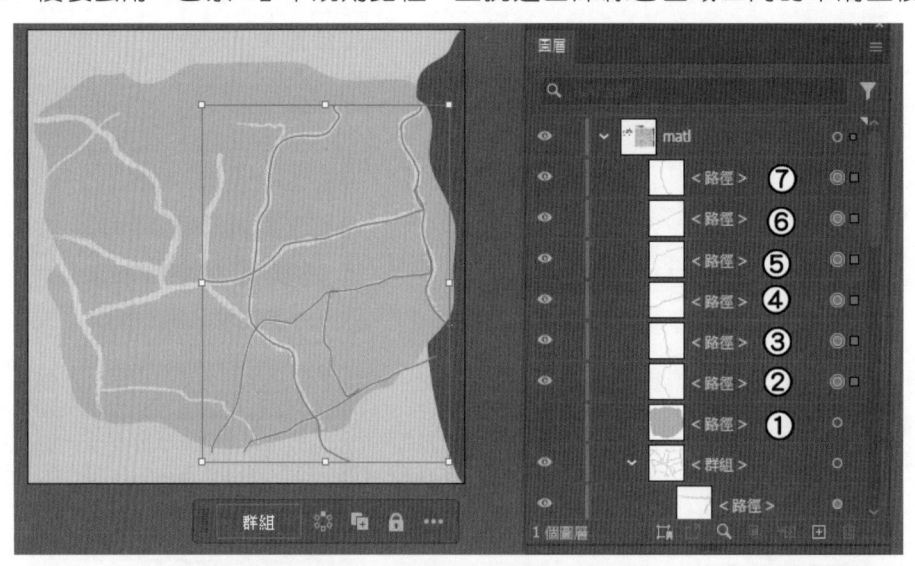

> Note　可以配合【編輯】/【拷貝】及【編輯】/【就地貼上】功能。

Step4 使用【視窗】/【路徑管理員】面板，按下【分割】鈕，將應顯示深綠色填色區域，套用【填色】為「色票 3」，並刪除多餘的路徑，並移動到道路群組下方。

【109. 活動地圖】

109-3. 繪製河流與鐵軌。

Step1　使用【工具列】/【繪圖筆刷工具】在版面上繪製一條曲線，設定【筆畫寬度】為「12pt」、【變數寬度描述檔】為「寬度描述檔 2」、【填色】為無、【筆畫】為「色票 4」、【筆刷定義】選擇為「基本」。

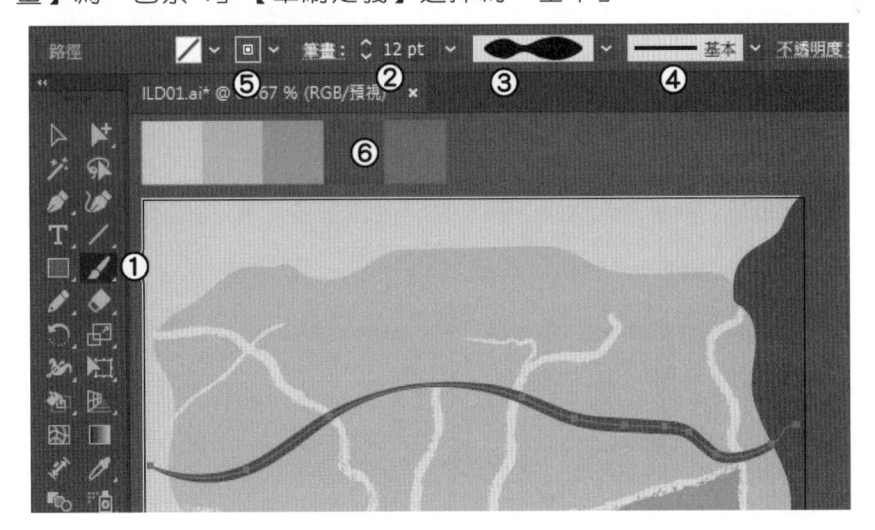

Step2　採用相同方式繪製支流，將【筆畫寬度】修改為「5pt」、【變數寬度描述檔】為「寬度描述檔 4」。

【109. 活動地圖】

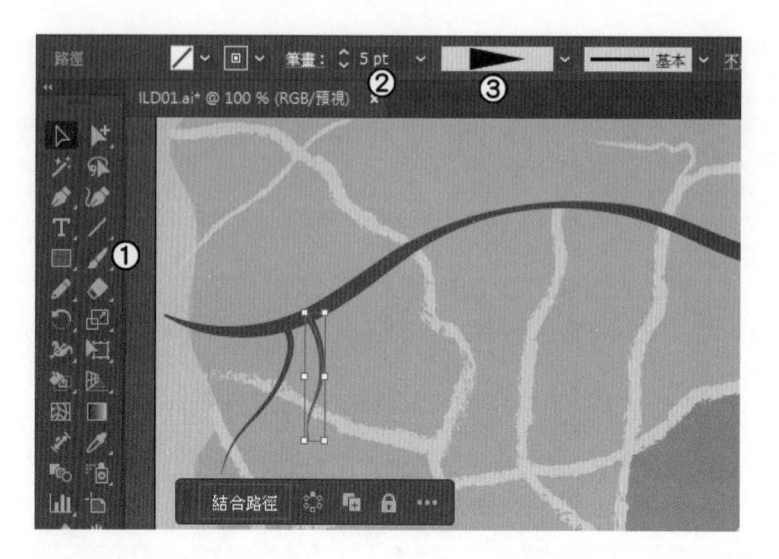

Step3 使用【工具列】/【鋼筆工具】，繪製兩條【筆畫寬度】為「0.75pt」、【填色】設定為「無」、【筆刷】選擇為「C=0 M=0 Y=0 K=90 」的直線。

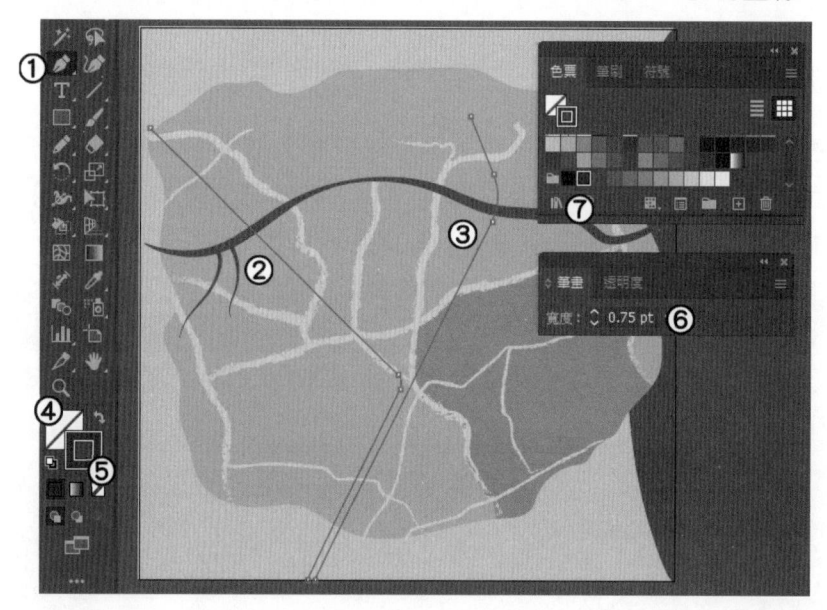

Step4 使用【視窗】/【筆刷】面板，選擇【筆刷資料庫選單】/【邊框】/【邊框_新奇】，選擇「鐵軌」。

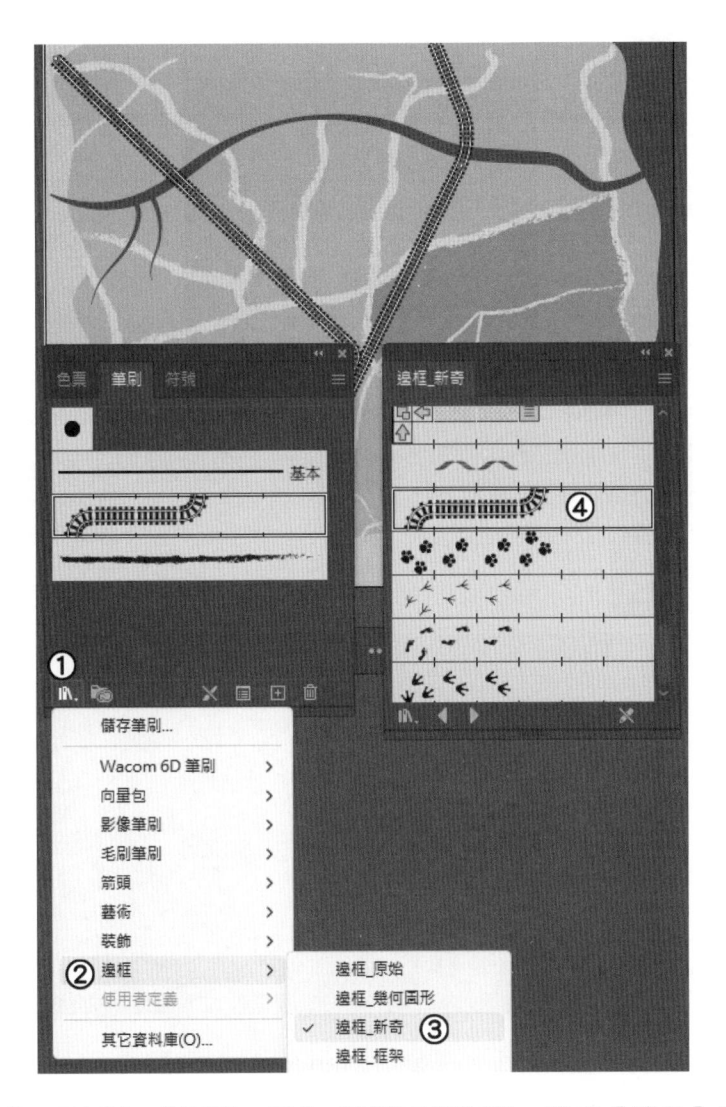

Step5 使用【工具列】/【矩形工具】,繪製兩個矩形,設定【填色】設定為「C=0 M=0 Y=0 K=90」、【筆刷】選擇為「無」,並使用【工具列】/【直接選取工具】,將矩形窄邊調整成圓形,最後移動到鐵軌圖層下方。

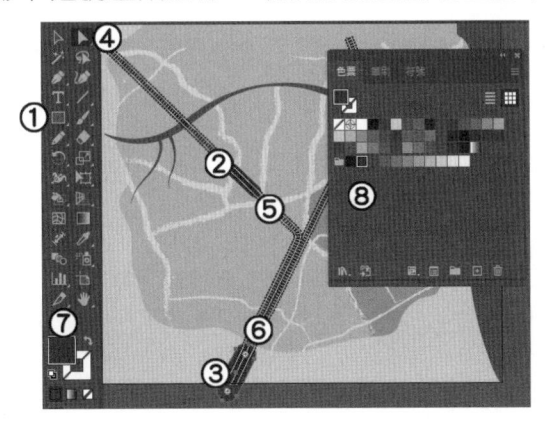

【109. 活動地圖】

> Note 可以將目前所有路徑，都移動至背景層的「剪裁群組」中，這樣下方車站超過頁面就不會顯示出來。

109-4. 在 landmark 圖層置入影像描圖的樹木。

Step1 新增圖層「landmark」圖層，選擇「matl」圖層的影像，使用【控制列】/【影像描圖】/【6色】，按下【展開】鈕之後，利用【工具列】/【群組選取工具】將白色區域刪除。

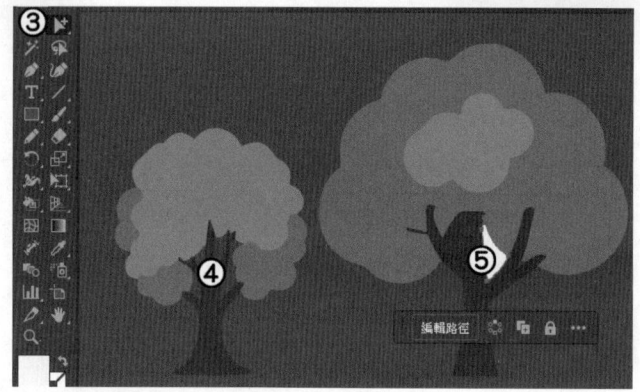

Step2 將兩個樹木解散群組後，複製到「landmark」圖層，再各自群組，並各自複製數個路徑，參考展示檔，調整位置及大小，再將所有樹木設定群組。

109-5. 設計其他裝飾元素。

Step1 使用【工具列】/【多邊形工具】，繪製兩個等腰三角形，再利用【工具列】/【即時上色工具】，並填入【色票】面板的色票。

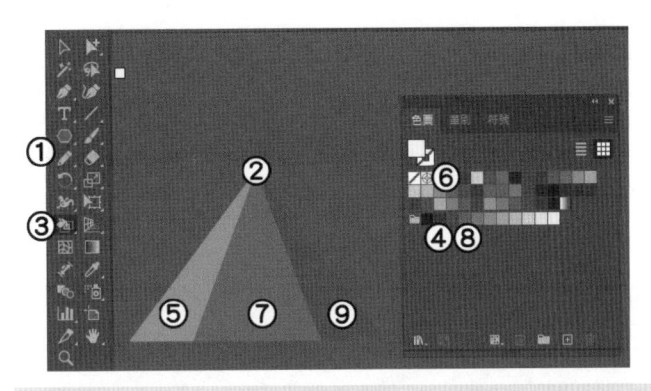

> Note：偏暗的顏色，可以參考展示檔，由左到右分別為「#6E9530」、「#207F3B」、「#046636」。

Step2　將三角形複製，將三個填色調整偏暗，複製數個三角形，參考展示檔排列位置及修改大小。

Step3　使用【工具列】/【鋼筆工具】，繪製下列兩個路徑，分別將【填色】設定成圖中數值，重疊之後，複製並調整位置大小及顏色。

> Note：另一組顏色，可以參考展示檔，分別為「#9E934A」、「#5E572C」。

Step4　利用【工具列】/【橢圓形工具】，繪製兩個同心圓，利用【路徑管理員】/【減去上層】，建立成中空圓形，再使用【直接選取工具】，調整下方錨點位置並轉換成尖角，【填色】設定為「# 993024」。

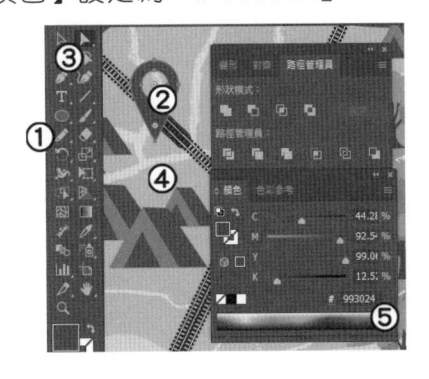

【109. 活動地圖】

Step5 利用【工具列】/【橢圓形工具】繪製兩個圓形，噴水池外圍【填色】設定為「#112B4F」、噴水池內部【填色】設定為「#76C7D3」，再用【工具列】/【弧形工具】，繪製兩條弧形，【筆畫寬度】設定為「1pt」、勾選【虛線】、【第一虛線】設定為「3pt」、【第一間格】設定為「1pt」、【筆畫】設定為「#76C7D3」。

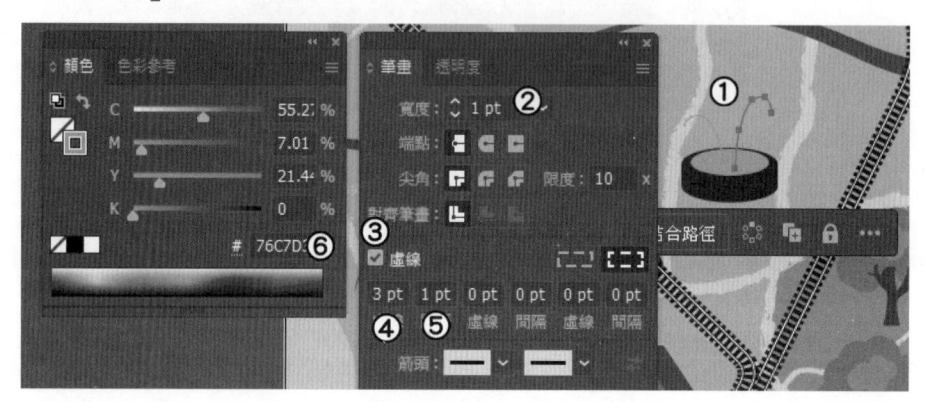

Step6 使用【工具列】/【矩形工具】、【橢圓形工具】及【鋼筆工具】，參考展示檔，繪製建築物路徑所需元素，將淺色【填色】設定為「#AA6B40」、深色【填色】設定為「#6A4227」，排列如展示檔後做成群組，並移動至「噴泉」圖層下方。

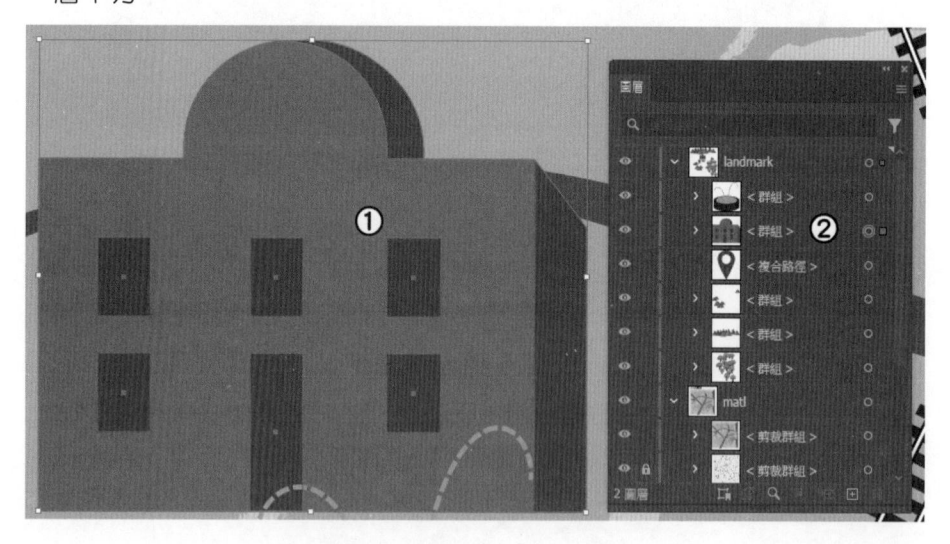

【109. 活動地圖】

110. 美式卡通角色插畫

110-1. 分割背景矩形並填入色票顏色。

Step1　按下【開啟】鈕，選擇「ILD01.ai」。

Step2　使用【視窗】/【色票】面板，選擇上方五個色塊，按下「新增顏色群組」鈕，直接按下「確定」鈕，將三個色塊建立成「色票群組」。

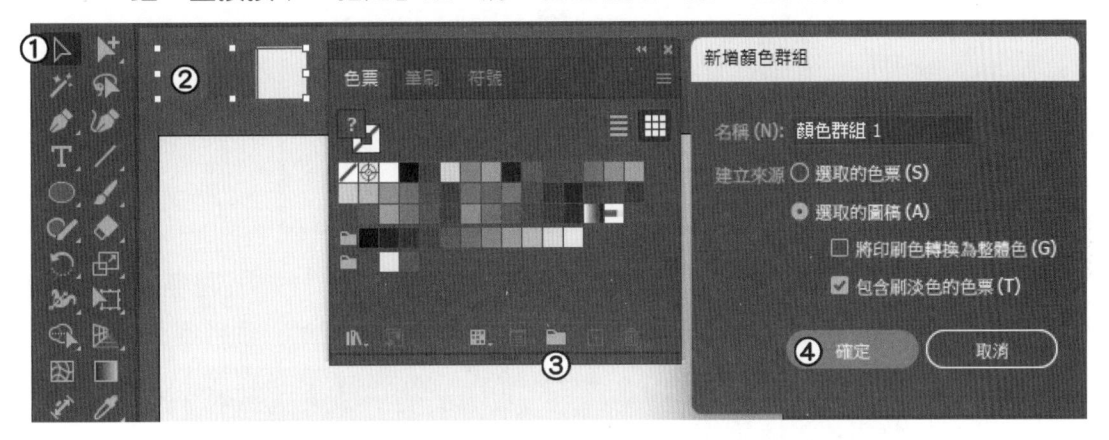

Step3　選擇「BG」圖層的淺黃色色塊，使用【物件】/【路徑】/【分割成網格】，設定【橫欄】/【數量】為「4」、【直欄】/【數量】為「4」，按下「確定」鈕。

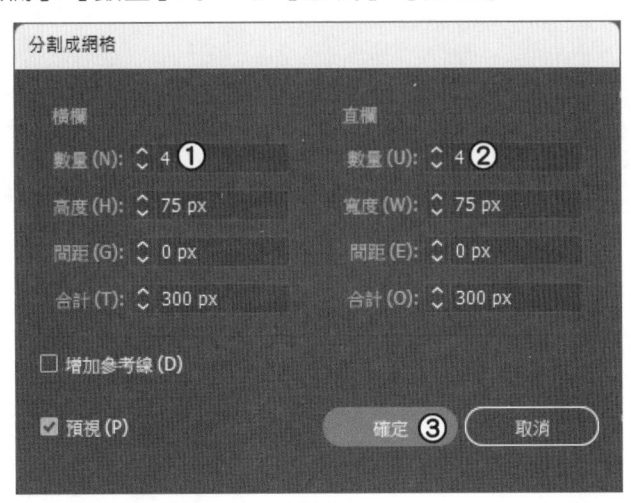

Step4　全選路徑，使用【工具列】/【形狀建立程式工具】，參考展示圖，將路徑合併成單一路徑，設定【筆畫寬度】為「2pt」，【筆畫】顏色為【色票】面板中「顏色群組 1」的「第三個色票」。

【110. 美式卡通角色插畫】

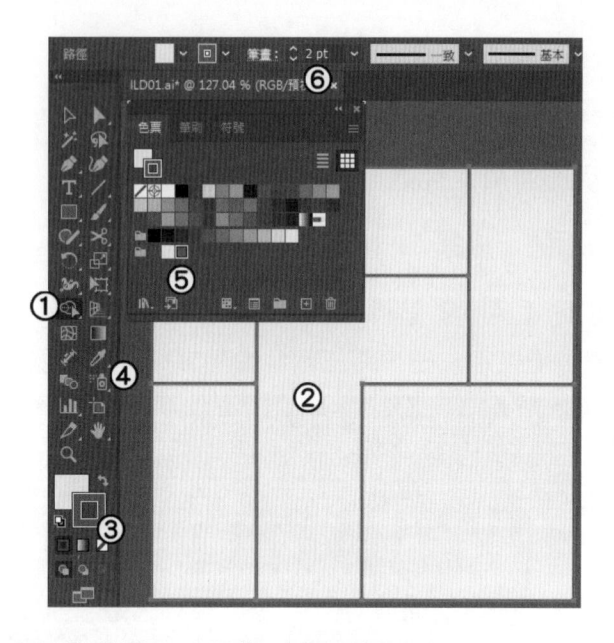

Step5 使用【工具列】/【選取工具】，分別點選「左上」及「右下」路徑，利用【視窗】/【色票】面板，分別選擇「第三個色票」及「第一個色票」。

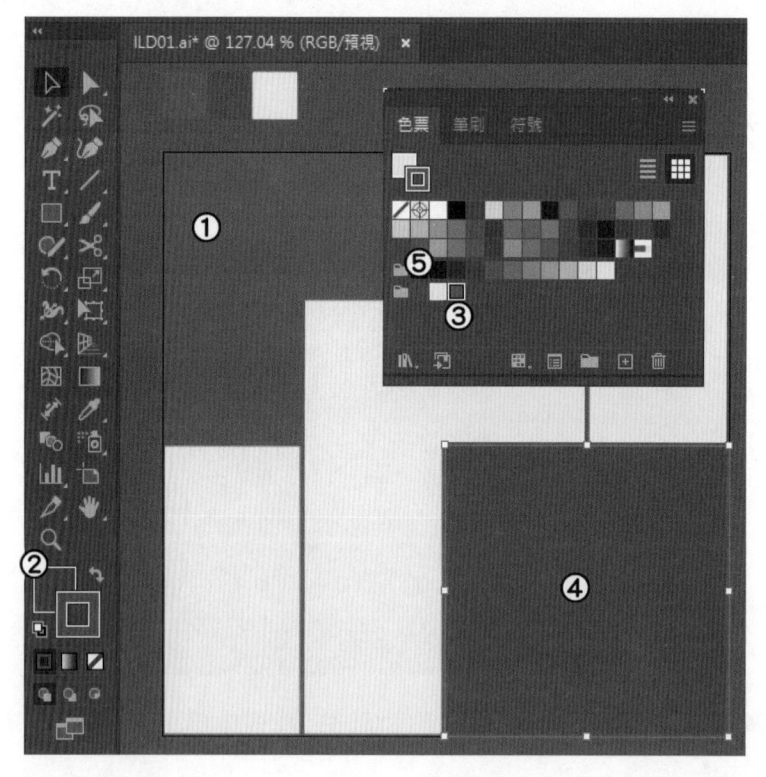

【110. 美式卡通角色插畫】

110-2. 製作卡通角色。

Step1　新增圖層「Role」，使用【工具列】/【橢圓形工具】，繪製一個「150*150px」的正圓形，設定【填色】為【色票】面板「第三個色票」,【筆畫】顏色為「無」，將正圓形往左上角複製偏移，將【填色】設定為【色票】面板「第二個色票」、【筆畫】顏色為【色票】面板「第三個色票」、【筆畫寬度】為「2pt」。

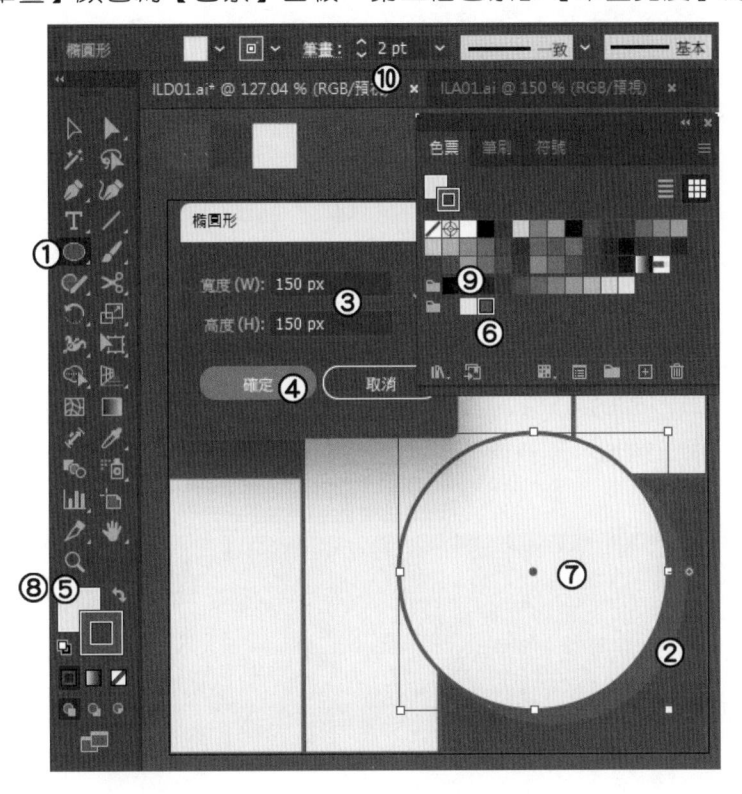

Step2　使用【工具列】/【橢圓形工具】，繪製兩個橢圓形，設定【填色】為「白色」、【筆畫】顏色為【色票】面板「第三個色票」、【筆畫寬度】為「2pt」。

【110. 美式卡通角色插畫】

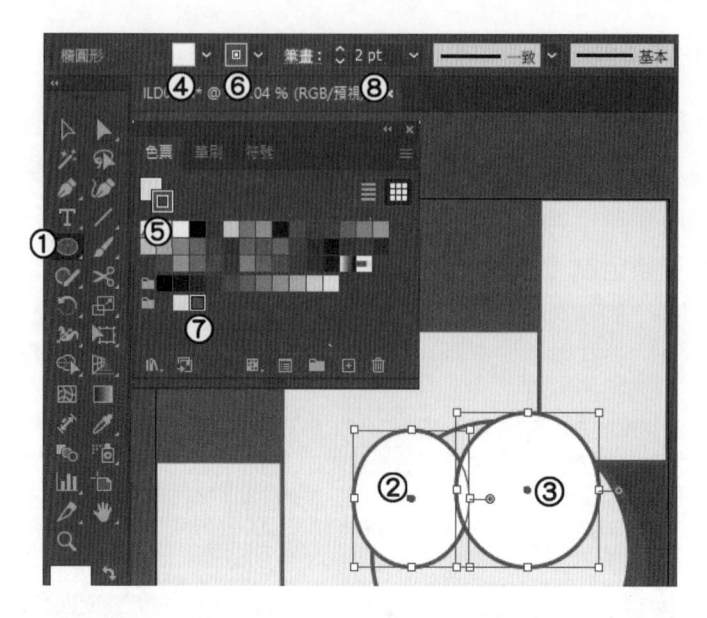

Step3 使用【工具列】/【橢圓形工具】，繪製一個橢圓形，設定【填色】為【色票】面板「第一個色票」、【筆畫】為「無」，再利用【工具列】/【多邊形工具】，繪製一個三角形，減去橢圓形，完成後複製橢圓形到另一個眼睛處，並調整大小。

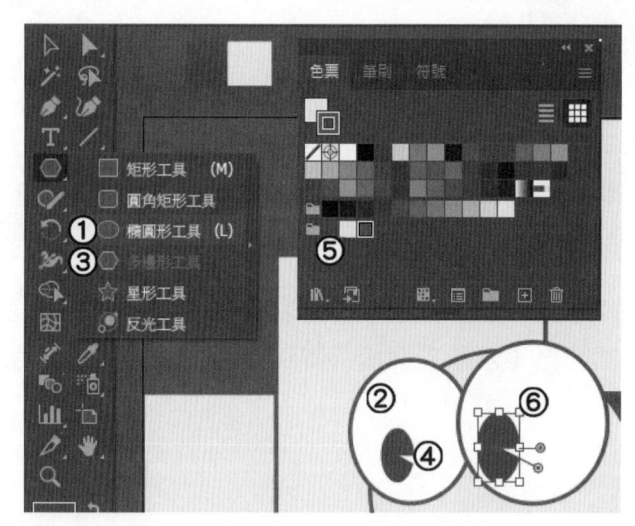

Step4 使用【工具箱】/【橢圓形工具】及【弧形工具】，繪製嘴巴、鼻子與下巴，設定值參考下表所示：

【110. 美式卡通角色插畫】

路徑	工具	填色	筆畫
鼻子亮面	橢圓形工具	白色	無
鼻子	橢圓形工具	【色票】面板中「第一個色票」	【色票】面板中「第三個色票」、2pt 寬
嘴巴	橢圓形工具	【色票】面板中「第三個色票」	無
下巴	弧形工具	【色票】面板中「第二個色票」	【色票】面板中「第三個色票」、2pt 寬

Step5　眼睛超過圓形部分，可以使用【物件】/【剪裁遮色片】功能做隱藏。

Step6　頭髮利用【工具箱】/【螺旋工具】，設定【半徑】為「36px」、【衰減】為「70%」、【區段】為「6」、【樣式】為「順時針」、按下「確定」鈕，【筆畫】為「色票1」、【筆畫寬度】為「6pt」、【變數寬度描述檔】為「寬度描述檔1」。

Step7　手臂利用【工具列】/【弧形工具】繪製，設定【筆畫】為【色票】面板中「第三個色票」、【筆畫寬度】為「7pt」，並將【Hand.ai】檔案的手部圖案置入，使用【工具列】/【鏡射工具】，【座標軸】設定為「垂直」並按下「確定」後置入，參考展示檔，調整角度、大小、方向、筆畫顏色及圖層順序：

【110. 美式卡通角色插畫】

110-3. 製作棋盤格圖樣。

Step1　使用【工具列】/【矩形工具】，繪製一個「20*20pt」的矩形，按下「確定」鈕，再使用【物件】/【路徑】/【分割成網格】，設定【橫欄】/【數量】為「2」、【直欄】/【數量】為「2」，按下「確定」鈕。

【110. 美式卡通角色插畫】

Step2 使用【工具列】/【選取工具】,分別選擇矩形路徑,利用【視窗】/【色票】面板,分別將【填色】設定為「第二個色票」及「第三個色票」,【筆畫】設定為「無」,最後將棋盤格圖樣直接拖曳到【色票】面板中,建立成色票,並填入右上角區域。

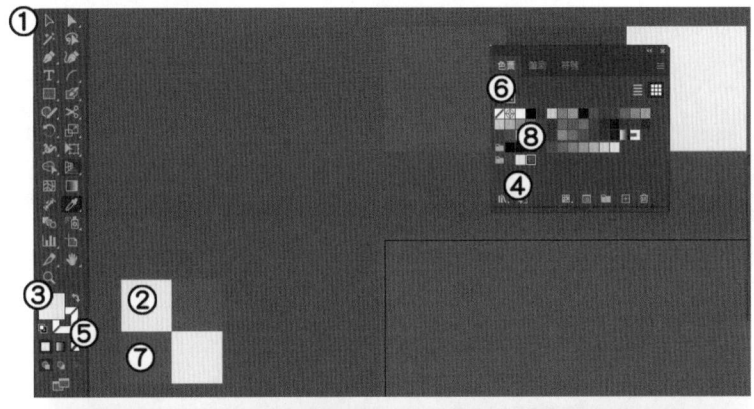

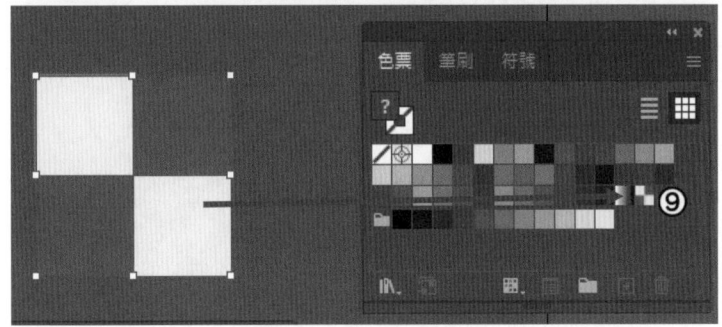

110-4. 製作復古磚花紋。

Step1 使用【工具列】/【矩形工具】及【橢圓形工具】,先繪製一個「20*20px」的正方形,重疊處再畫一個「20*20px」的正圓形,將正圓形複製成四個,其圓心分別對齊四個切點的水平垂直延伸交點。

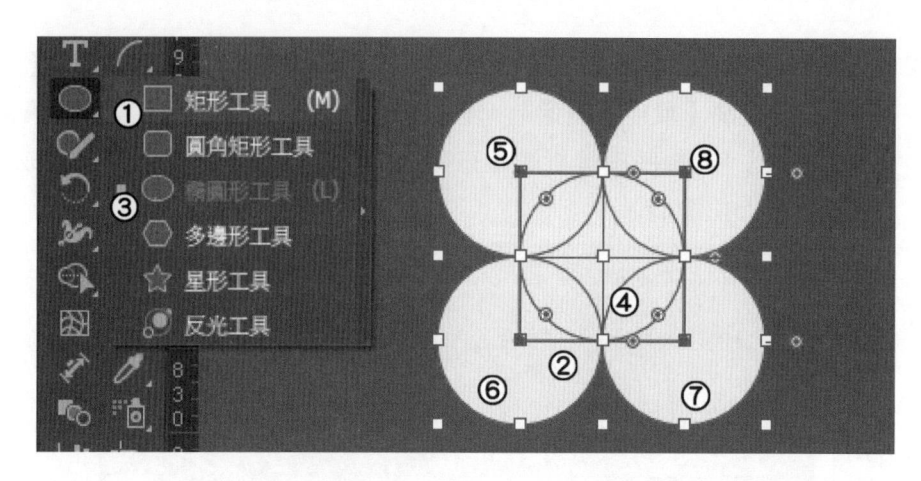

Step2 使用【工具列】/【形狀建立程式工具】，參考展示檔，將六個區塊分割、合成復古磚圖案，刪除多餘的路徑並修改【填色】，最後同樣建立成【色票】，並填入左下角區域。

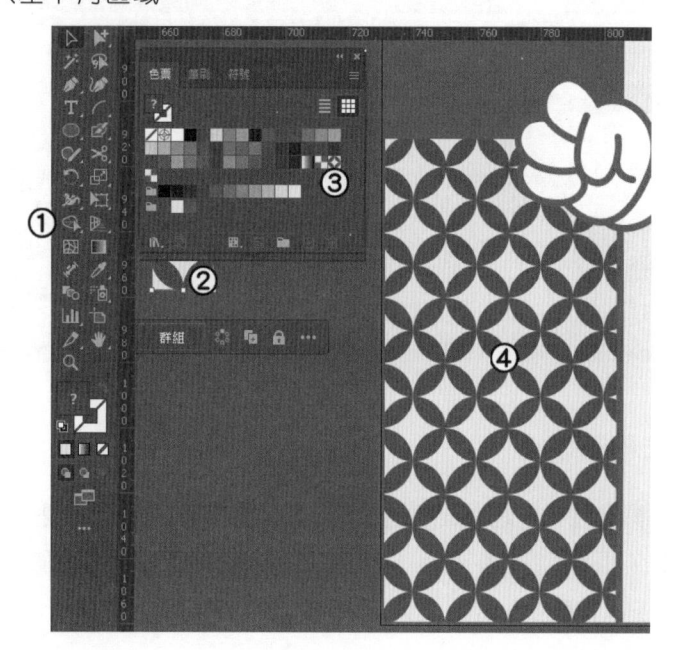

110-5. 製作星形對話框。

Step1 顯示「Dialog」圖層，使用【工具列】/【星形工具】，繪製一個【半徑 1】設定為「69px」、【半徑 2】設定為「44px」、【星芒數】設定為「10」、按下「確定」鈕，【填色】設定為【色票】面板中「第一個色票」的十芒星形。

【110. 美式卡通角色插畫】

Step2 選擇「WOW」文字圖層，使用【工具列】/【任意變形工具】/【透視扭曲】，參考展示檔，調整透視角度及旋轉角度，最後將【填色】設定【色票】面板中「第二個色票」。

【110. 美式卡通角色插畫】

心得筆記

第二類

圖文表現能力

201. 郵票設計
202. A5 書本封面
203. THE BAG
204. 義大利麵宣傳圖
205. Travel agency
206. Lue COFFEE 隨手杯包裝
207. 老樹
208. 藍眼淚立體插畫
209. TQC+
210. Skyscraper in City

201. 郵票設計

201-1. 繪製郵票外觀。

Step1　點選「新檔案」，檔案名稱輸入「ILA02」，寬度設定為「100mm」、高度設定為「120mm」，按下「建立」鈕。

Step2　使用【工具列】/【矩形工具】，【填色】設定為「#4774B9」、【筆畫】設定為「白色」，開啟【視窗】/【筆畫】面板，設定【寬度】為「8pt」、【端點】為「圓端點」、勾選【虛線】、選取「將虛線對齊到尖角和路徑終點，並調整最適長度」，將【第一個虛線】設定為「0pt」、將【第一個間隔】設定為「16pt」，【其他虛線與間隔】都設定為「0pt」。

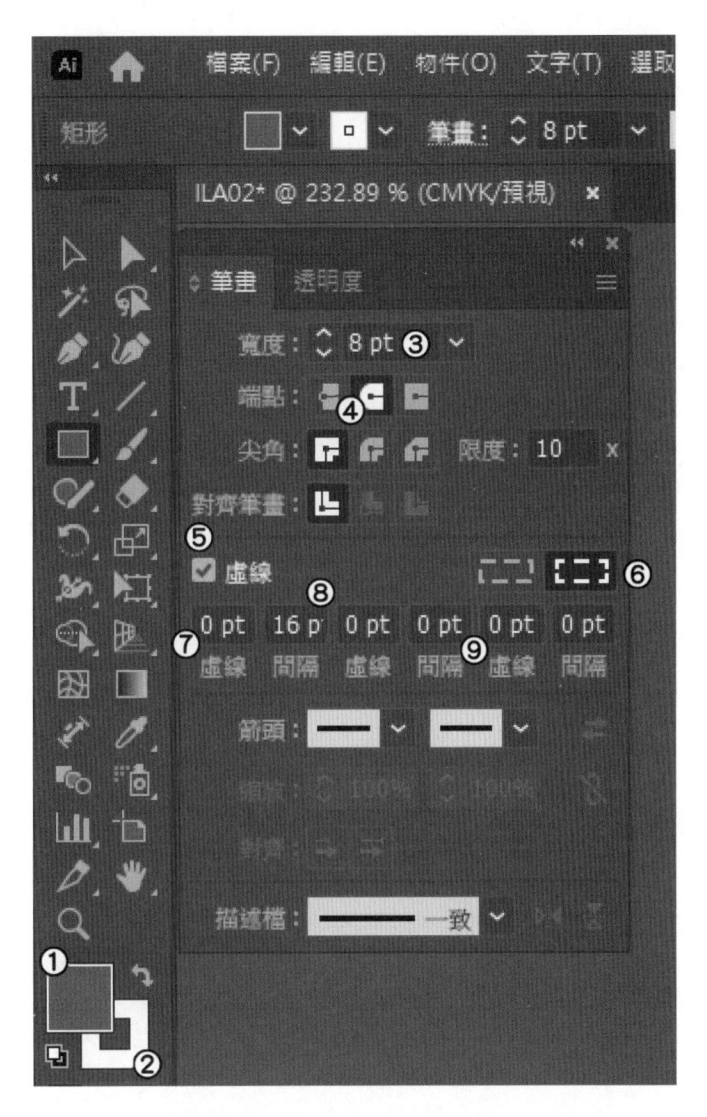

Step3 使用【工具列】/【矩形工具】,在版面上繪製一個「60*86mm」的矩形,在「控制」列中設定「水平居中」及「垂直居中」。

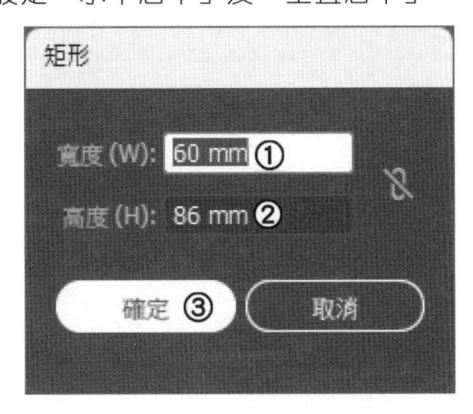

【201. 郵票設計】

Step4 使用【物件】/【擴充外觀】功能，再解散群組將【填色】與【筆畫】分離，再對筆畫使用【物件】/【展開】功能（採用預設值展開填色及筆畫），將筆畫展開，最後使用【視窗】/【路徑管理員】面板中的「減去上層」功能，將圓點剪裁藍色矩形。

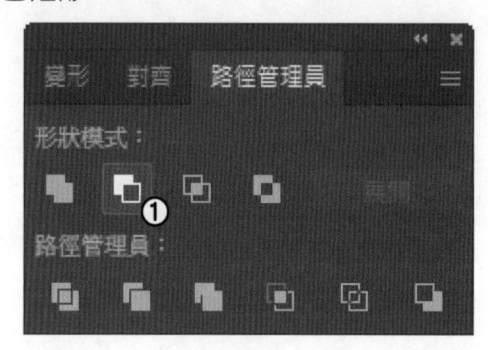

Step5 使用【物件】/【路徑】/【位移複製】功能，【位移】設定為「-2mm」，按下「確定」鈕，將【填色】設定為「無」、【筆畫】設定為「白色」，開啟【視窗】/【筆畫】面板，設定【寬度】為「1.5pt」。

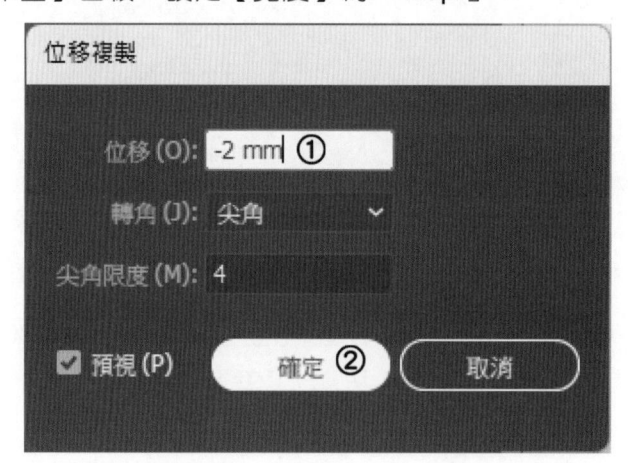

201-2. 繪製梅花。

Step1 使用【工具列】/【橢圓形工具】,在版面上繪製一個「13*13mm」的正圓形,【填色】設定為「漸層」、【筆畫】設定為「無」,開啟【視窗】/【漸層】面板,設定【類型】為「放射性漸層」、【左側顏色】為「白色」、【右側顏色】為「# E58685」。

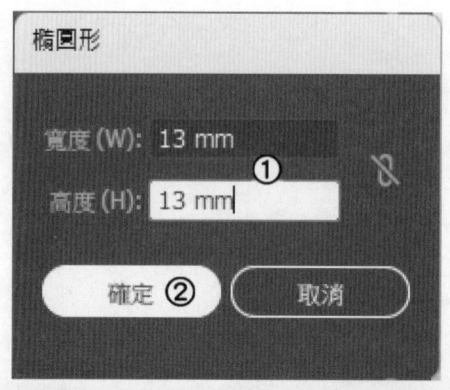

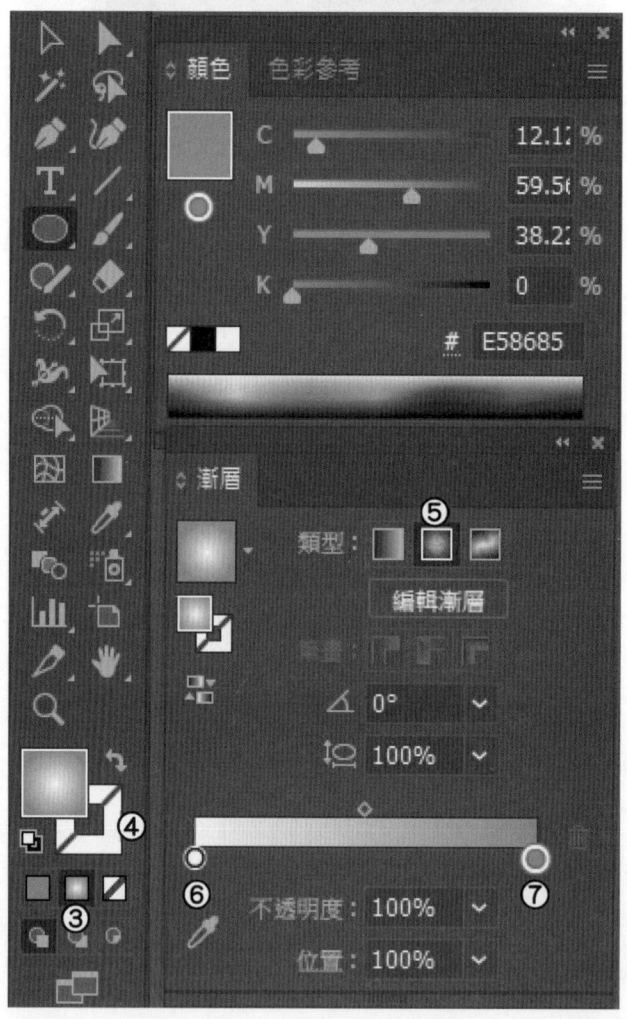

Step2 使用【工具列】/【直接選取工具】,將漸層正圓形的下方錨點向下移動,並使用【控制】/【轉換】功能,選擇「將選取的錨點轉換成尖角」。

【201. 郵票設計】

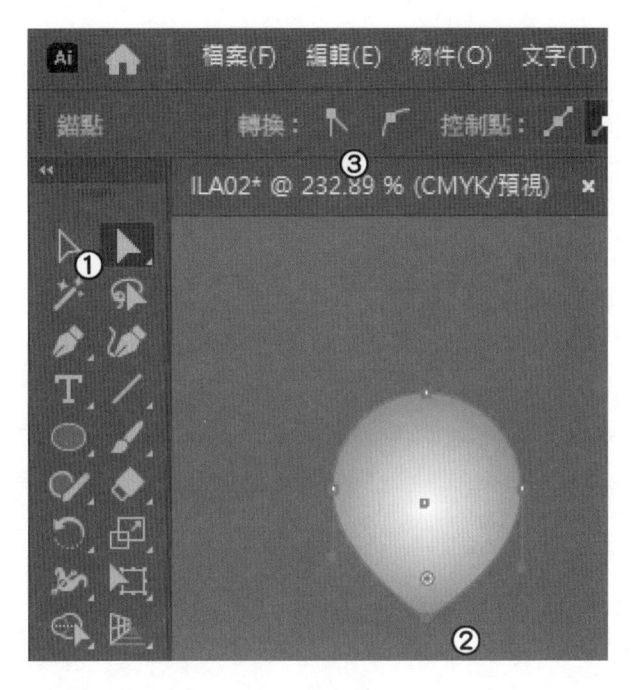

Step3 使用【工具列】/【矩形工具】,在版面上繪製一個寬度約 1.5mm 的矩形,調整位置置於水滴形狀中央靠下的位置,同時選取水滴形狀與矩形,使用【視窗】/【路徑管理員】,選擇「減去上層」。

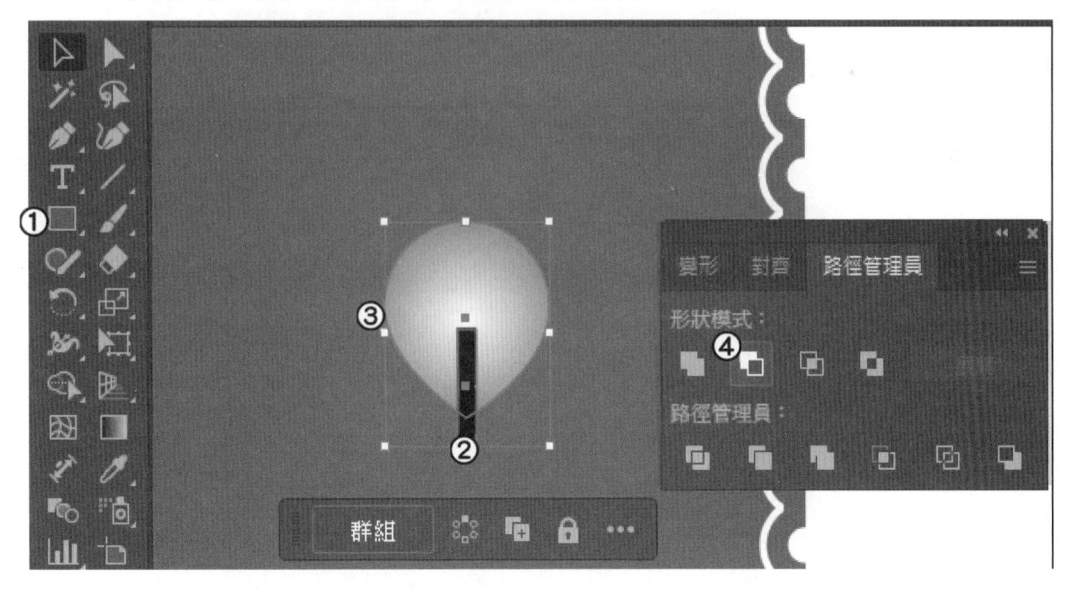

Step4 使用【工具列】/【旋轉工具】,按住「Alt」鍵,在水滴形狀中央下方左鍵一下,重新設定旋轉中心點,設定【角度】為「72°」,按下「拷貝」鈕。

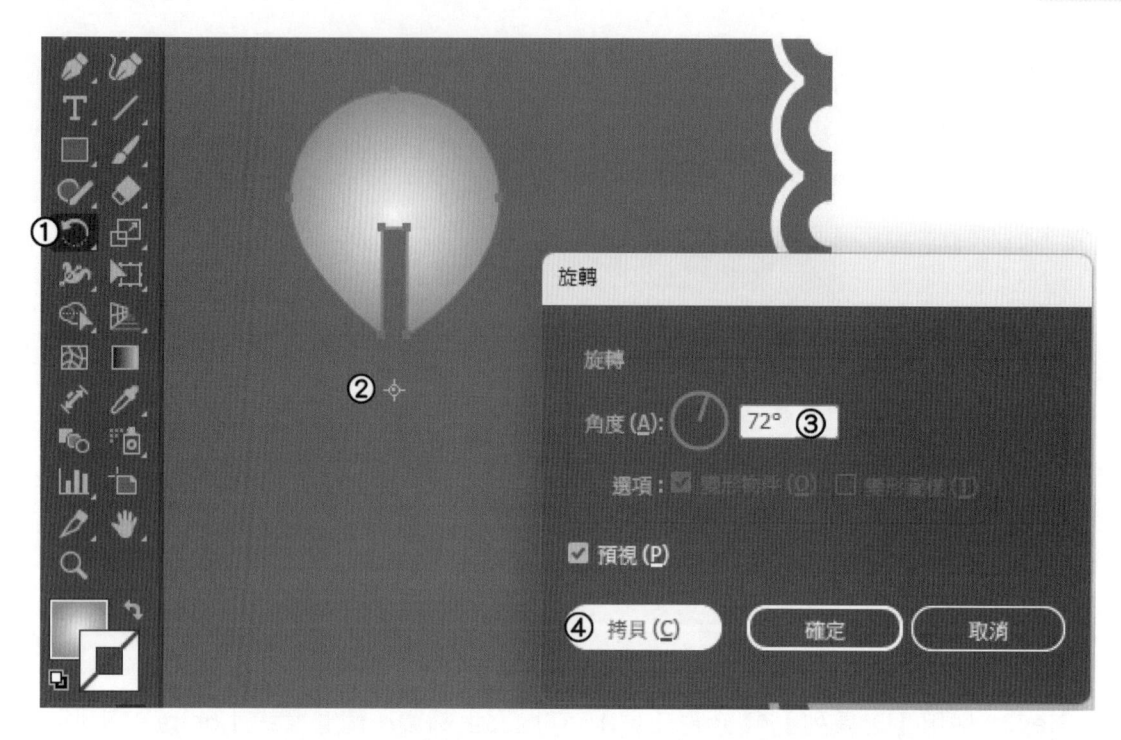

Step5 重複利用【物件】/【變形】/【再次變形】功能三次,可以將前一次的變形功能再次利用。

> Note 如果要使用【再次變形】功能,可以使用「Ctrl + D」的快速鍵。

Step6　選取梅花圖形，使用【物件】/【組成群組】後並調整位置，之後使用【工具列】/【縮放工具】鈕左鍵兩下，在【一致】選項中設定「62%」，並按下「拷貝」鈕。

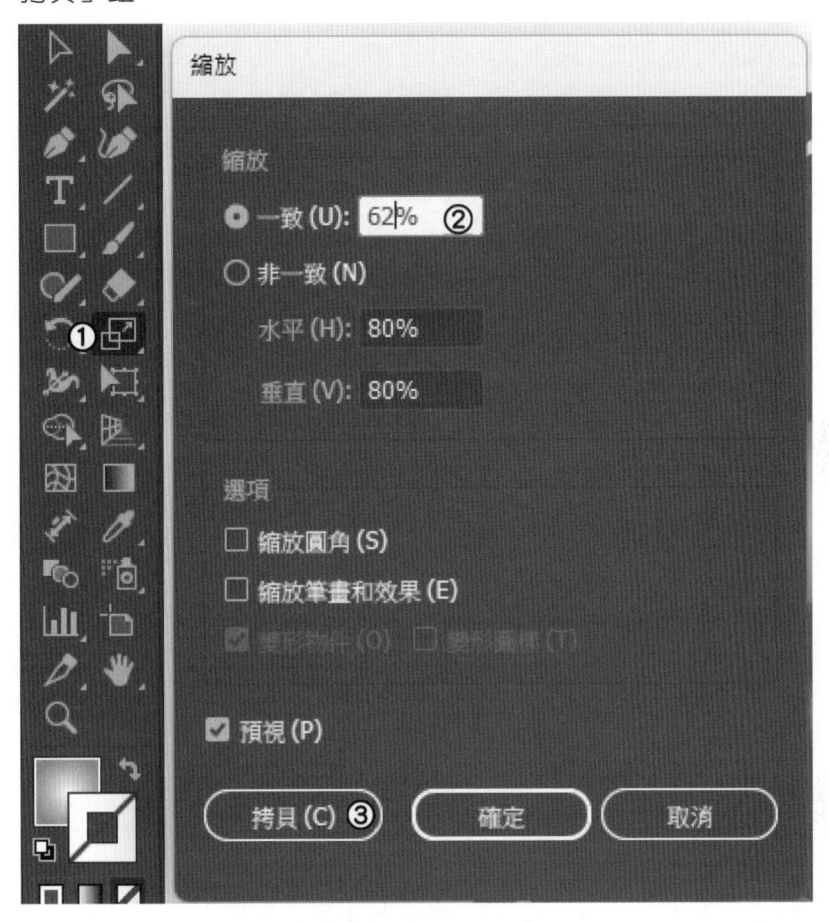

Step7　選取複製出的梅花圖形，調整好位置，再使用【工具列】/【縮放工具】鈕左鍵兩下，在【一致】選項中設定「80%」，並按下「拷貝」鈕。

【201. 郵票設計】

201-3. 套用彩色網屏效果。

Step1　選取三個梅花圖形，使用【效果】/【像素】/【彩色網屏】，【最大強度】設定為「4」，四個【色版】都設定為「45」，按下「確定」鈕。

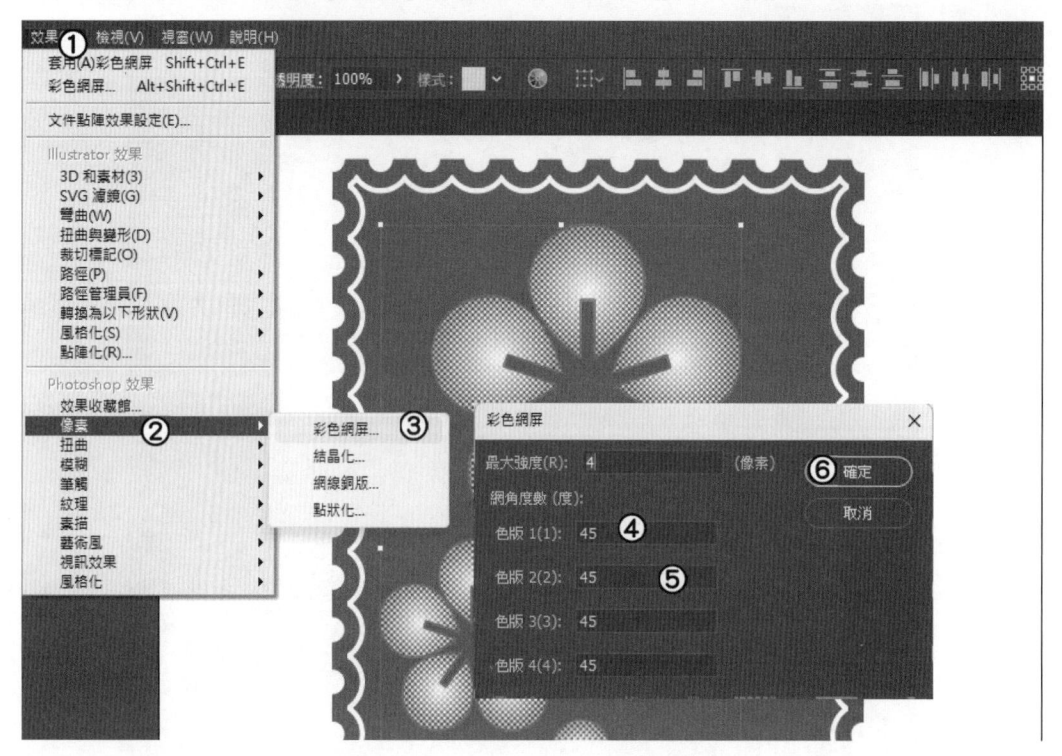

201-4. 設定文字。

Step1　使用【工具列】/【垂直文字工具】及【文字工具】，分別輸入下列文字及設定【字體】與【大小】。

內容	字體	大小	工具
中華民國郵票	Yu Gothic UI	16pt	垂直文字工具
Republic of China (TAIWAN)	Yu Gothic UI	6pt	文字工具 + 旋轉工具
12	Ebrima	28pt	文字工具

Step2　使用【工具列】/【旋轉】功能，將「Republic of China (TAIWAN)」文字方塊旋轉「-90°」，最後按下「確定」鈕。

Step3 將所有文字顏色改成白色,並調整文字位置。

> Note 此處並未對字體、大小、字距、行距有所要求,所以只要接近參考展示檔即可。

202. A5 書本封面

202-1. 設定版面。

Step1　點選「新檔案」鈕，選擇「列印」分類，設定【檔案名稱】為「ILA02」、【寬度】為「429mm」、【高度】為「210mm」、【方向】設定為「橫向」、【出血線】上、下、左、右皆為「3mm」，最後按下「建立」鈕。

Step2　使用【工具列】/【矩形工具】，在版面中繪製一個【寬度】為「63mm」、【高度】為「216mm」、左上角參考點【X】為「-3mm」、【Y】為「-3mm」、【填色】為「無」、【筆畫】為「紅色」，使用【視窗】/【筆畫】面板，設定【寬度】為「1pt」，勾選「虛線」。

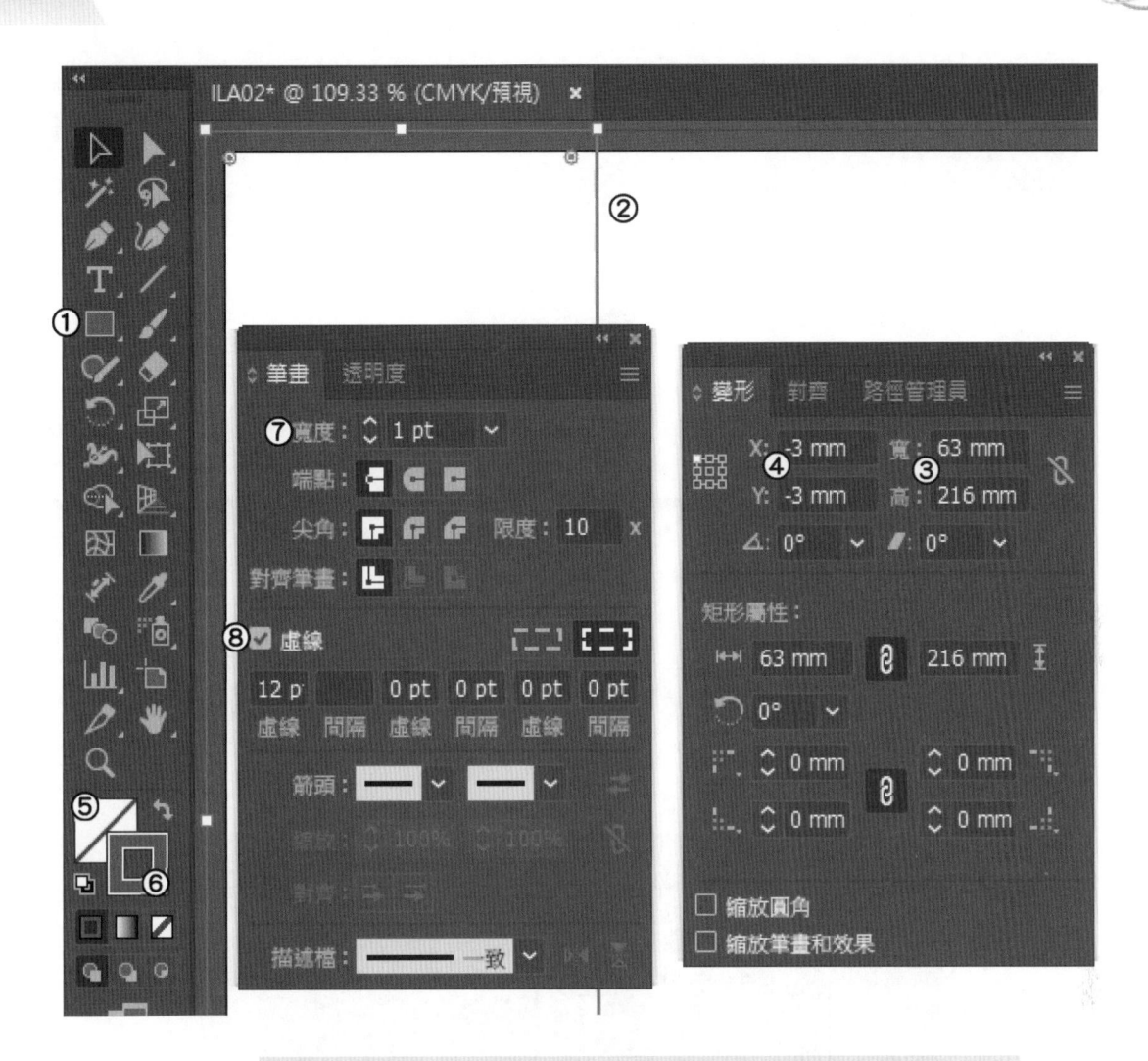

> **Note** 折口為 60mm（不含出血），但是繪製折口範圍時，必須加上出血線，所以繪製折口虛線矩形時，寬度需設定為「63mm」，書背在正中央，所以不需要調整寬度大小。

Step3　使用【工具列】/【選取工具】，利用【Alt】鍵 +【左鍵拖曳】功能，複製出兩個虛線矩形，一個對齊最右側出血線，另一個將【寬度】改成「13mm」，使用【控制】列，按下【水平居中】及【垂直居中】，如下圖所示。

【202. A5 書本封面】

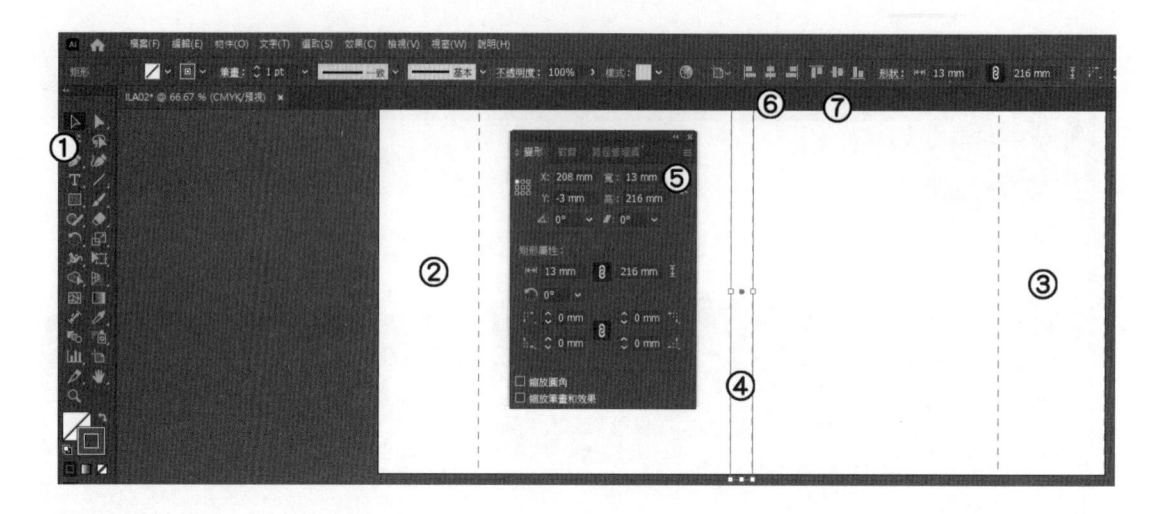

202-2. 設定封面、封底範圍。

Step1　使用【工具列】/【矩形工具】，在版面中繪製一個【寬度】為「153mm」、【高度】為「216mm」、左上角參考點【X】為「55mm」、【Y】為「-3mm」、【填色】為「# DAECD7」、【筆畫】為「無」，並在【圖層】面板中，移動到最下層。

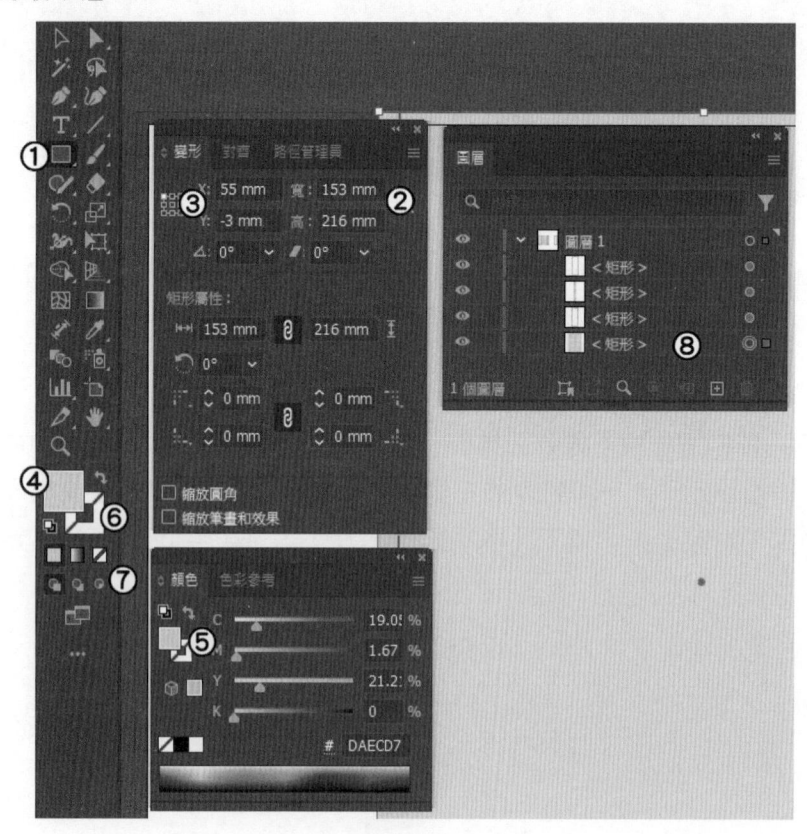

【202. A5 書本封面】

> **Note** 折口延展為 5mm，所以繪製封面範圍的寬度需設定為「153mm」。

Step2 使用【工具列】/【選取工具】，利用【Alt】+【左鍵拖曳】，將【封面矩形】拖曳複製到【書背】右側並對齊【書背】右側虛線(左上角參考點【X】為「221mm」、【Y】為「-3mm」)。

202-3. 置入 Logo 及輸入文字。

Step1 使用【檔案】/【置入】，在「C:\ANS.csf\IL02」位置中選擇「Logo.svg」檔案，按下「置入」鈕，置入至左側【封面】範圍中。

Step2 使用【工具列】/【文字工具】/【垂直文字工具】功能，在【書背】處輸入「財團法人電腦技能基金會」文字，使用【視窗】/【文字】/【字元】面板，設定【字型】為「微軟正黑體」、【樣式】為「Bold」、【設定字體大小】為「21pt」、【設定選定字元的字距微調】為「100」，並利用【控制】列的【水平居中】及【垂直居中】將文字置於版面正中央。

【202. A5 書本封面】

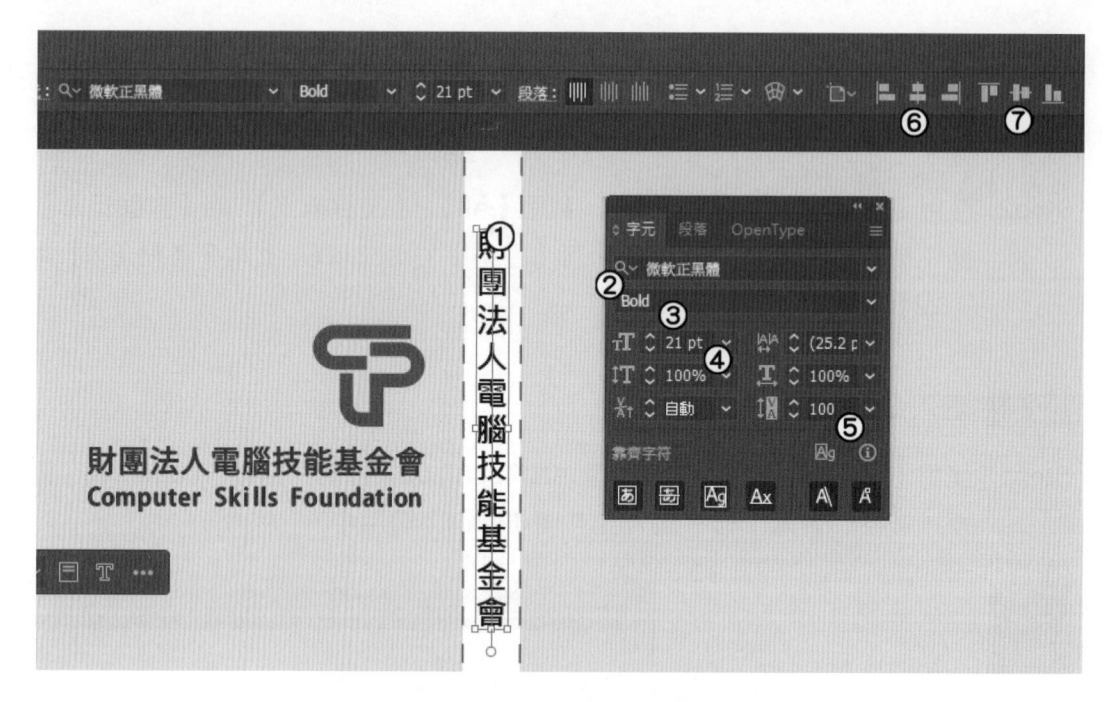

Step3 選取文字，利用【視窗】/【顏色】面板，設定【填色】為「#001125」。

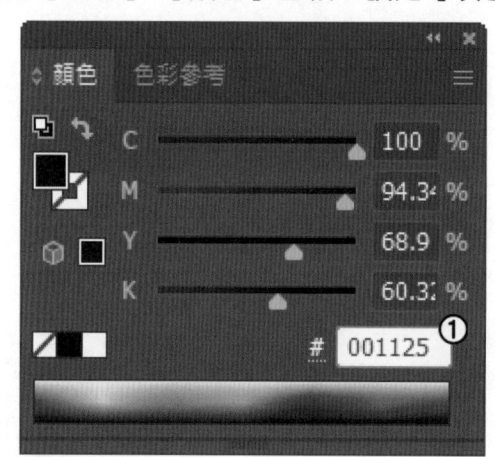

202-4. 置入封面、封底的圖片。

Step1 使用【檔案】/【置入】，在「C:\ANS.csf\IL02」位置中選擇「Technology.jpg」檔案，按下「置入」鈕，置入整個範圍中，並先暫時隱藏。

Step2 利用【工具列】/【鋼筆】工具，在「Logo.svg」處，描繪一個「u」字路徑。

【202. A5 書本封面】

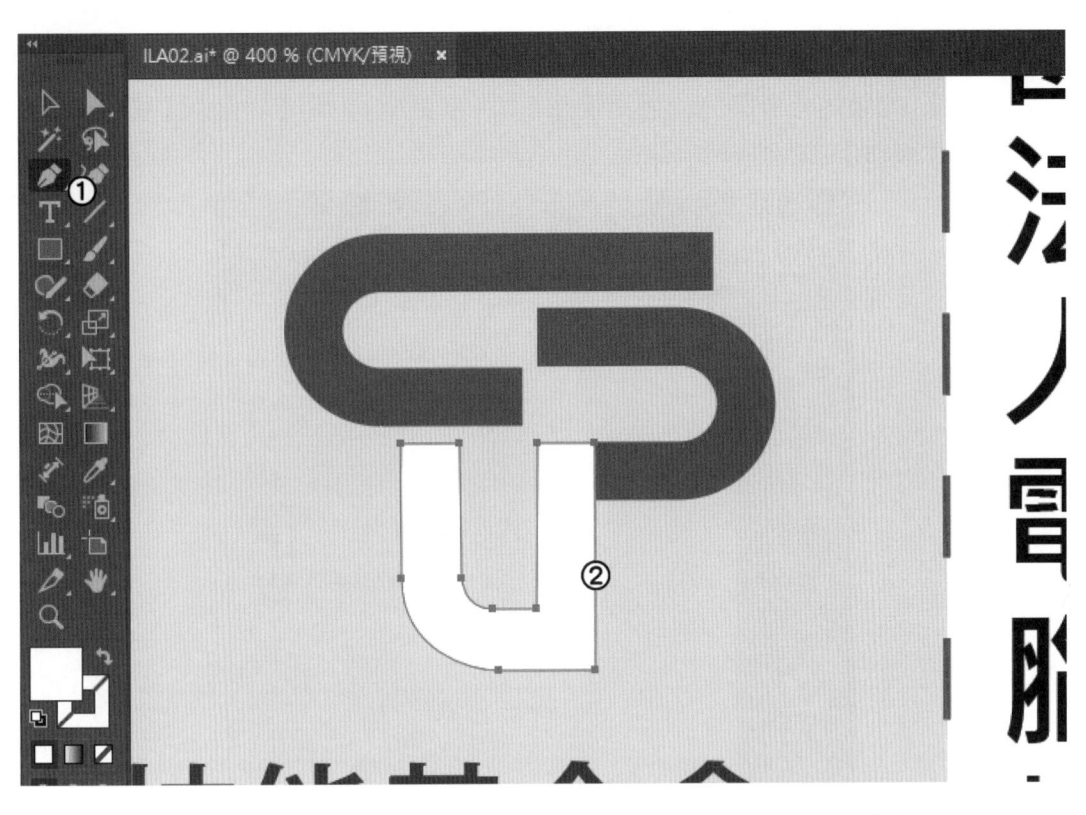

Step3 選取「u」字路徑，利用【工具列】/【縮放】工具，設定【一致】為「1550%」，按下「確定」鈕，並調整至【封底】區域，位置參考展示檔。

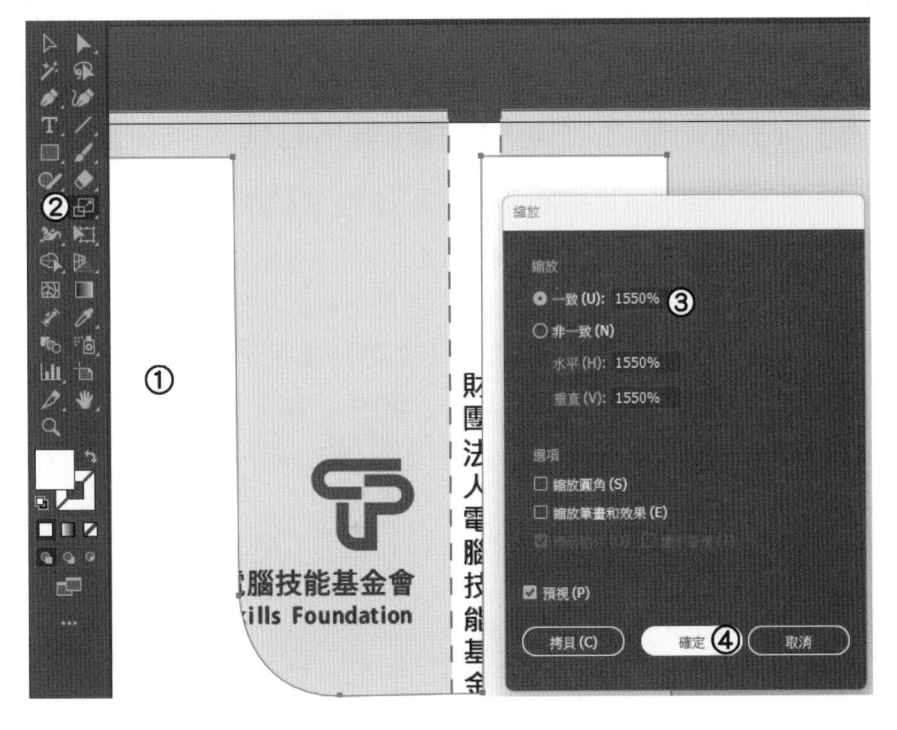

【202. A5 書本封面】

Step4 利用【工具列】/【鋼筆】工具，在【封面】區域處，描繪一個「匚」字路徑，之後同時選擇「u」字路徑及「匚」字路徑，利用【物件】/【複合路徑】/【製作】，結合成單一路徑。

> Note 可以利用配合【參考線】，建立【封面】處的路徑。

Step5 顯示「Technology.jpg」圖層並同時選取「匚 u」複合路徑圖層，利用【物件】/【剪裁遮色片】/【製作】功能，製作成封面與封底的圖片效果。

202-5. 加入 3D 文字效果。

Step1 利用【工具列】/【文字】工具，在版面上輸入「創新 安全 扎實 品質」字串，全選字串後，利用【視窗】/【文字】/【字元】面板，設定字體系列為「微軟正黑體」、設定字體樣式為「Bold」、設定字體大小為「55.8pt」、設定選定字元的字距微調「10」。

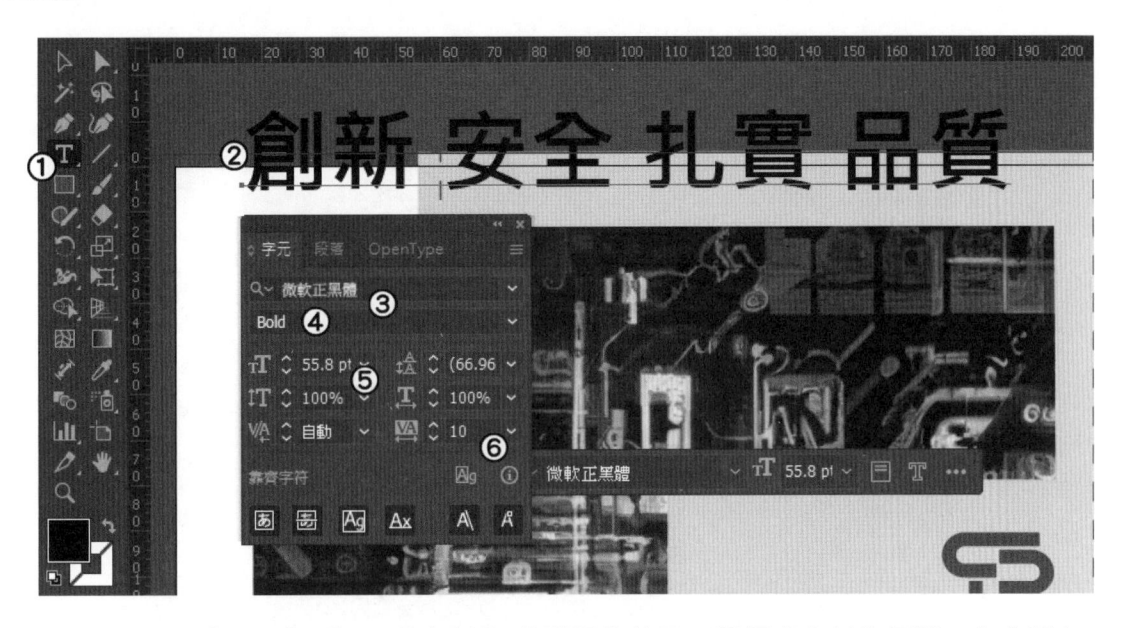

Step2 利用【效果】/【3D 和素材】/【膨脹】效果,選擇【素材】標籤,在【所有材質和繪圖】中,選擇「牛津布料」,選擇【光源】標籤,在【預設集】中,選擇「右」,其他設定保持預設值。

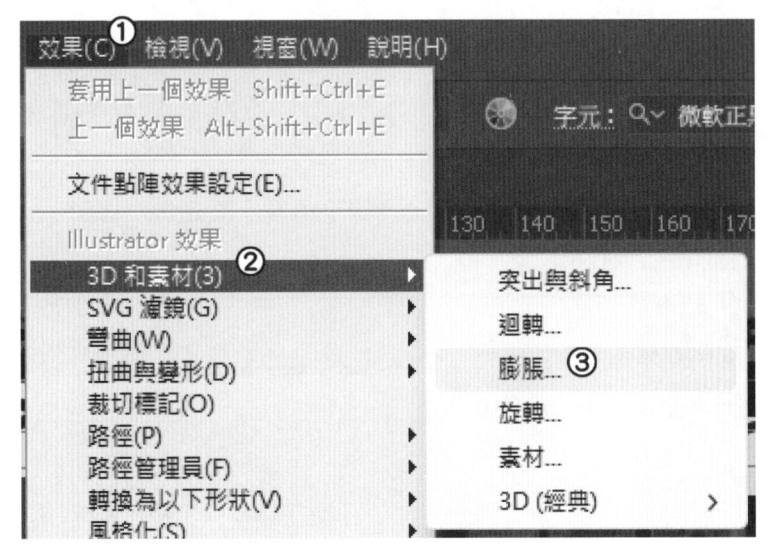

【202. A5 書本封面】

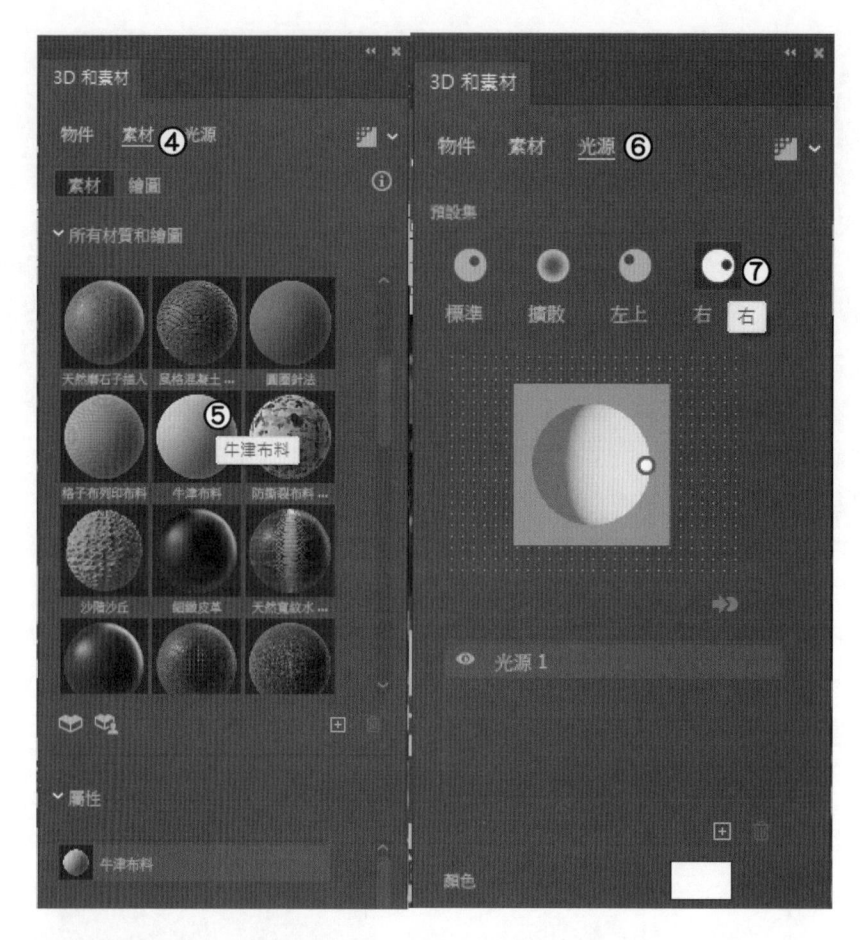

Step3 利用【工具列】/【旋轉】功能,選擇【角度】設定為「-90°」,按下「確定」鈕,並調整至封面影像左側。

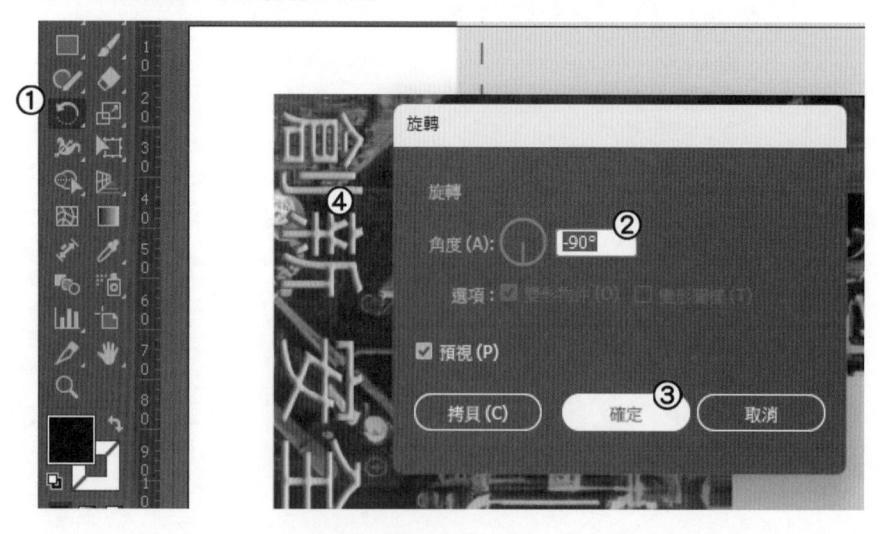

【202. A5 書本封面】

202-6. 加入路徑文字效果。

Step1 利用【圖層】面板,選取「匚 u 複合剪裁路徑」,使用【物件】/【路徑】/【位移複製】,設定【位移】為「1mm」,按下「確定」鈕。

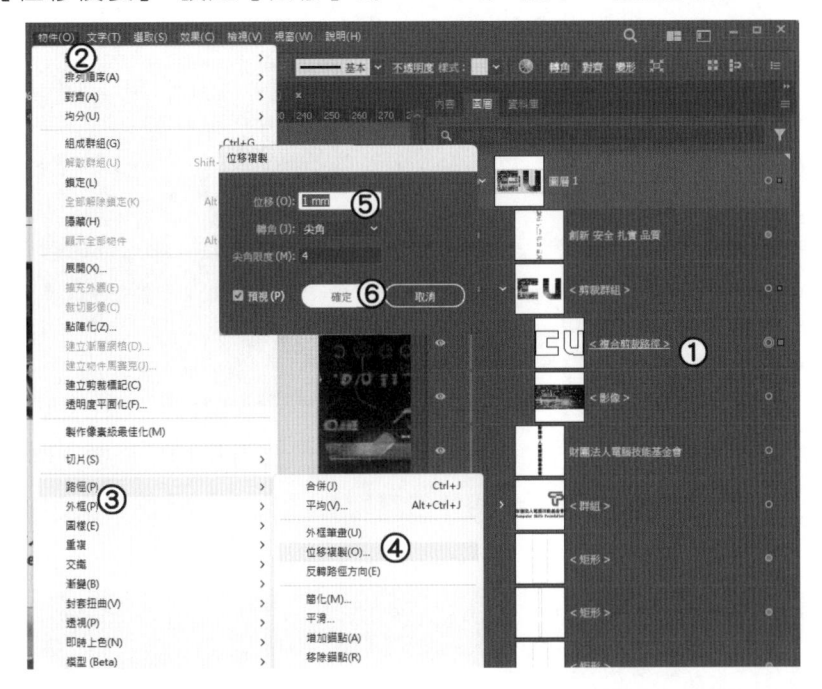

Step2 將【位移複製】出來的複合路徑移動到最上層,利用【物件】/【複合路徑】/【釋放】功能,將兩個路徑分解,並將「匚」字路徑刪除。

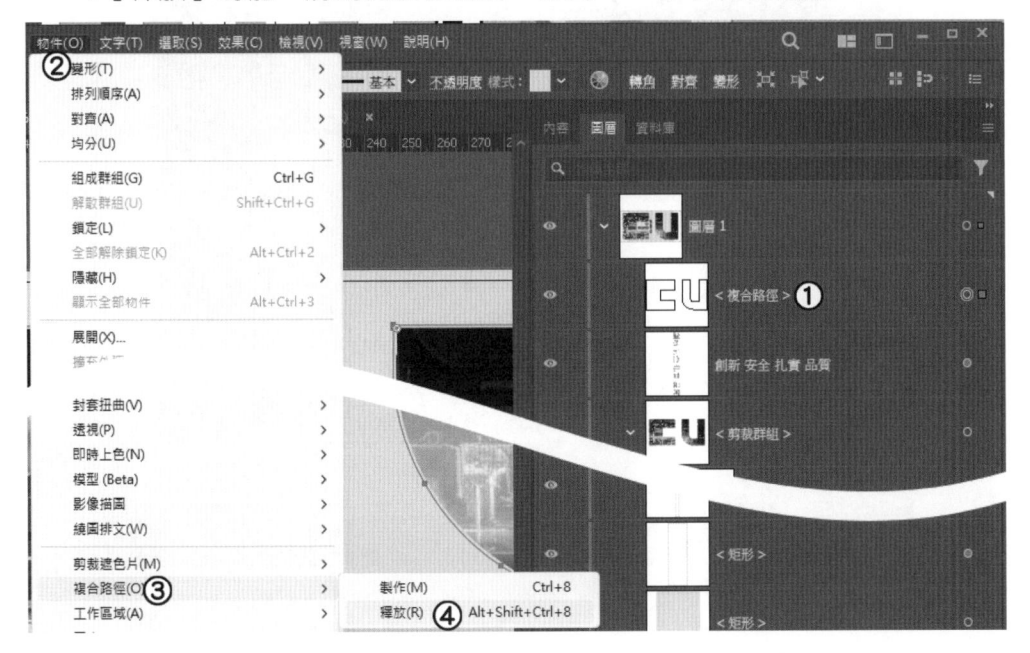

【202. A5 書本封面】

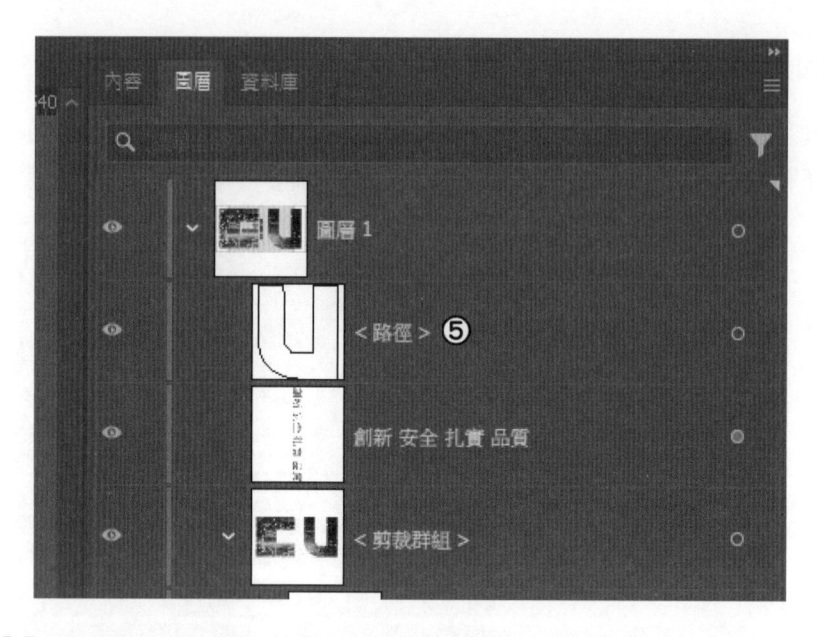

Step3　將「C:\ANS.csf\IL02」位置中的「Text.txt」檔案開啟，全選文字之後複製，回到「ILA02.ai」檔案，使用【工具列】/【文字】/【路徑文字工具】，點選「u」字下緣路徑處。

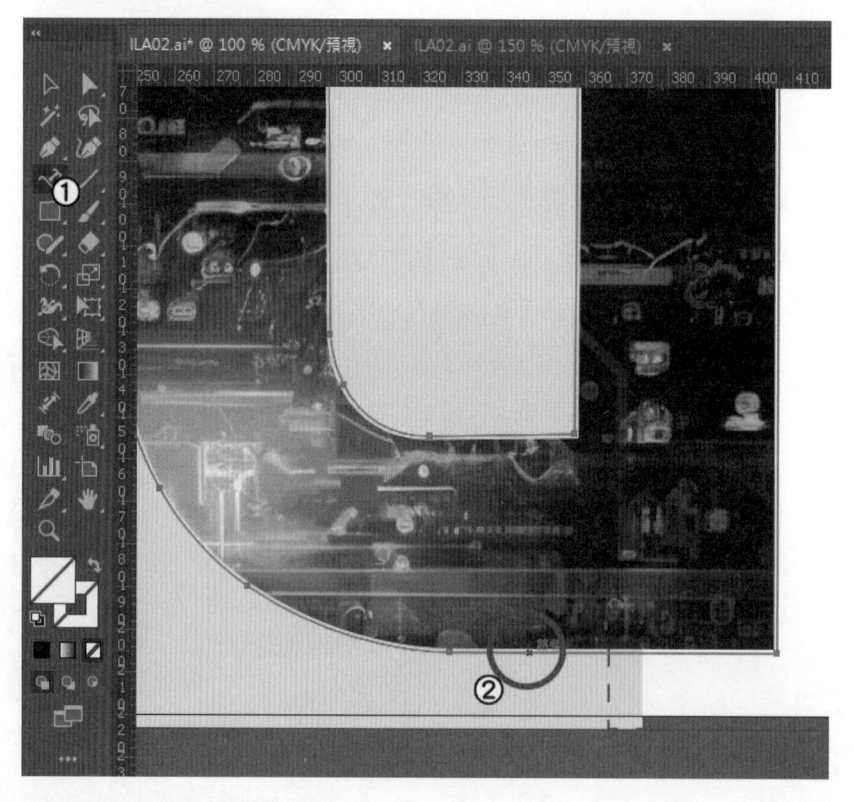

【202. A5書本封面】

Step4　將方才複製的文字貼上,再利用【視窗】/【文字】/【字元】面板,設定字體系列為「微軟正黑體」、設定字體樣式為「Bold」、設定字體大小為「18pt」、設定選定字元的字距微調「180」,利用【視窗】【顏色】面板,設定文字顏色為「#001125」。

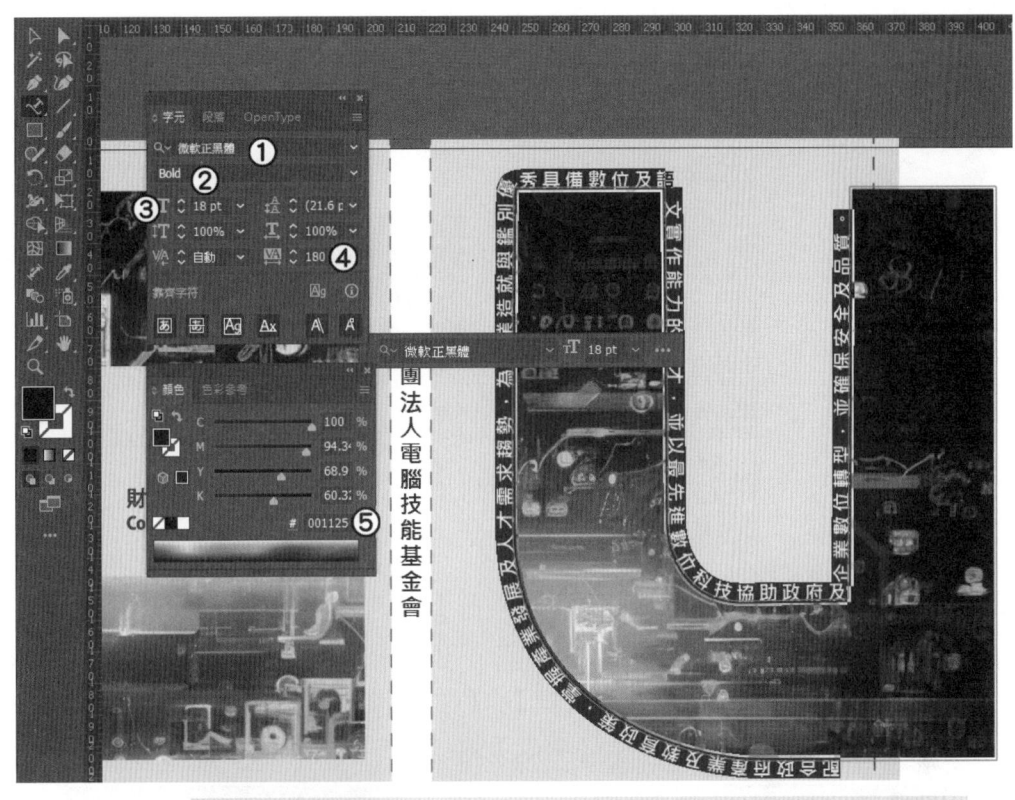

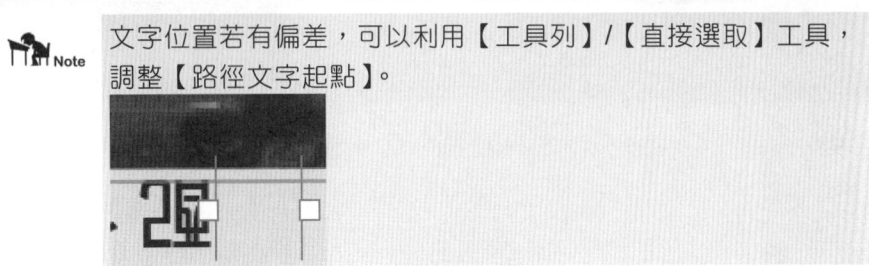

> Note：文字位置若有偏差,可以利用【工具列】/【直接選取】工具,調整【路徑文字起點】。

Step5　利用【工具列】/【矩形工具】,在版面上繪製一個與出血線範圍大小相同的矩形填色設定為「#F1F1F1」,筆畫設定為「無」,並利用【圖層】面板,調整至「紅色虛線」矩形上層,效果參考展示檔。

【202. A5 書本封面】

203. THE BAG

203-1. 繪製三角形。

Step1　點選「開啟」鈕，選擇「ILD02.ai」檔案。

Step2　使用【工具列】/【多邊形工具】，在版面中「左鍵一下」，繪製一個【半徑】為「50mm」、【邊數】為「3」的三角形，按下「確定」鈕。

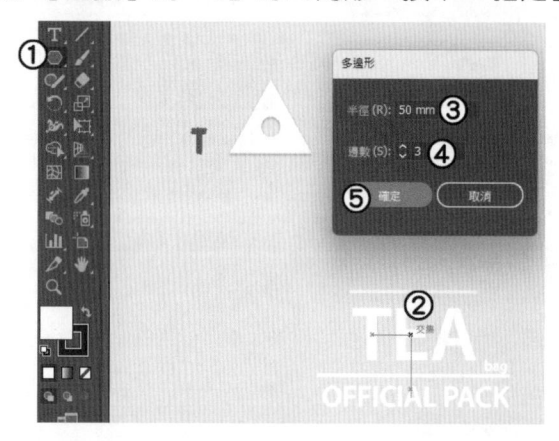

Step3　使用【工具列】/【漸層工具】、【視窗】/【漸層】及【視窗】/【顏色】，設定【左側漸層滑桿】的【位置】為「35%」、【顏色】為「C:65%、M:0%、Y:35%、K:0%」，【右側漸層滑桿】的【位置】為「75%」、【顏色】為「C:10%、M:20%、Y:30%、K:0%」、【角度】為「60°」，【筆畫】設定為「無」。

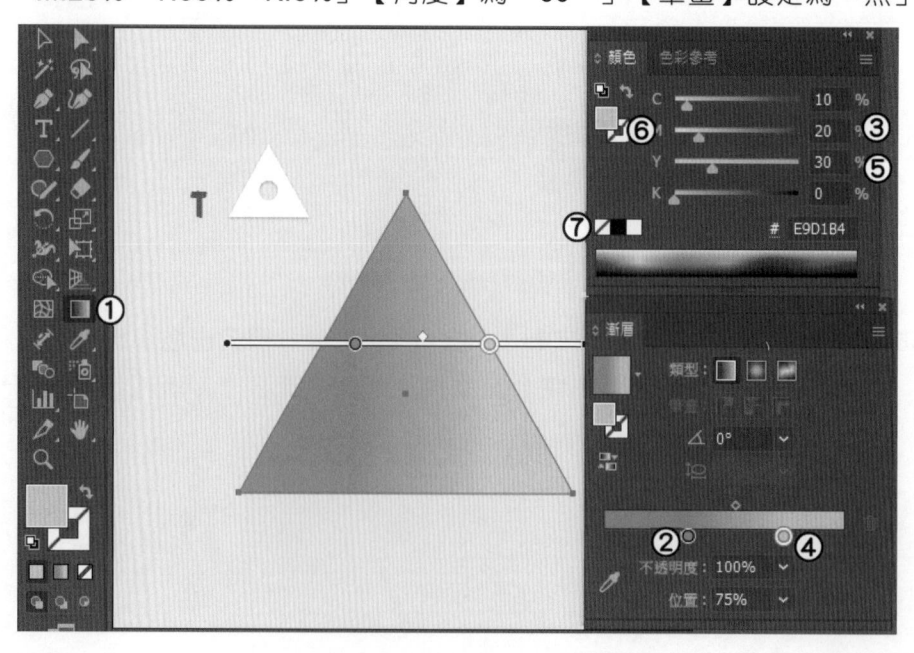

【203. THE BAG】

第二類　圖文表現能力　**2-25**

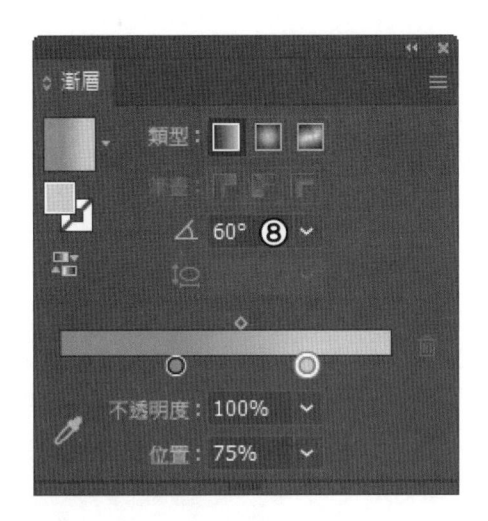

Step4　使用【視窗】/【圖層】面板中，將「多邊形」建立副本，利用【視窗】/【顏色】，將【填色】設定為「無」、【筆畫】設定為「C:9%、M:30%、Y:55%、K:0%」，利用【視窗】/【筆畫】，設定【寬度】為「5pt」，並將「多邊形」及「多邊形副本」移動至「矩形」圖層上方。

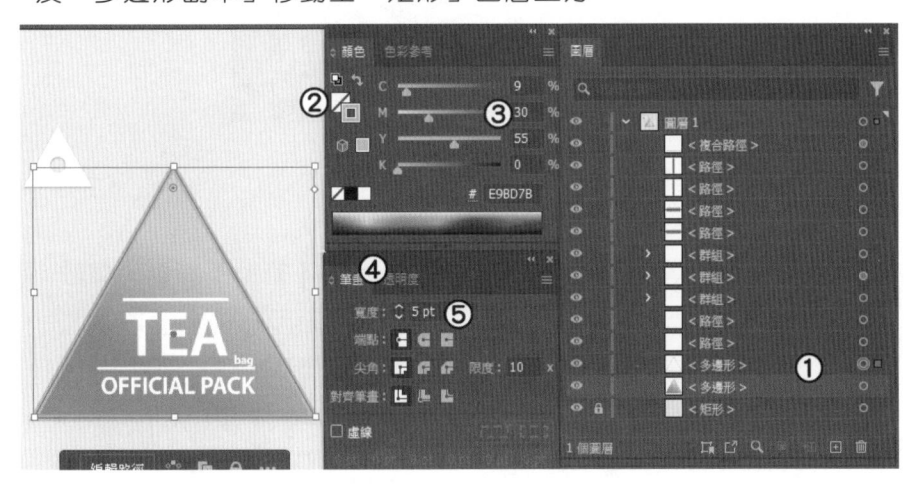

Step5　使用【工具列】/【橢圓形工具】，在面板中繪製一個「5*5mm」的正圓形，將【填色】設定為「白色」、【筆畫】設定為「無」。

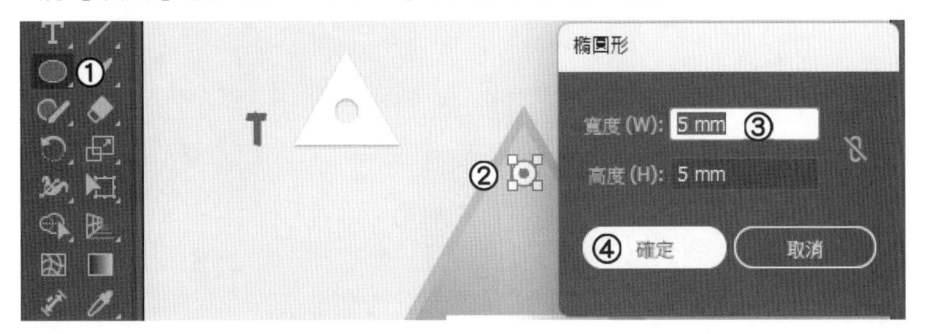

【203. THE BAG】

> Note 建議先將左上角的「白色挖孔三角形」先移動到「漸層三角形」上,並調整「5*5mm」正圓形的位置。

Step6 使用【工具列】/【選取工具】,將「5*5mm」正圓形及「漸層三角形」選取,利用【視窗】/【路徑管理員】/【減去上層】,將「漸層三角形」挖孔,最後調整圖層順序。

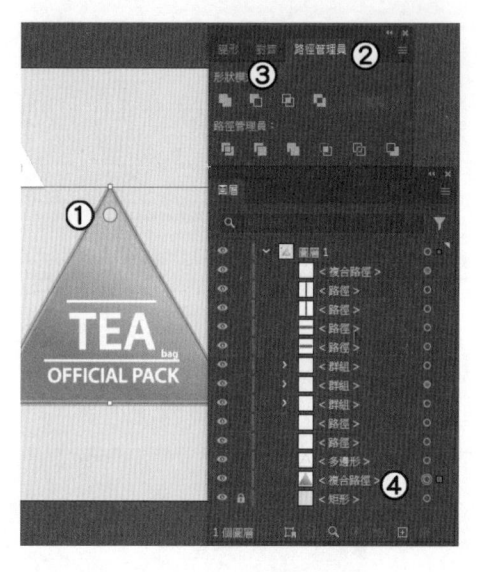

203-2. 設定外框物件。

Step1 選擇「外框物件」的多邊形,利用【視窗】/【筆刷】面板,開啟「藝術_粉筆炭筆鉛筆」的【筆刷資料庫】,選擇「炭筆色-厚重」選項。

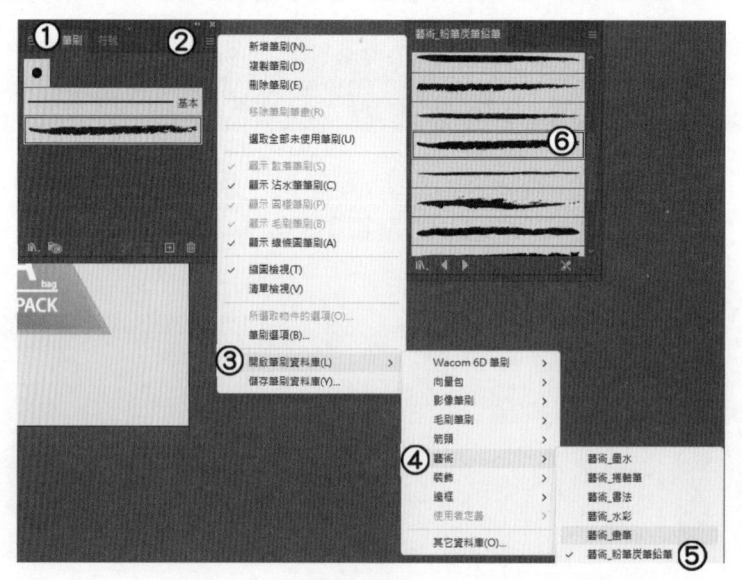

【203. THE BAG】

Step2 利用【視窗】/【透明度】,將【漸變模式】設定為「色彩增值」、【不透明度】為「38%」。

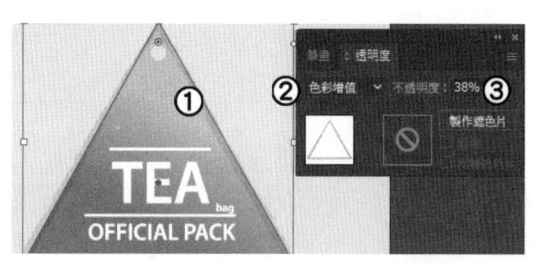

Step3 複製大三角形漸層的「複合路徑」物件並移動至「外框」物件上層,同時選取「外框」物件及「複合路徑」物件副本,利用【物件】/【剪裁遮色片】/【製作】,將「三角形」以外的「筆畫」隱藏。

Step4 將「複合路徑」物件、「水平線」物件及「文字」物件,在【視窗】/【圖層】面板中,調整至「剪裁遮色片」物件中,選擇「剪裁遮色片」物件,利用【效果】/【風格化】/【製作陰影】,設定【模式】為「一般」、【不透明度】為「35%」、【X位移】為「0mm」、【Y位移】為「2mm」、【模糊】為「0.6mm」,按下「確定」鈕。

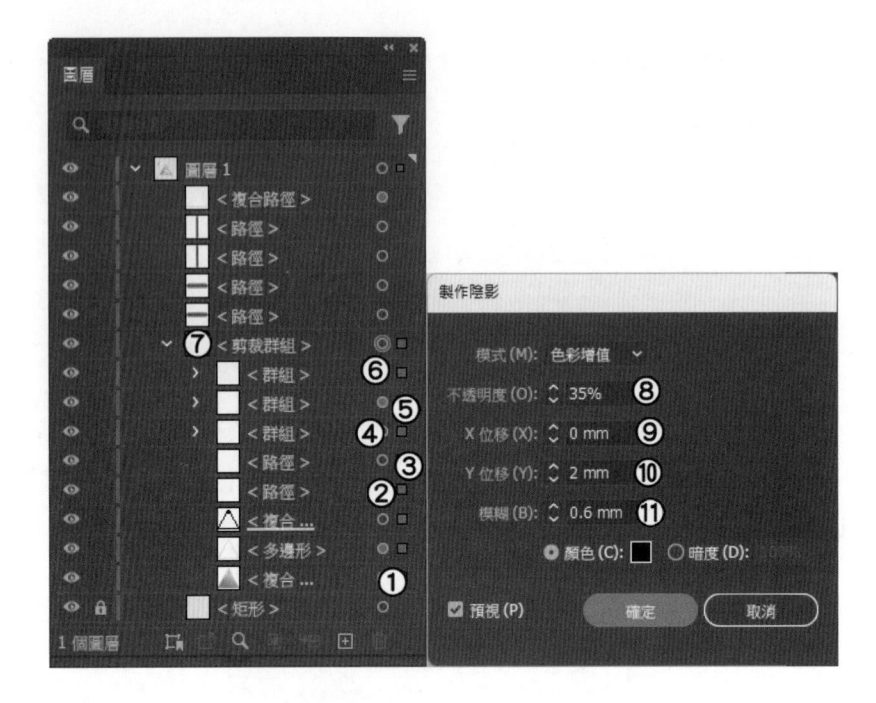

203-3. 製作虛線。

Step1 選擇「多邊形」物件，利用【物件】/【路徑】/【位移複製】，設定位移為「-2mm」，按下「確定」鈕。

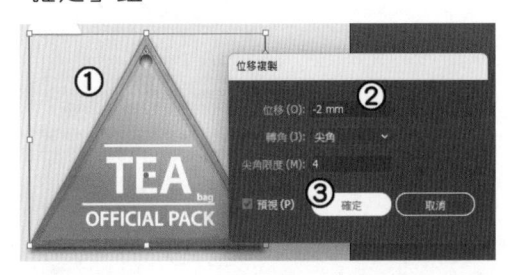

Step2 選取「位移複製」出的路徑，將【填色】設定為「無」、【筆畫】設定為「白色」，利用【視窗】/【筆畫】面板，設定【寬度】為「0.5pt」、勾選「虛線」，在第一格「虛線」中設定「3pt」，並移動至「剪裁群組」圖層上方。

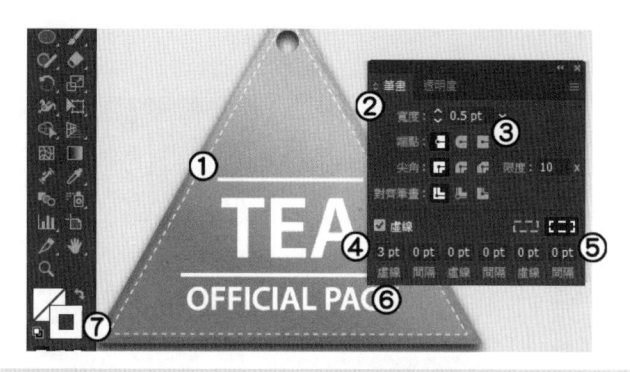

> **Note** 建議檢查「位移複製」路徑的畫筆是否為「炭筆色-厚重」,如果是,請「清除外觀」,還有「透明度」是否為「色彩增值」、不透明度為「38%」,如果是,請修改成「一般」、不透明度為「100%」。

Step3　選取「左上方的白色三角型」,利用【工具列】/【選取工具】,調整位置。

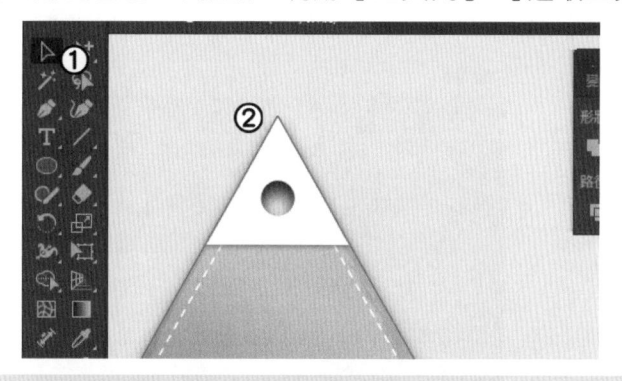

> **Note** 若是圓形位置有偏差,可以利用【工具列】/【直接選取工具】,去調整「大」的三角形的圓形錨點。

203-4. 繪製套索圖形。

Step1　利用【工具列】/【橢圓形工具】,在版面上繪製一個【寬度】為「12mm」、【高度】為「28mm」、【填色】為「無」、【筆畫】為「#a94f37」、【筆畫寬度】為「2pt」的橢圓形。

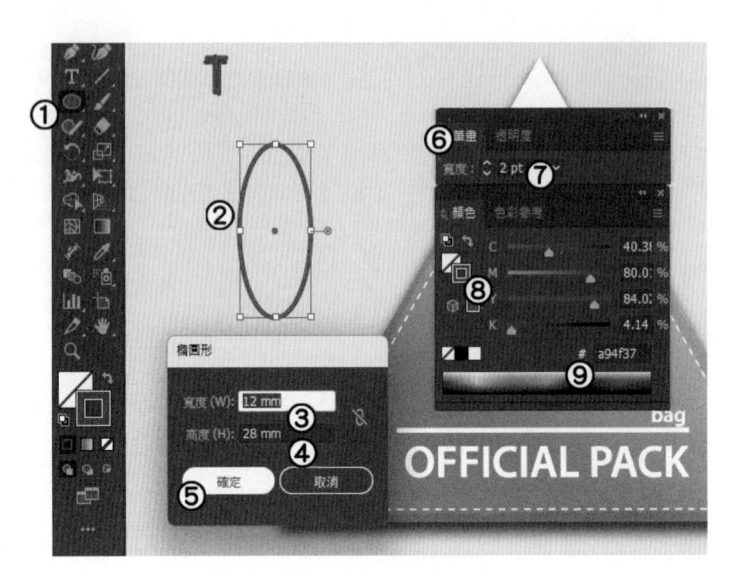

Step2 利用【效果】/【彎曲】/【凸形】，設定【樣式】為「凸形」、【彎曲】為「10%」、【水平扭曲】為「30%」、【垂直扭曲】為「-80%」，按下「確定」鈕。

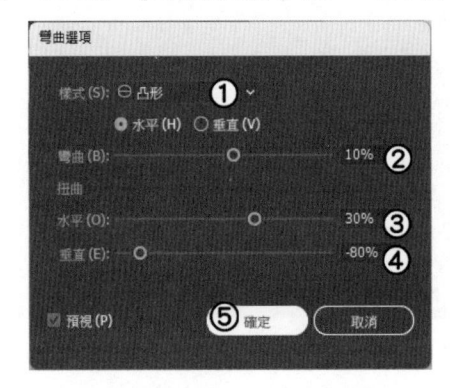

203-5. 調整掛繩與版面。

Step1 利用【工具列】/【選取工具】，選擇所有茶包路徑（建議「組成群組」），再利用【工具列】/【旋轉工具】，對著【旋轉工具】左鍵兩下，在【旋轉】面板中，設定角度為「-20°」並按下「確定」鈕。

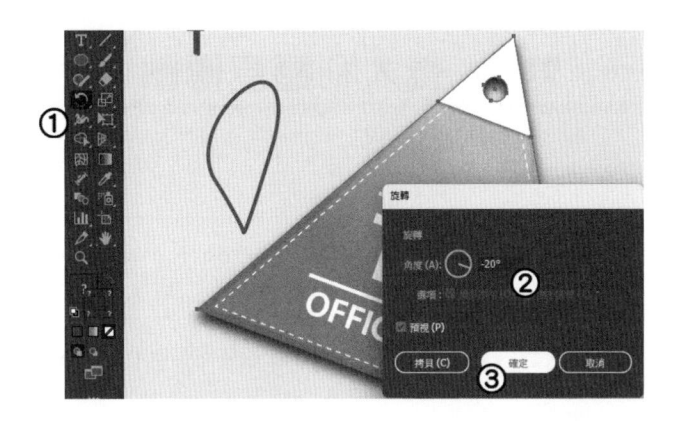

Step2 利用【工具列】/【選取工具】，選擇掛繩路徑（建議「組成群組」）並調整位置及大小，再利用【效果】/【風格化】/【製作陰影】，設定【不透明度】為「35%」、【X 位移】為「0.3mm」、【Y 位移】為「0.3mm」、【模糊】為「0.3mm」，按下「確定」鈕。

204. 義大利麵宣傳圖

204-1. 設定背景。

Step1 按下【開啟】鈕,選擇「ILD02.ai」。

Step2 開啟【視窗】/【色票】面板,點選【面板選項鈕】,選擇【開啟色票資料庫】/【其他資料庫】,匯入「C:\ANS.csf\IL02」中的「color.ase」色票,按下「開啟」鈕。

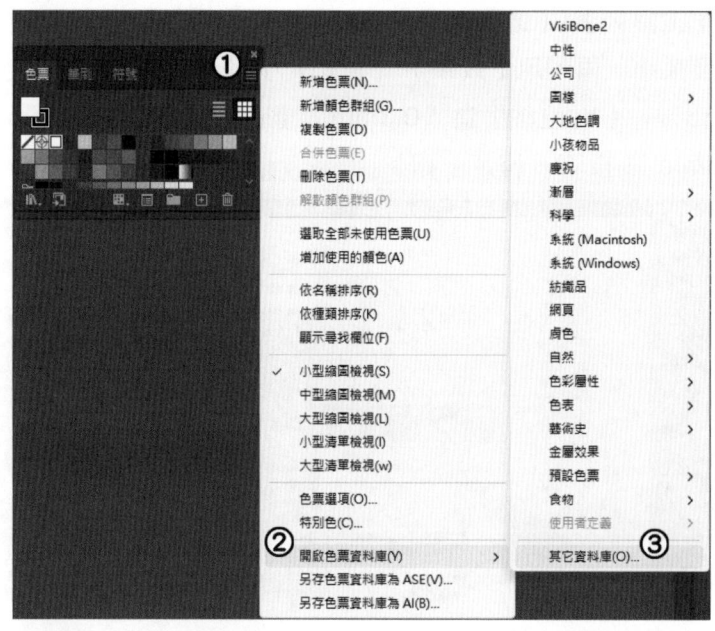

Step3 使用【工具列】/【矩形工具】,設定【填色】為「漸層」、【筆畫】為「無」,繪製一個與版面相同大小的矩形。

Step4 使用【視窗】/【漸層】面板,角度設定為「-65°」、漸層滑桿中點位置設定為「84%」,將「01」拖曳到左側色標,將「03」拖曳到右側色標。

【204. 義大利麵宣傳圖】

Step5 使用【視窗】/【符號】面板，點擊【面板選項鈕】，選擇【開啟符號資料庫】/【點狀圖樣向量包】，選擇「點狀圖樣向量包 07」。

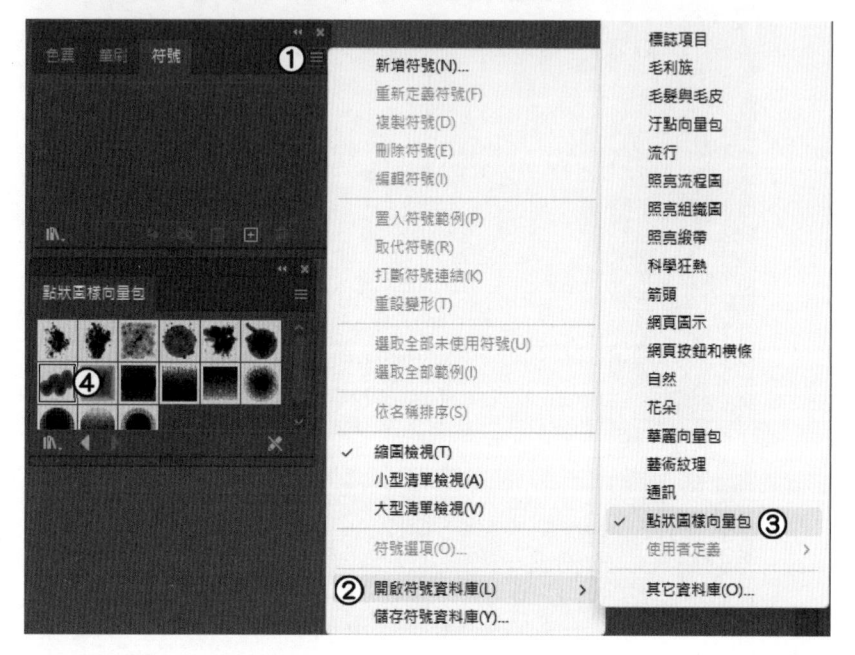

Step6 將「點狀圖樣向量包 07」拖曳至版面中並調整大小與位置，開啟【視窗】/【透明度】面板，設定【不透明度】為「5%」，再繪製一個與版面相同大小的矩形，與「點狀圖樣向量包 07」一起選取，利用【物件】/【剪裁遮色片】/【製作】功能，將版面以外內容隱藏。

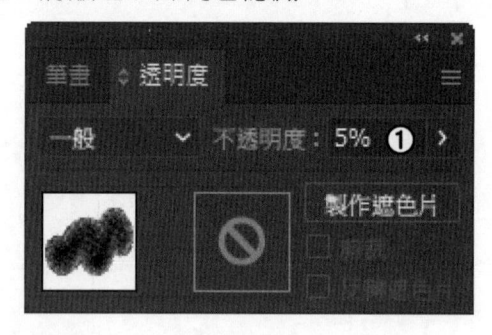

204-2. 製作盤子與餐墊。

Step1 使用【工具列】/【橢圓形工具】，設定【填色】為「00」色票、【筆畫】為「11」色票，在版面上繪製一個「120*120mm」的正圓形，按下「確定」鈕。

【204. 義大利麵宣傳圖】

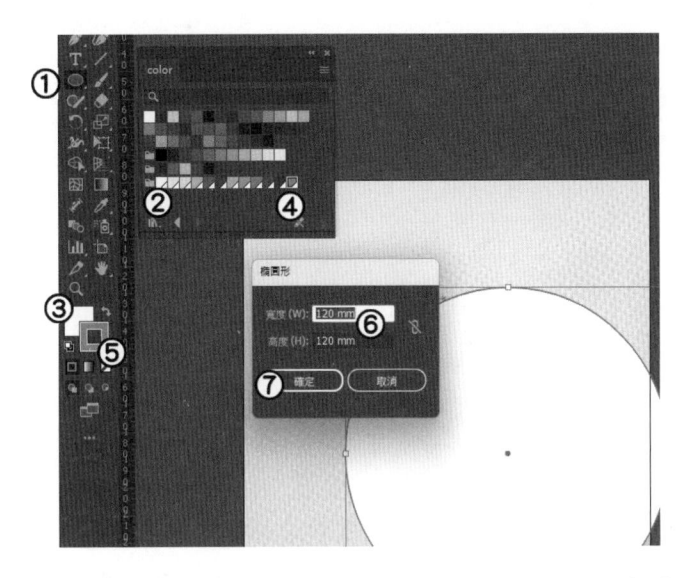

Step2 利用【圖層】面板複製正圓形路徑,將下方的正圓形路徑向左下角偏移,並修改【填色】為「01」色票、【筆畫】為「無」,利用【透明度】面板,將【漸變模式】改成「色彩增值」。

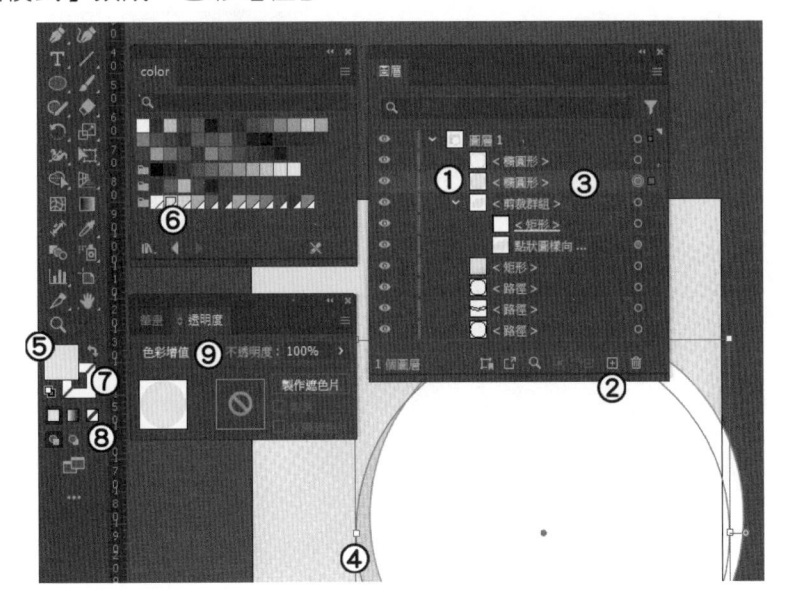

Step3 選取最上層橢圓形路徑,使用【工具列】/【縮放工具】,設定【一致】為「90%」,按下「拷貝」鈕。

【204. 義大利麵宣傳圖】

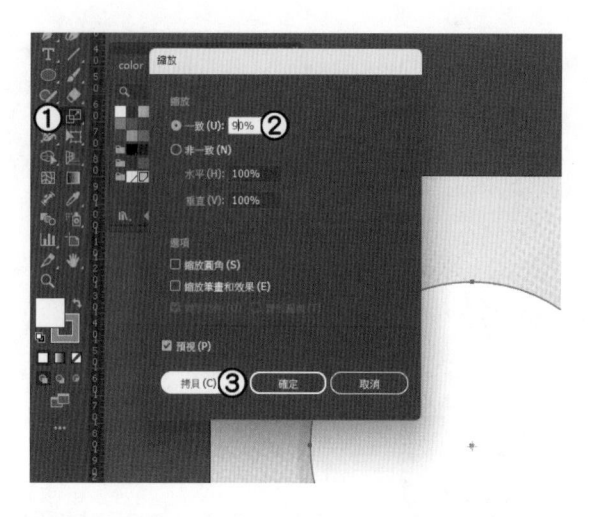

Step4 選取縮小的橢圓形路徑，將【填色】設定為「漸層」、【筆畫】為「無」，在【漸層】面板中，【角度】設定為「116°」，將「01」色票拖曳到左側色標，將「03」色票拖曳到右側色標，在【透明度】面板中，設定【不透明度】為「20%」。

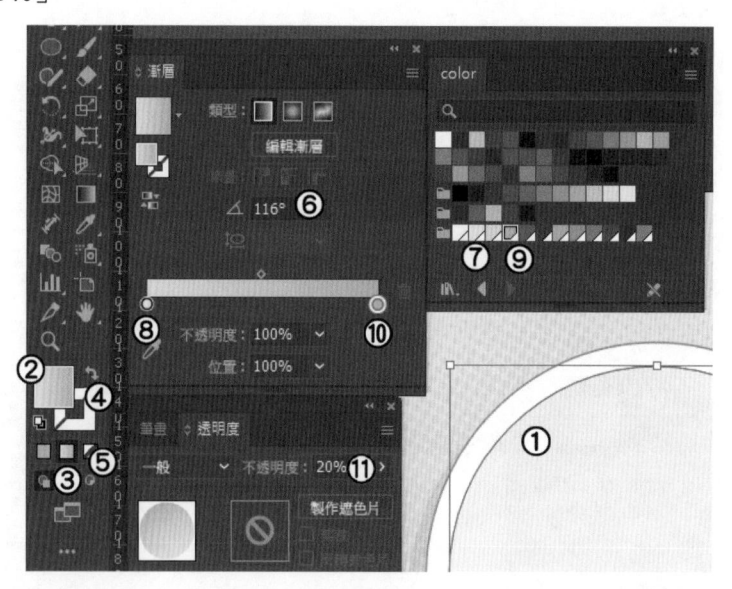

Step5 使用【工具列】/【矩形格線工具】，設定【寬度】及【高度】為「120mm」、【水平分隔線數量】及【垂直分隔線數量】為「7」，按下「確定」鈕。

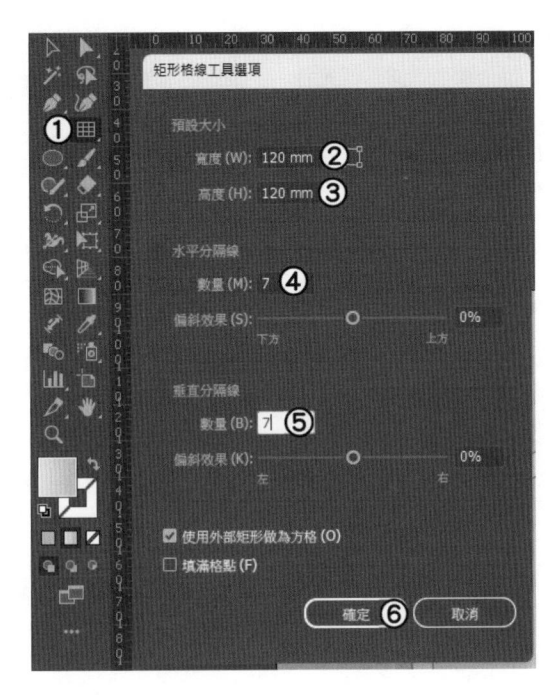

Step6 使用【視窗】/【路徑管理員】面板，點選【路徑管理員：】下的「分割」，將 8*8 格正方形分割成 64 個獨立正方形，並參考展示檔，將各個正方形的填色分別填入「00」及「04」色票，最後調整角度及置於盤子圖層下方。

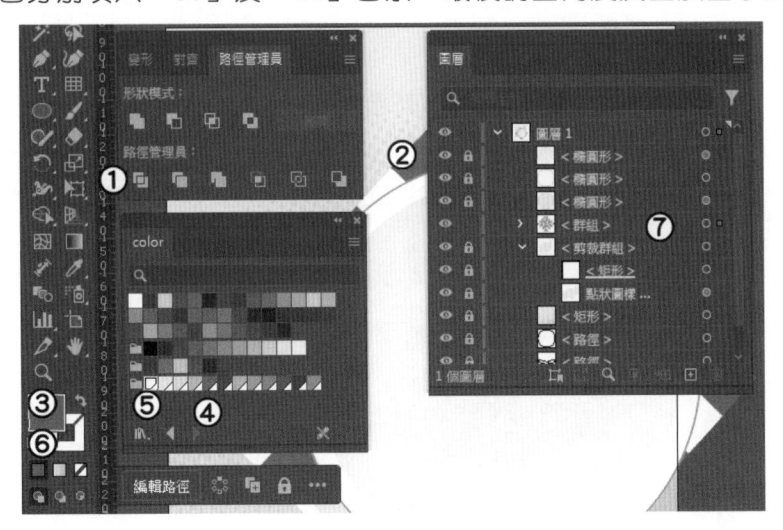

Step7 選取【8*8 格正方形】，利用圖層面板複製【8*8 格正方形】並向下偏移，使用【視窗】/【路徑管理員】面板，點選【形狀模式：】下的「聯集」，將【複製的 8*8 格正方形】合併成一個正方形，將【填色】設定為「01」，利用【透明度】面板，將【漸變模式】改成「色彩增值」。

【204．義大利麵宣傳圖】

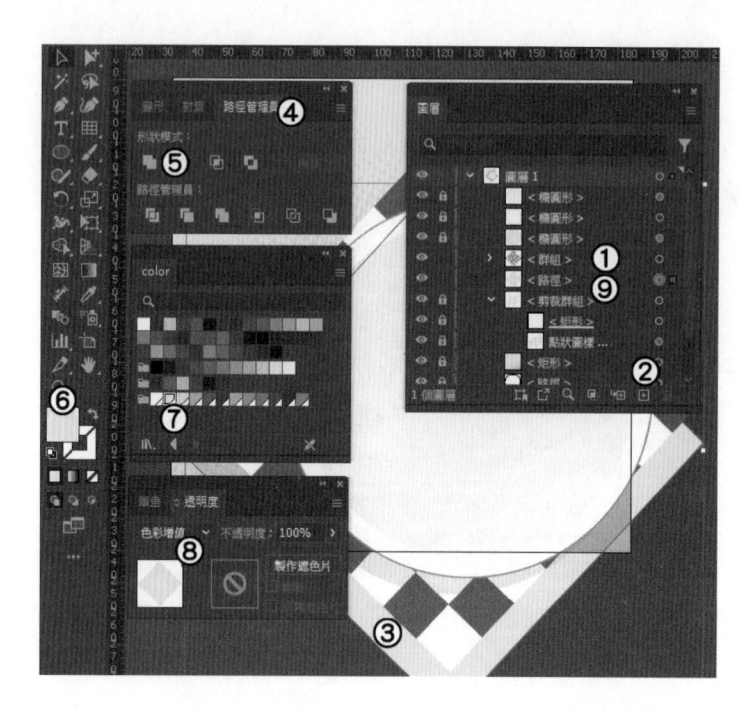

Step8 繪製一個與版面相同大小的矩形，將盤子與餐墊同時選取，利用【物件】/【剪裁遮色片】/【製作】功能，將版面以外內容隱藏。

204-3. 製作麵條及白醬。

Step1 利用【工具列】/【鉛筆工具】功能，在版面上繪製三組任意線條，並且將【填色】設定為「無」、【筆畫】分別設定為「06」、「07」、「08」色票。

【204. 義大利麵宣傳圖】

Step2 使用【工具列】/【矩形工具】,繪製白醬外型,再使用【工具列】/【網格工具】建立數個網格點,調整並變形矩形成為不規則形狀,並利用【color 色票】面板及【工具列】/【直接選取工具】,隨機選擇錨點並填入「00」、「01」、「02」色票。

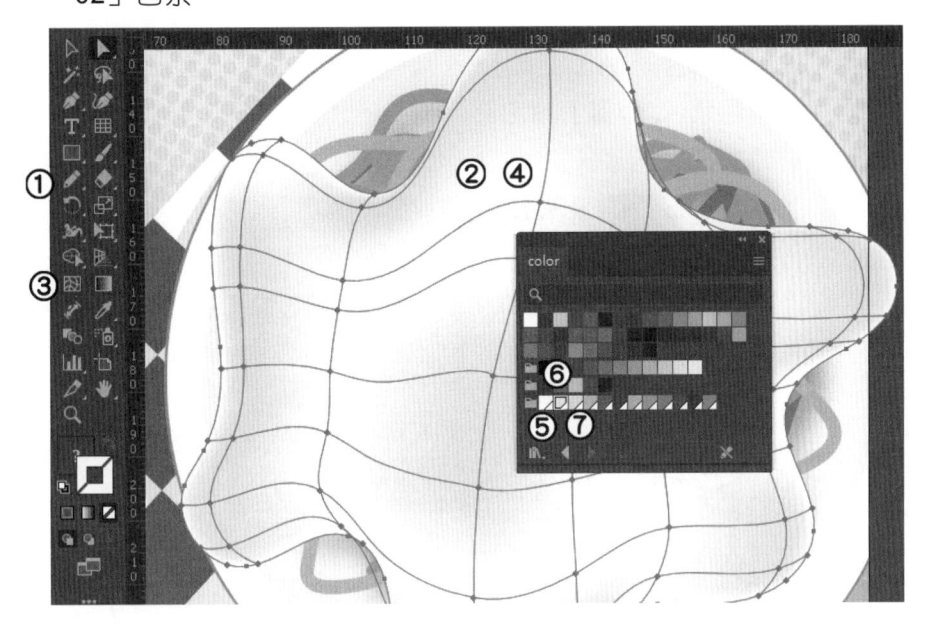

Step3 選取【網格】物件,利用【圖層】面板複製【網格】物件並向左下偏移,將【填色】設定為「01」色票,利用【透明度】面板,將【漸變模式】改成「色彩增值」。

【204. 義大利麵宣傳圖】

Step4 繪製一個矩形，將白醬及白醬陰影同時選取，利用【物件】/【剪裁遮色片】/【製作】功能，將版面以外內容隱藏，並移動至義大利麵條圖層下方。

204-4. 製作羅勒葉與番茄。

Step1 使用【工具列】/【橢圓形工具】，在版面上繪製一個橢圓形，將【填色】設定為「09」色票、【筆畫】設定為「無」，利用【工具列】/【錨點工具】，將兩端錨點轉換成尖角。

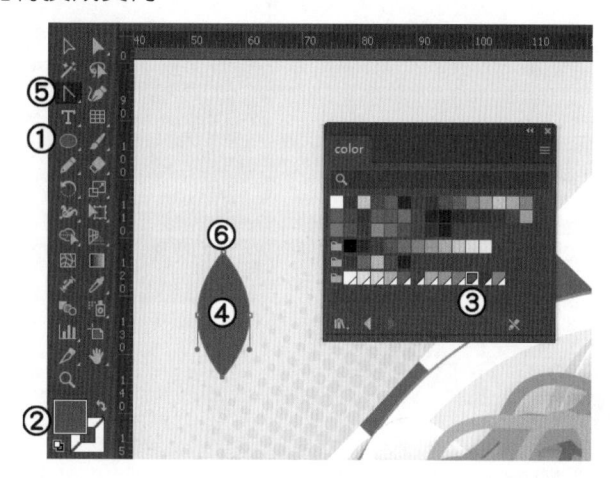

Step2 使用【工具列】/【剪刀工具】，將橢圓形分割成兩個路徑，將其中一個路徑的【填色】設定為「10」色票，並將兩個路徑做成【群組】。

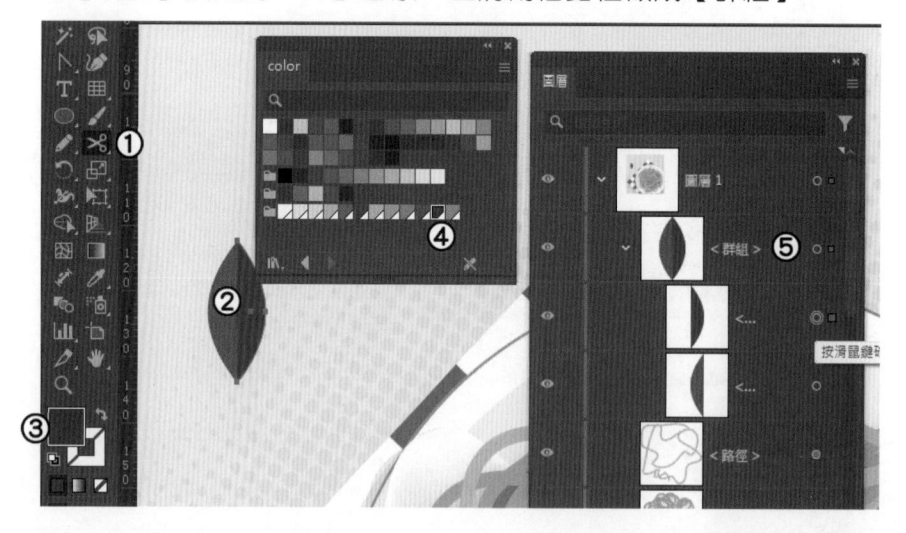

Step3 使用【工具列】/【橢圓形工具】，在版面中繪製四個正圓形並置中對齊，設定值如下表：

【204. 義大利麵宣傳圖】

尺寸	填色	筆畫
26*26mm	04 色票	無
21*21mm	無	05 色票，寬度：5pt
16*16mm	無	白色，寬度：1pt
5*5mm	05 色票	無

Step4　使用【工具列】/【橢圓形工具】，在版面中繪製一個正圓形，設定【填色】為「00」色票、【筆畫】設定為「無」，再使用【工具列】/【直接選取工具】，將上方錨點往上偏移並轉換成尖角，將水滴路徑選取後，利用【視窗】/【筆刷】面板，新增為「散落筆刷」，按下「確定」鈕。

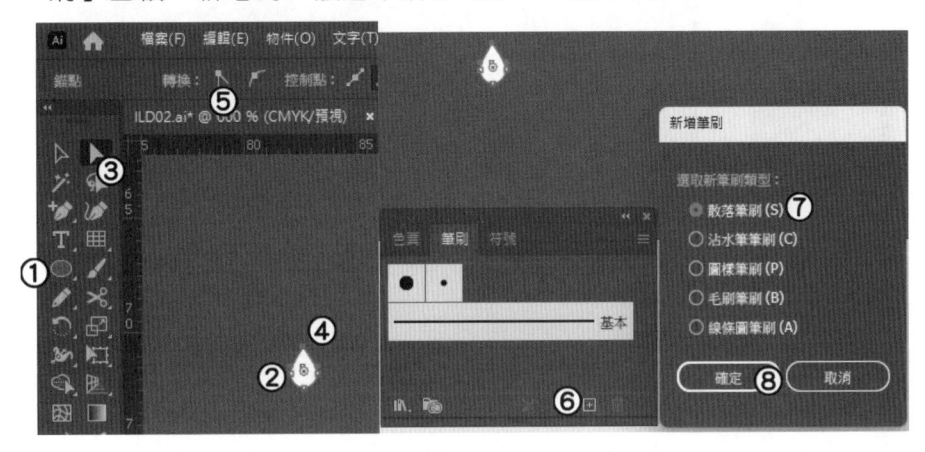

Step5　設定旋轉為「旋轉」，旋轉相對於設定為「路徑」，其他數值則依照當下情況調整。

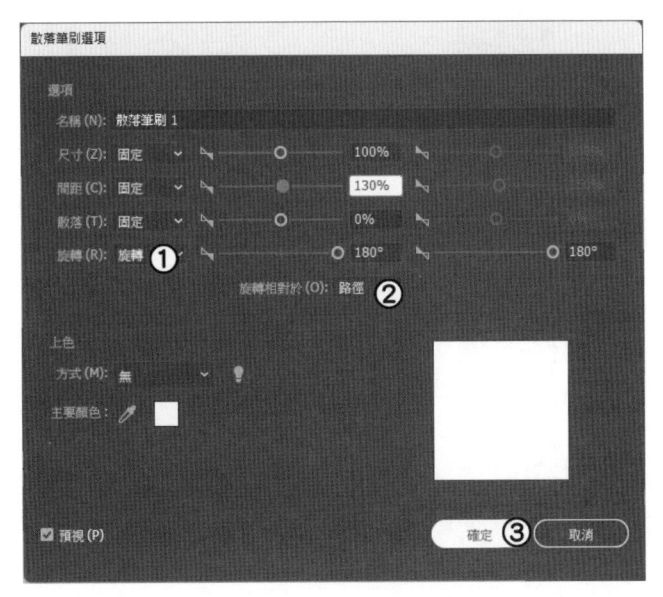

【204. 義大利麵宣傳圖】

> Note 間距、旋轉角度最高及最低，請依照當下調整。

Step6 將番茄中心的圓形，利用【工具列】/【膨脹工具】，設定【寬度】、【高度】為「2mm」，【強度】為「20%」，其他保持預設值，按下「確定」鈕，將中心圓形調整成不規則形狀。

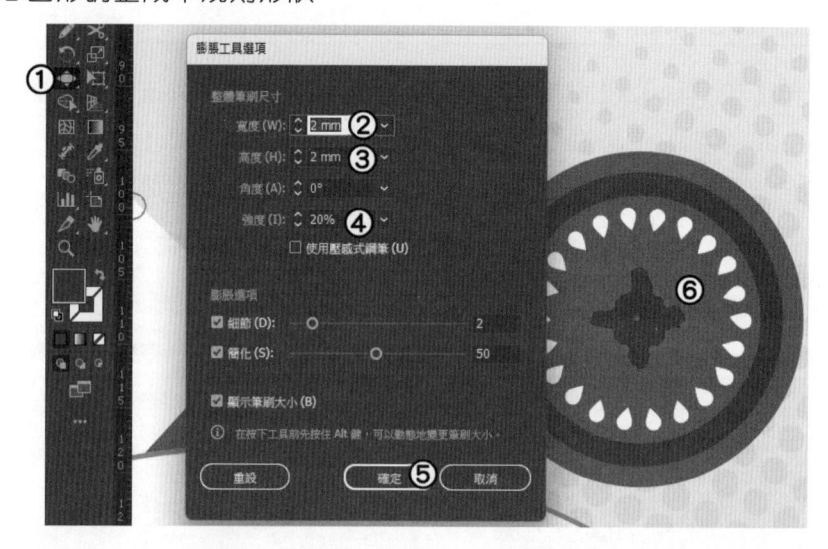

Step7 將番茄圖形，利用【工具列】/【剪刀工具】，將番茄四個路徑都分割成左右兩路徑，將右側的路徑都刪除，最後將四個路徑做成【群組】，連同羅勒葉作複製並隨機放置。

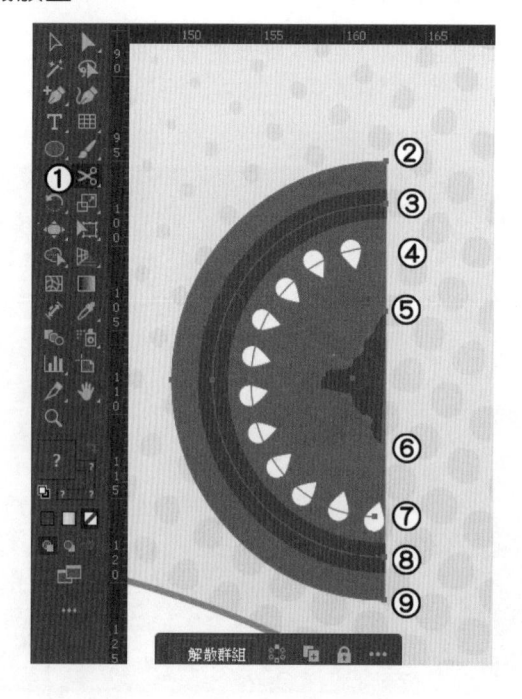

【204. 義大利麵宣傳圖】

Step8 將水滴路徑複製數個，填色分別設定為「00」及「03」色票，並調整角度及位置，最後利用【視窗】/【符號】面板，建立成符號，並按下「確定」鈕。

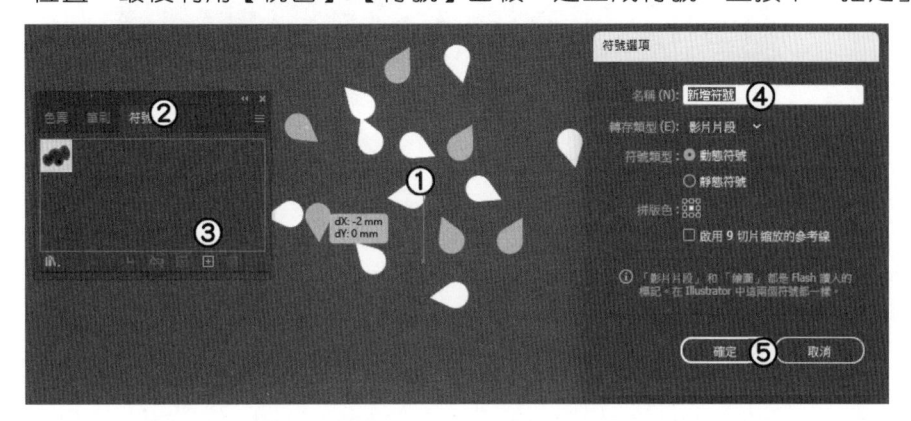

Step9 利用【工具列】/【符號噴灑器】工具，在版面上建立數個符號組。

204-5. 輸入文字及置入 Logo。

Step1 利用【工具列】/【文字工具】，在版面中輸入「Pasta is always delicious」，填色為「04」色票，字體及大小參考下列表格：

內容	字體	大小
Pasta	Arial Black	72pt
Is always	Arial Black	22pt
Delicious	Arial Black	22pt

Step2 使用【檔案】/【置入】功能，將「C:\ANS.csf\IL02」中的「LOGO.png」檔案置入至左下角，在【控制】列中，按下「嵌入」鈕。

【204. 義大利麵宣傳圖】

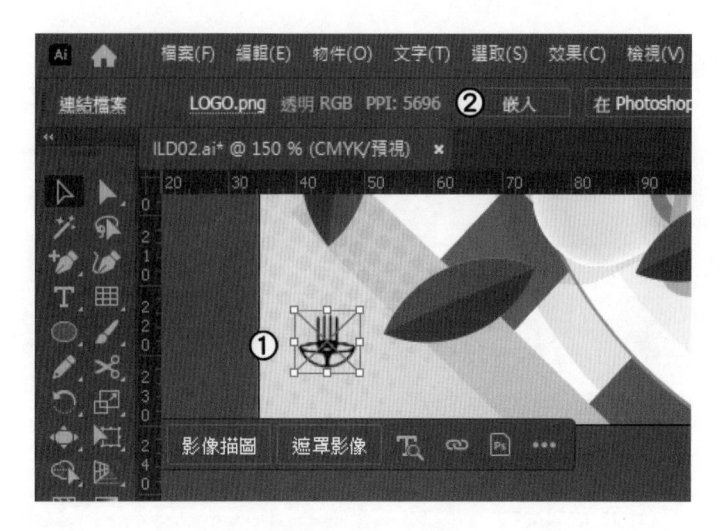

Step3 利用【控制】列的【影像描圖】功能，選擇「素描圖」，再按下「展開」鈕，最後將【填色】設定成「04」色票。

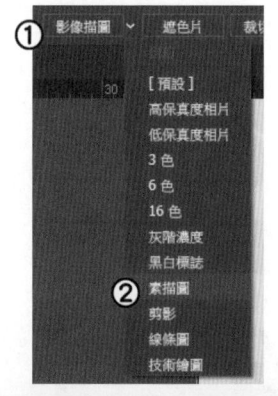

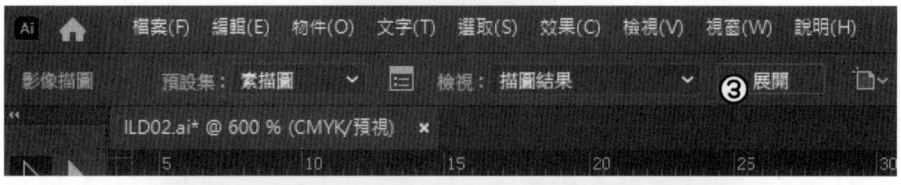

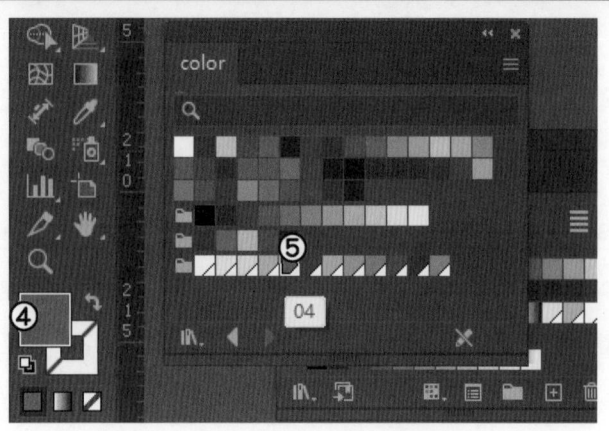

【204. 義大利麵宣傳圖】

Step4 使用【工具列】/【文字工具】，在版面上輸入「DELICIOUS PASTA」文字，字體設定為「Arial Black」、字體大小設定約「2pt」、【填色】設定成「04」色票，再使用【效果】/【彎曲】/【弧形】功能，設定彎曲為「70%」，按下「確定」鈕，最後調整位置。

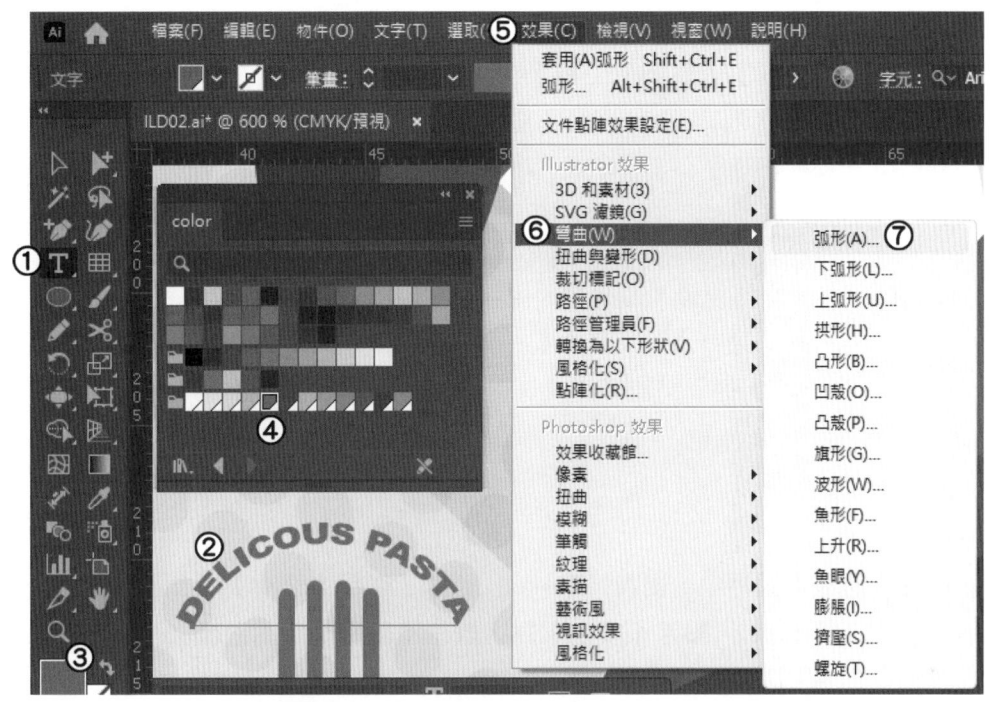

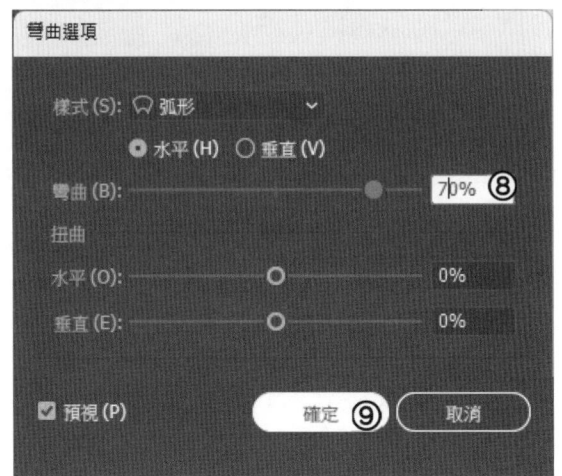

【204. 義大利麵宣傳圖】

205. Travel agency

205-1. 設定基本文字圖形。

Step1　按下【開啟】鈕，選擇「ILD02.ai」。

Step2　使用【工具列】/【橢圓形工具】，在版面中左鍵一下，在【橢圓形】面板中，設定【寬度】為「125mm」、【高度】為「75mm」的橢圓形。

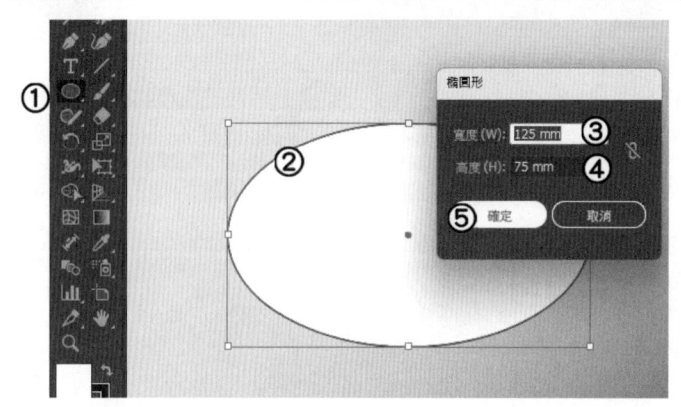

Step3　在【圖層】面板中，複製「Travel」圖層，使用【視窗】/【筆畫】，設定【寬度】為「35pt」，設定【填色】為「無」、【筆畫】為「白色」，將「Travel 拷貝」圖層移動至「橢圓形」及「Travel」圖層下方。

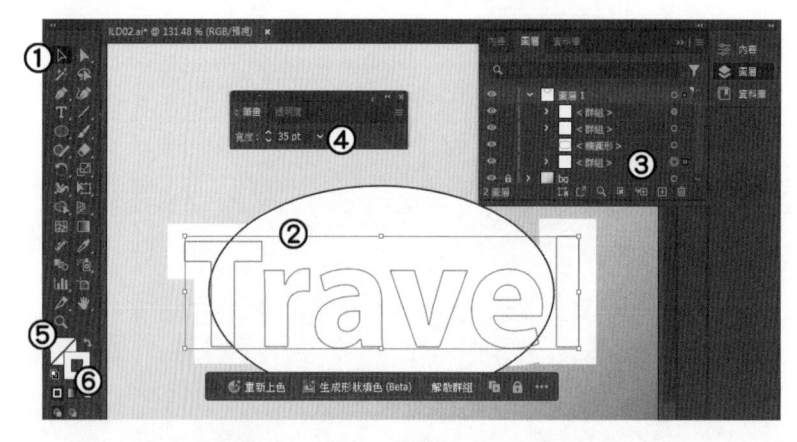

Step4　使用【物件】/【展開】，勾選【填色】及【筆畫】，並按下「確定」鈕，將「Travel 拷貝」圖層文字展開，再使用【物件】/【解散群組】功能，將所有群組解散。

Step5 將「Travel 拷貝」圖層文字與橢圓形置中對齊後,使用【視窗】/【路徑管理員】/【聯集】,將「文字」及「橢圓形」合併成單一路徑。

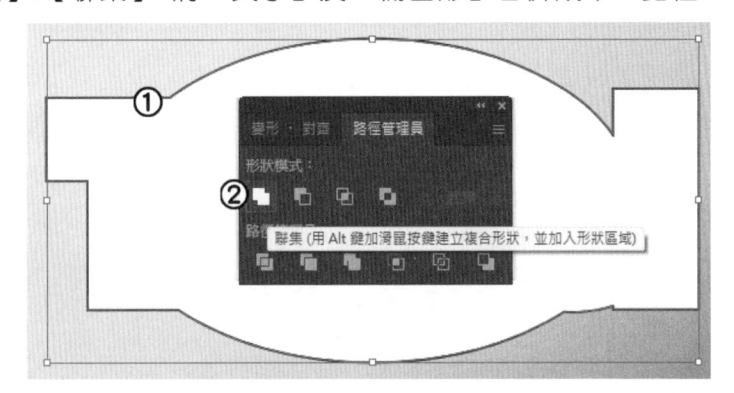

Step6 選取「路徑」,使用【視窗】/【漸層】,設定【類型】為「線性」、【角度】為「90°」、左側色塊為「#efefef」、右側色塊「#00a0d9」、筆畫設定為「無」。

> Note 其他文字依照參考檔案調整位置。

【205. Travel agency】

205-2. 新增圖層並設定文字背景。

Step1　在【圖層】面板中新增【圖層2】，並複製上一個步驟建立的「路徑」，調整至【圖層2】並在版面正中央。

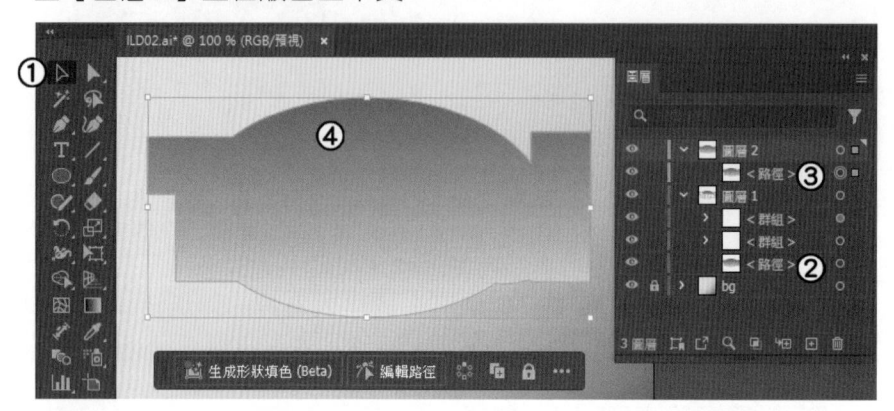

Step2　使用【視窗】/【漸層】，設定【類型】為「線性」、【角度】為「90°」、按下「反轉漸層」鈕，並調整左側色塊為「#00a0d9」、右側色塊「#4a4b9c」。

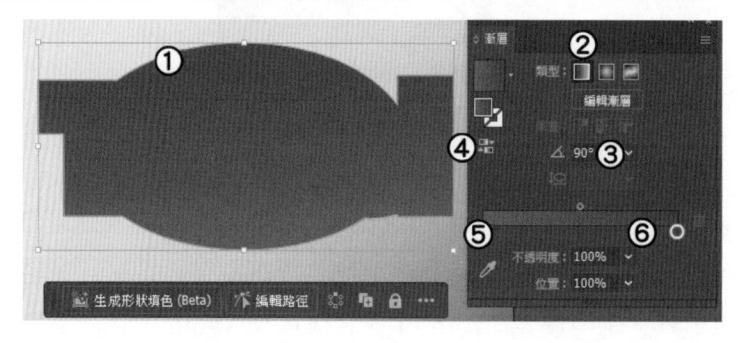

Step3　使用【工具列】/【螺旋工具】，繪製半徑為「80mm」、衰減為「98%」、區段為「250」、筆畫為「白色」、透明度為「20%」的螺旋狀物件。

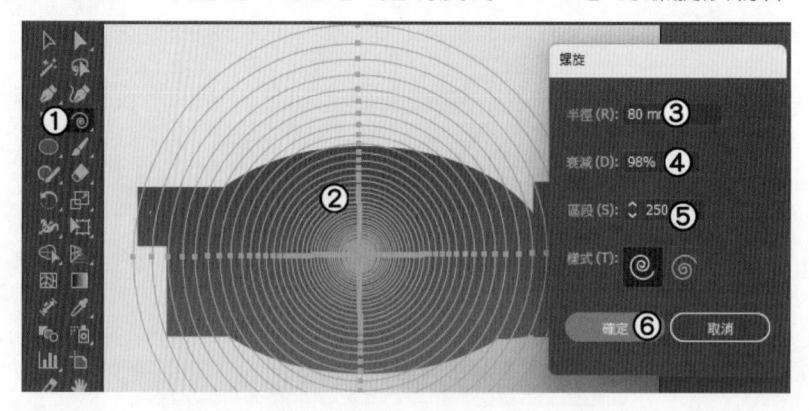

【205. Travel agency】

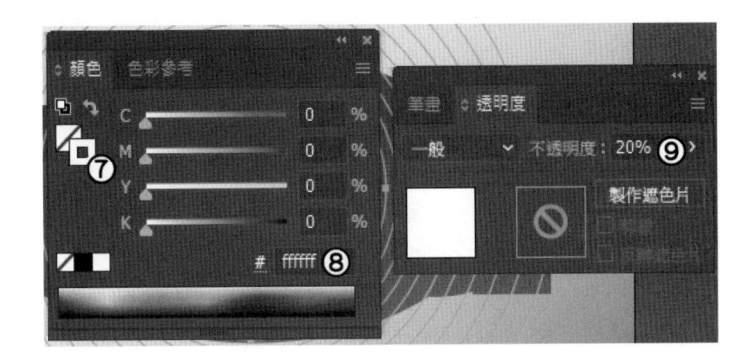

205-3. 設定文字鏤空效果。

Step1 在【圖層】面板中，將【圖層 1】中的三個子圖層，複製到【圖層 2】圖層中，並調整位置。

Step2 選取方才複製的三個路徑與圖層，使用【視窗】/【路徑管理員】/【減去上層】。

> Note 注意「a」與「e」中間區域的漸層填色，請採用整體漸層填色。

【205. Travel agency】

205-4. 製作文字陰影。

Step1　在【圖層】面板中，將【圖層2】最下層的子圖層複製，並調整至第二子圖層。

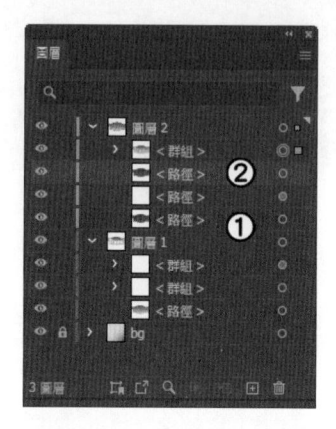

Step2　同時選取「第二層深色漸層路徑」及「第三層螺旋路徑」的子圖層，使用【物件】/【剪裁遮色片】/【製作】。

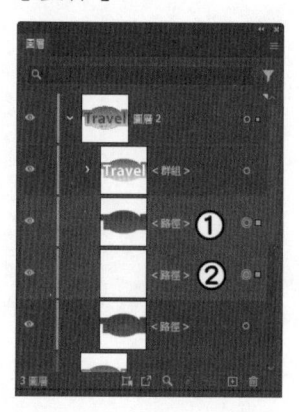

Step3　選擇【圖層2】中最上層的「群組」，使用【效果】/【風格化】/【製作陰影】，設定【模式】為「色彩增值」、【不透明度】為「75%」、【X位移】為「2.5mm」、【Y位移】為「2.5mm」、【模糊】為「1.8mm」、【顏色】為「#0068a8」，按下「確定」鈕。

【205. Travel agency】

205-5. 置入 04.png 並調整。

Step1　在【圖層】面板中，複製【圖層 1】的第三個子圖層，並調整至【圖層 2】最上層，同時調整至版面正中央。

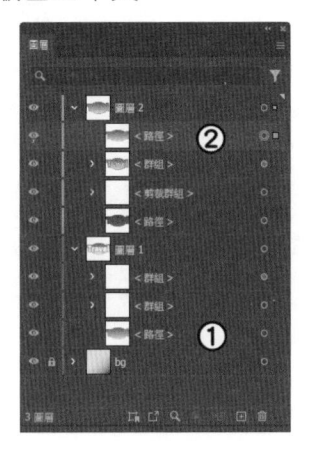

Step2　使用【工具列】/【切換填色與筆畫】將【填色】設定為「無」、【筆畫】為「漸層色」，使用【視窗】/【筆畫】，設定【寬度】設定為「6pt」、【尖角】設定為「圓角」、【對齊筆畫】設定為「筆畫外側對齊」，利用【視窗】/【漸層】，設定【類型】設定為「線性」、【角度】設定為「90°」、【左側色塊】設定為「#00a0d9」、【右側色塊】設定為「#4a4b9c」。

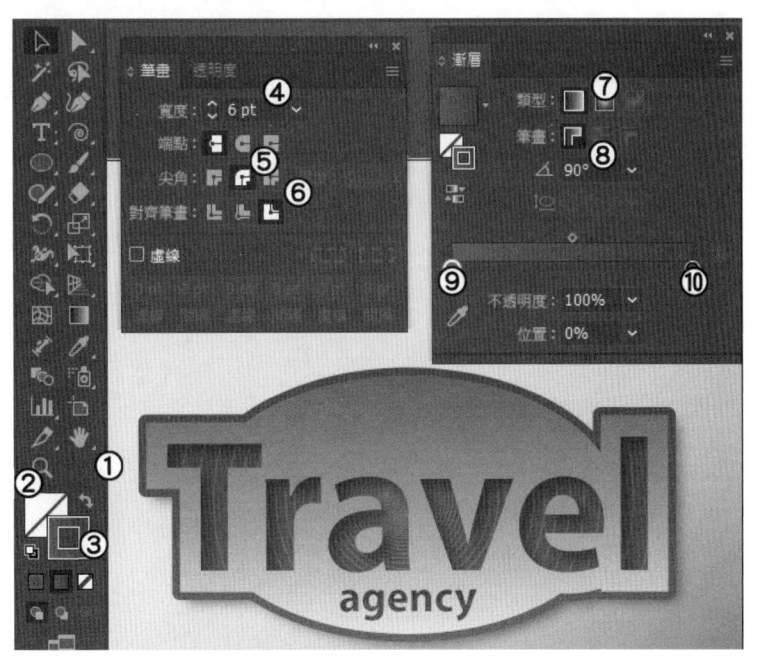

【205. Travel agency】

Step3 在【圖層】面板中,利用【工具列】/【縮放工具】,縮放設定「一致:110%」,按下「拷貝」鈕。

Step4 使用【視窗】/【漸層】面板,將複製的路徑漸層填色「反轉漸層」。

Step5 使用【工具列】/【漸變工具】,設定間距為「指定階數:200」,分別點選兩個路徑。

【205. Travel agency】

206. Lue COFFEE 隨手杯包裝

206-1. 繪製基本形狀。

Step1　按下「開啟」鈕，選擇「ILD02.ai」。

Step2　使用【工具列】/【鋼筆工具】，在【圖層】面板中的【Cup】圖層，分別繪製「杯蓋」、「杯子」及「杯套」，設定「杯蓋」的【填色】為「黑色」、【筆畫】為「無」，「杯子」及「杯套」的【填色】為「白色」、【筆畫】為「無」。

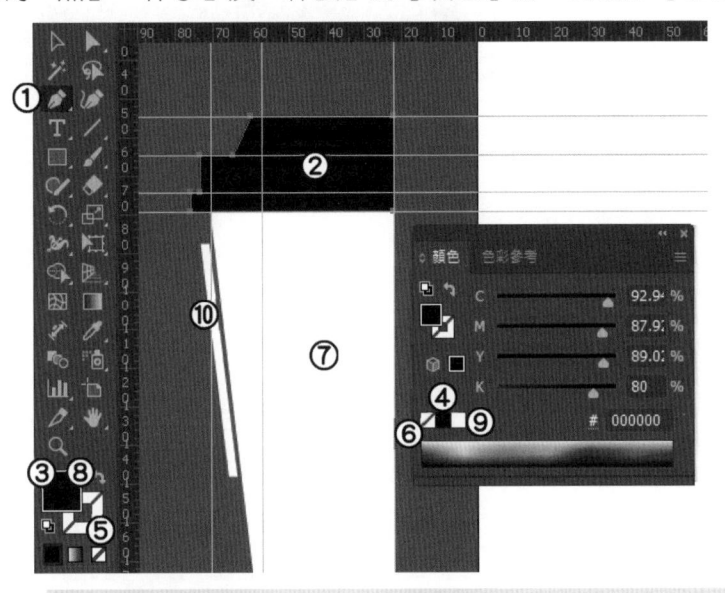

> Note：筆者建議可以配合【參考線】繪製。

Step3　將三個路徑同時選取，使用【物件】/【組成群組】。

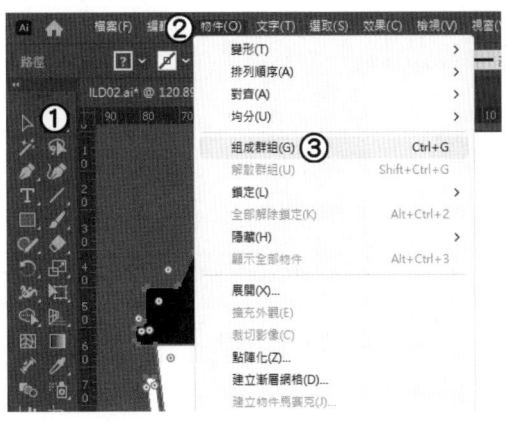

【206. Lue COFFEE 隨手杯包裝】

Step4 　再使用【效果】/【3D 和素材】/【迴轉】，將【偏移方向起點】改成「右側」線條。

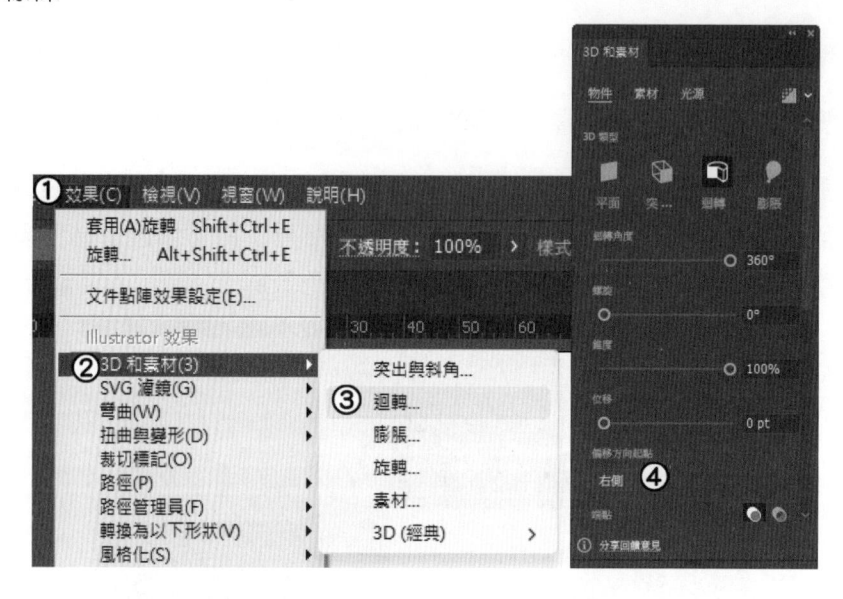

206-2. 繪製杯套包裝圖。

Step1 　使用【工具列】/【矩形工具】，在【圖層】面板中的【sleeve】圖層版面上繪製一個同【sleeve】工作區域相同大小的矩形，再使用【工具列】/【鉛筆工具】繪製數個平滑圓形，中心形狀則使用【工具列】/【星形工具】及【直接選取工具】，繪製一個「十二芒星形」並調整內外角的圓角，並分別將【填色】套用版面上方的色塊。

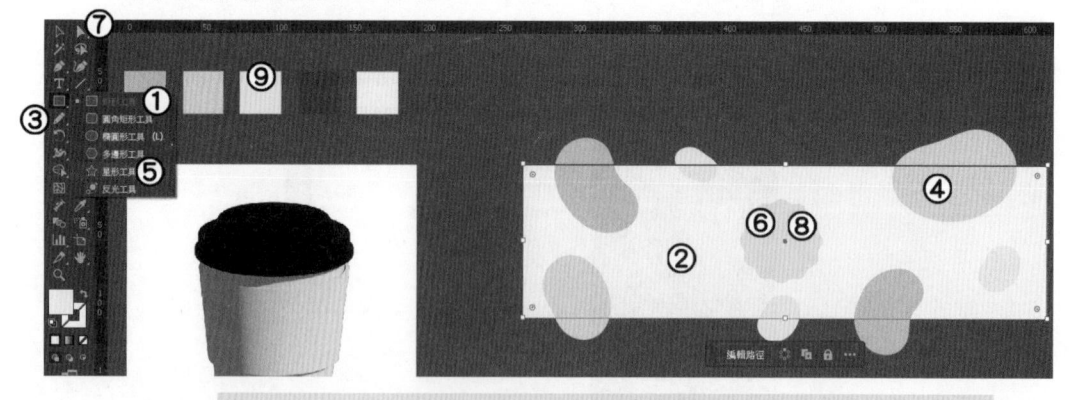

> Note 可以先將【鉛筆工具】的【精確度】調整至「平滑」。

【206. Lue COFFEE 隨手杯包裝】

Step2 使用【工具列】/【文字工具】，在版面中輸入「Lue COFFEE」（分兩行），並且使用【視窗】/【文字】/【字元】面板，設定【字體】為「Forte Regular」、【字體大小】為「72pt」、【設定行距】為「67pt」、【設定選定字元的字距微調】為「-10」、【填色】為上方「紅色色票」。

Note 在「Lue」前方加上兩個半形空白鍵，結果會比較接近參考檔。

Step3 使用【工具列】/【繪圖筆刷工具】，在版面上繪製裝飾點，【填色】為「無」、【筆畫】為上方「紅色色票」。

【206. Lue COFFEE 隨手杯包裝】

Step4 選取「Lue COFFEE」文字，使用【文字】/【建立外框】，將文字轉換成「複合路徑」，再使用【物件】/【複合路徑】/【釋放】，將文字轉換成「單一路徑」，再全選路徑，【物件】/【擴充外觀】及【展開】。

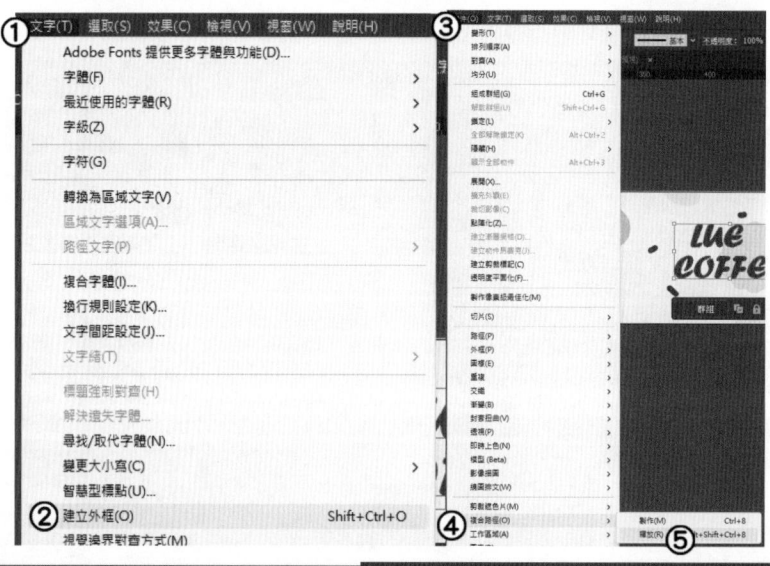

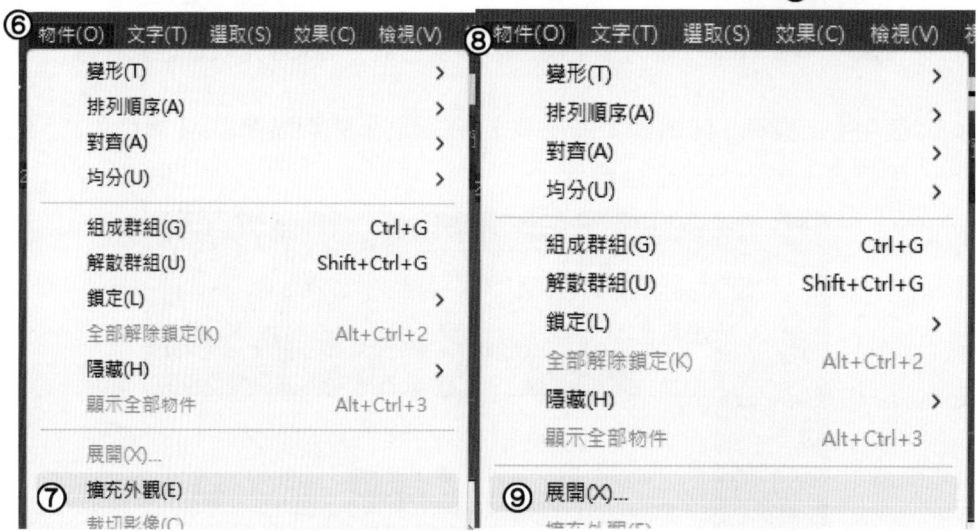

Step5 保持全選狀態，使用【物件】/【解散群組】，解散所有群組，再執行一次【物件】/【組成群組】組成單一群組，最後利用【工具列】/【矩形工具】，繪製一個同版面相同大小的矩形，與之前群組執行【物件】/【剪裁遮色片】/【製作】，將版面以外路徑隱藏。

【206. Lue COFFEE 隨手杯包裝】

206-3. 製作膨脹及 3D 效果。

Step1 將【杯套】的「剪裁群組」複製，使用【效果】/【3D 和素材】/【膨脹】，點選【光源】標籤，將「光源 1」往正中央偏移。

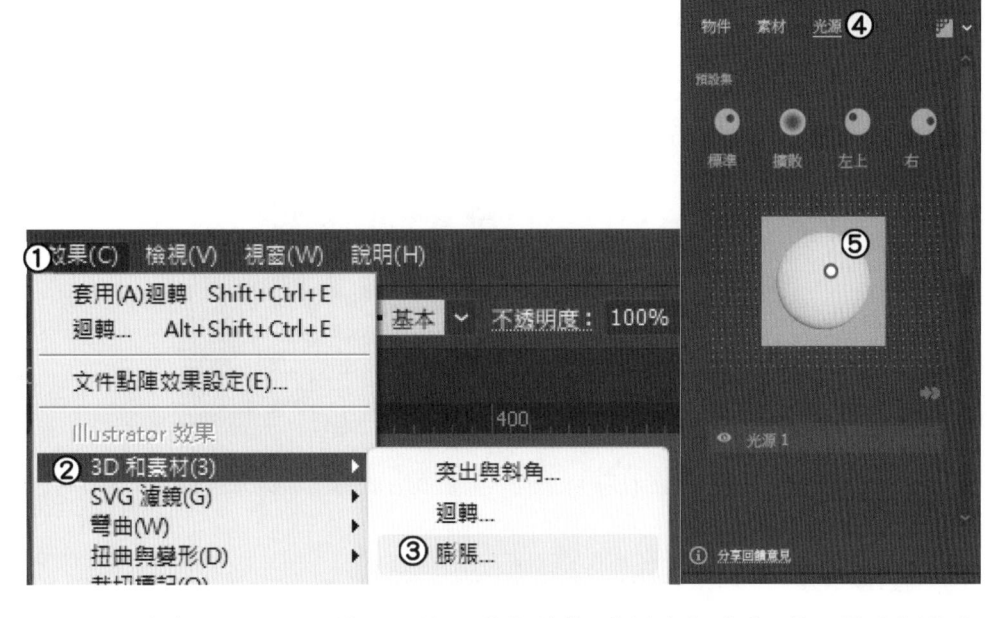

Step2 選擇複製的「剪裁群組」，使用【物件】/【封套扭曲】/【以彎曲製作】，設定【彎曲】為「25%」，按下「確定」鈕。

【206. Lue COFFEE 隨手杯包裝】

Step3 使用【物件】/【封套扭曲】/【展開】,將【封套扭曲】套用到【複製的剪裁群組】中。

Step4 開啟【視窗】/【符號】面板,將【複製的剪裁群組】拖曳到【符號】面板中,設定值採用預設。

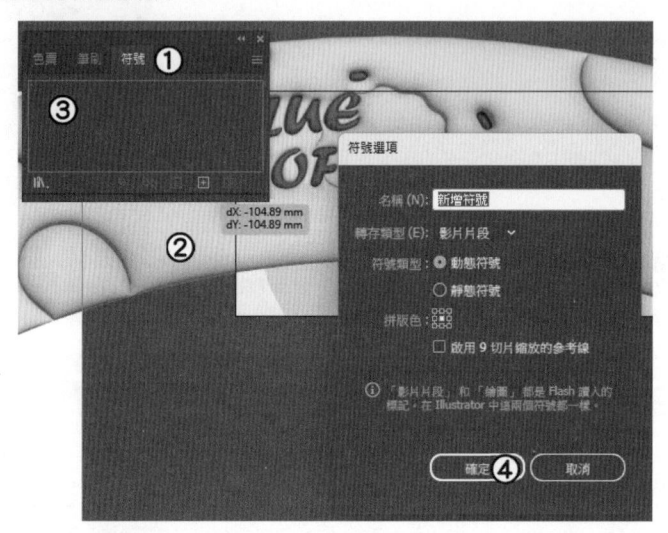

206-4. 套用杯套。

Step1 選取杯子 3D 物件,用【工具列】/【外觀】,點選【3D 和素材】左鍵兩下,選擇【素材】標籤,點選【繪圖】鈕,選擇方才儲存的符號圖檔,接著調整繪圖影像的尺寸大小。

【206. Lue COFFEE 隨手杯包裝】

206-5. 套用杯套。

Step1　選取杯子 3D 物件，用【工具列】/【選取工具】，調整 3D 物件中心的「旋轉任意形狀」變形錨點。

Step2　複製【sleeve】圖層的內容，參考展示檔案，調整「矩形」、「十二芒星形」、「不規則圓形」及「文字」的大小與位置。

【206. Lue COFFEE 隨手杯包裝】

207. 老樹

207-1. 繪製葉子。

Step1　使用【開啟】鈕，選擇「ILD02.ai」。

Step2　使用【工具列】/【橢圓形工具】，分別繪製一個【寬度】為「125px」、【高度】為「200px」及一個【寬度】為「350px」、【高度】為「20px」，【填色】分別套用【色票】面板中「tree」顏色群組色彩、【筆畫】為「無」。

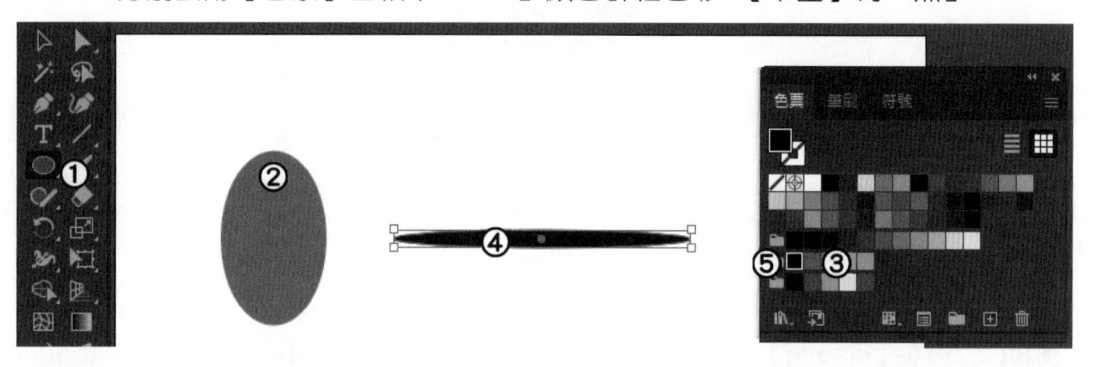

Step3　使用【工具列】/【直接選取工具】、【增加錨筆工具】及【錨點工具】，將兩個橢圓形，修改成「葉子」形狀及「尖角」形狀。

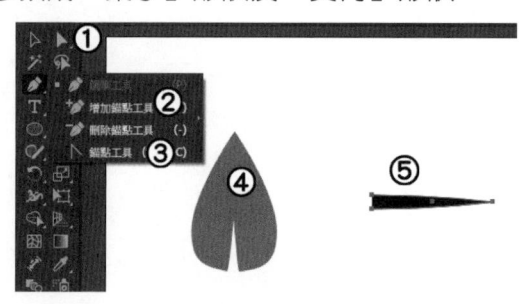

Step4　選取「葉子」形狀，使用【視窗】/【筆刷】/【新增筆刷】，選擇「散落筆刷」，設定值如下：
- 【名稱】為「leaf」。
- 【尺寸】：「隨機」、最低為「10%」、最高為「20%」。
- 【間距】：「隨機」、最低為「10%」、最高為「30%」。
- 【散落】：「隨機」、最低為「-27%」、最高為「4%」。
- 【旋轉】：「隨機」、最低為「-138°」、最高為「164°」。
- 【上色】：「色相微調」。

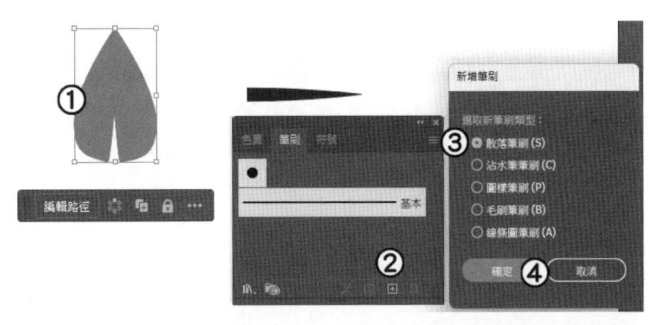

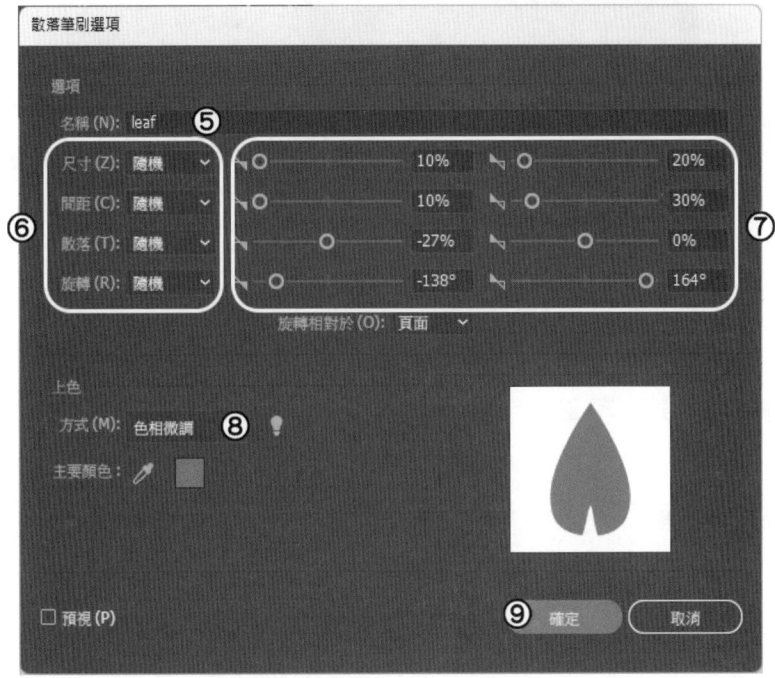

Step5 選取「尖角」形狀，使用【視窗】/【筆刷】/【新增筆刷】，選擇「線條圖筆刷」，設定值如下：
- 【名稱】為「branch」。
- 【筆刷縮放選項】:「依比例縮放」。

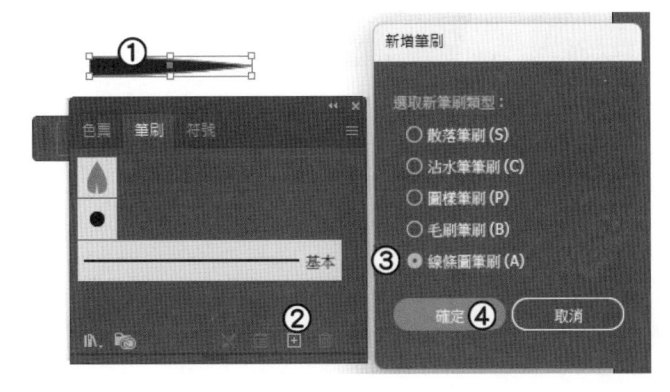

【207. 老樹】

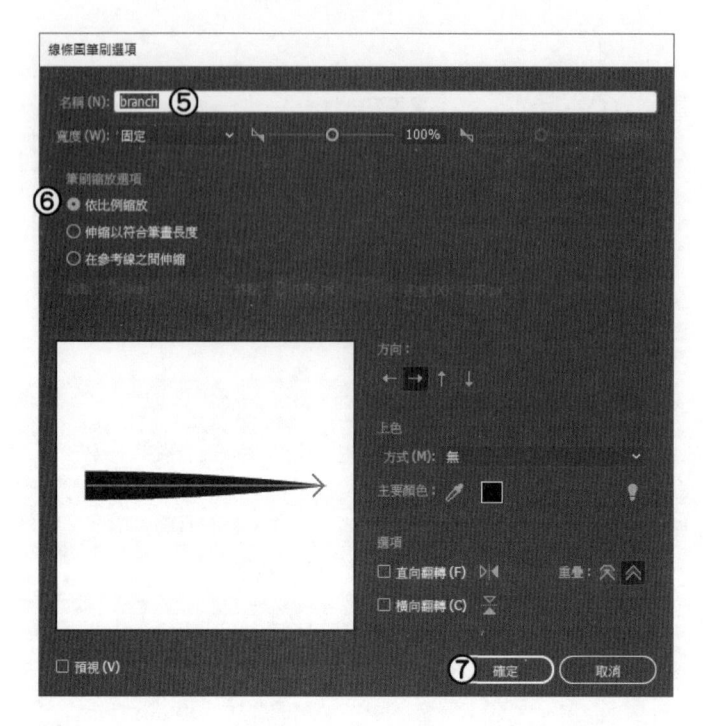

Step6　隱藏「brush」圖層。

207-2. 新增圖層並繪製樹枝。

Step1　在【圖層】面板中新增一個圖層，命名為「tree body」。

Step2　使用【工具列】/【多邊形工具】，繪製一個【半徑】為「135px」、【邊數】為「5」，按下「確定」鈕。

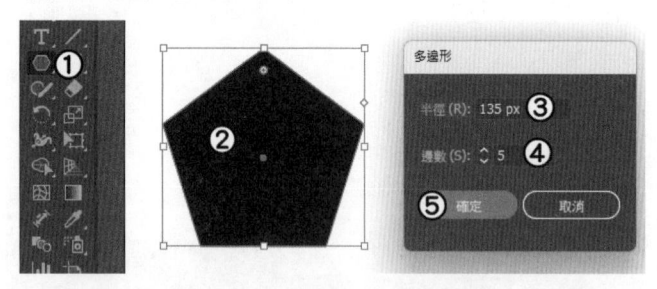

Step3　使用【工具列】/【直接選取工具】、【增加錨筆工具】及【錨點工具】，調整「五邊形」下方的兩個錨點位置。

Step4 使用【工具列】/【繪圖筆刷工具】,繪製【筆畫】寬度為「2pt」的樹枝。

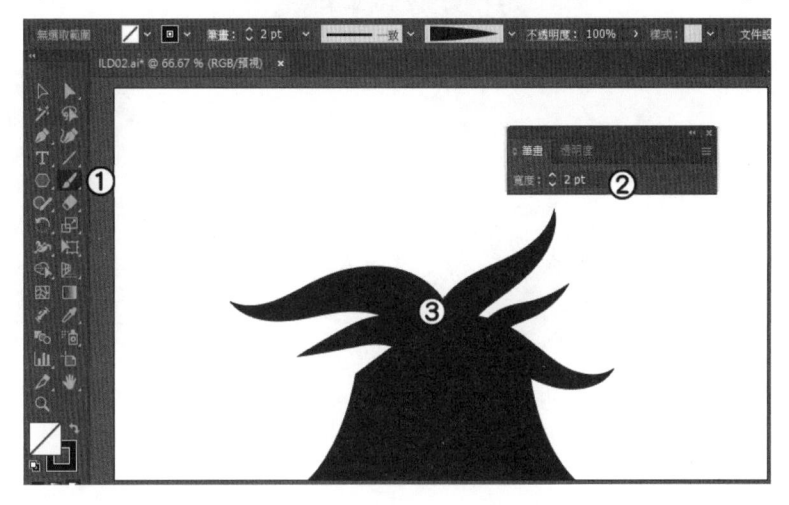

Step5 同樣使用【工具列】/【繪圖筆刷工具】,分別調整【筆畫】的寬度為「2pt」、「1pt」及「0.5pt」,去繪製出不同粗細的樹枝,如下圖所示。

207-3. 合併路徑並調整。

Step1 全選路徑,使用【物件】/【擴充外觀】,將「線段」變成「形狀」,再使用【視窗】/【路徑管理員】/【聯集】,合併所有形狀。

【207. 老樹】

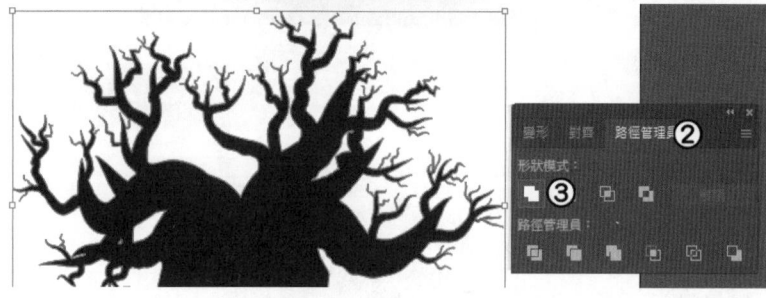

Step2 使用【工具列】/【彎曲工具】，在【彎曲工具選項】面板的【整體筆刷尺寸】中，自行設定參數，並去調整樹枝外部輪廓。

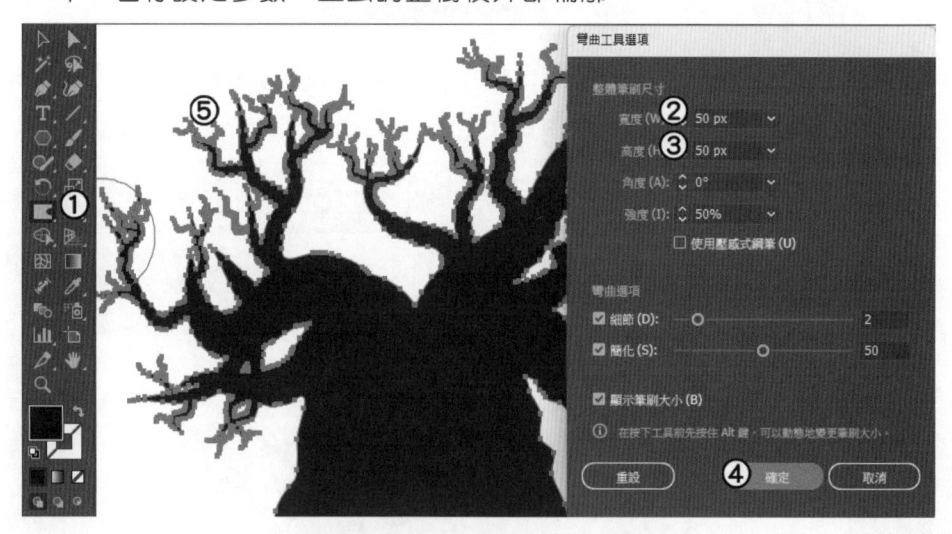

第二類　圖文表現能力　**2-65**

207-4. 製作 leaves 圖層效果。

Step1　在【圖層】面板中，新增一個圖層並命名為「leaves」。

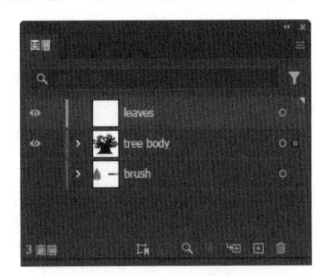

Step2　使用【工具列】/【繪圖筆刷工具】，開啟【視窗】/【控制】，【筆畫顏色】套用「tree」顏色群組四色、【筆畫寬度】為「1pt」、【筆刷定義】為「leaf」，在版面上繪製多個「樹葉」。

207-5. 製作背景。

Step1　在【圖層】面板中，新增一個圖層並重新命名為「bg」。

【207. 老樹】

Step2　使用【工具列】/【矩形工具】，繪製一個同版面大小、【填色】為「白色」、【筆畫】為「無」的矩形，再使用【工具列】/【美工刀】，將矩形分割成水平四個區塊。

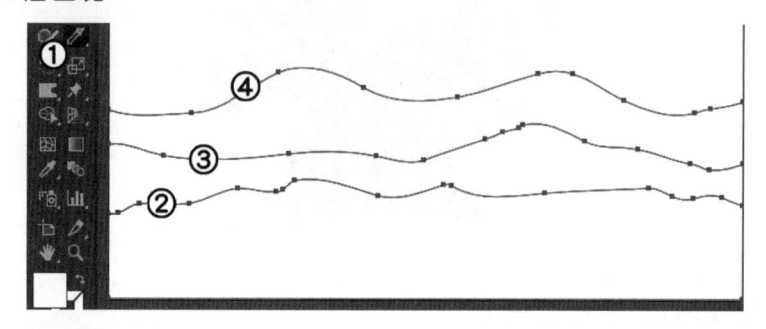

Step3　使用【視窗】/【色票】，由上到下依序套用「bg」顏色群組的色彩。

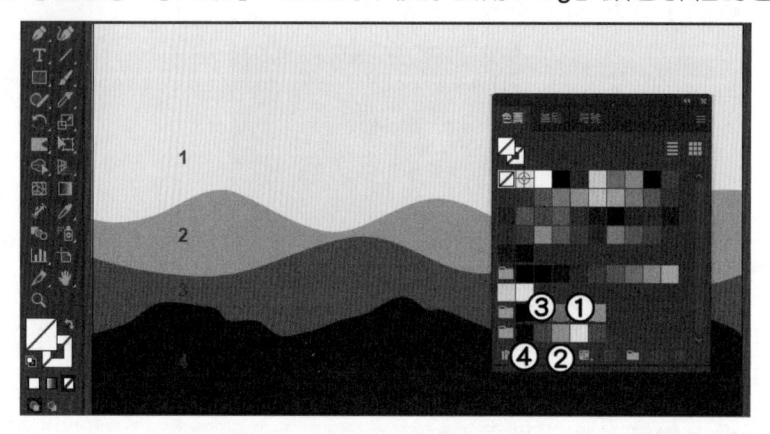

Step4　使用【工具列】/【橢圓形工具】，在版面上繪製一個【填色】為「bg 顏色群組的咖啡色」、【筆畫】為「無」、寬度為「86px」、高度為「86px」的正圓形，按下「確定」鈕。

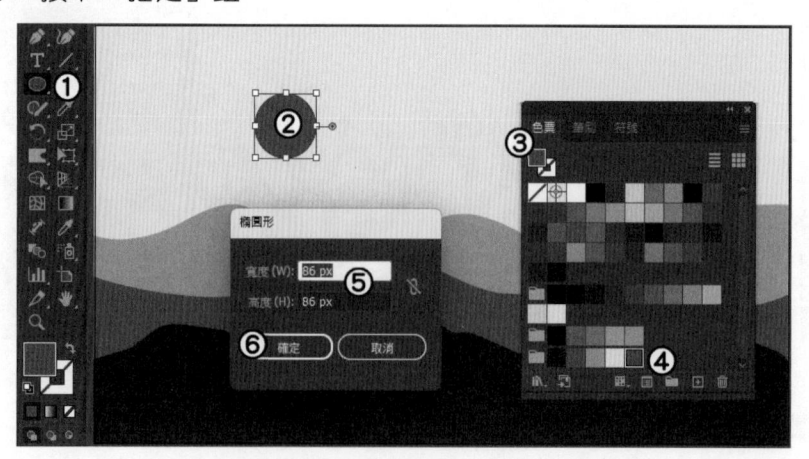

【207. 老樹】

Step5 再使用【物件】/【路徑】/【位移複製】，設定【位移】為「50px」，按下「確定」鈕，利用【視窗】/【透明度】，設定【不透明度】為「30%」。

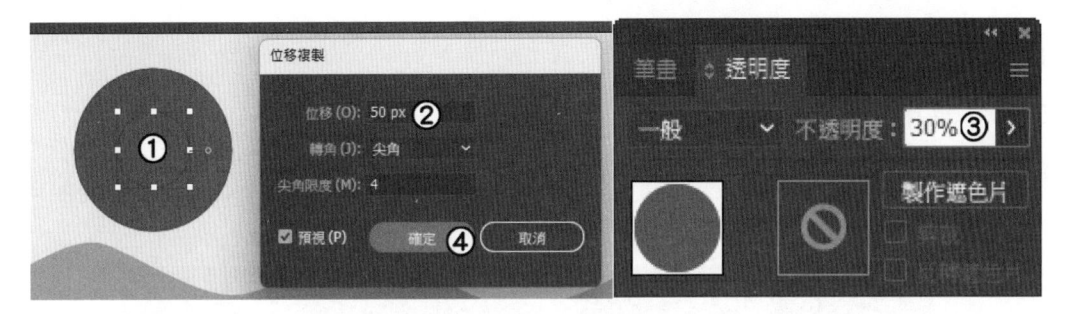

Step6 使用【工具列】/【漸變工具】，設定【間距】為「指定階數：2」，按下「確定」鈕，再分別點選大小圓形製作漸變效果。

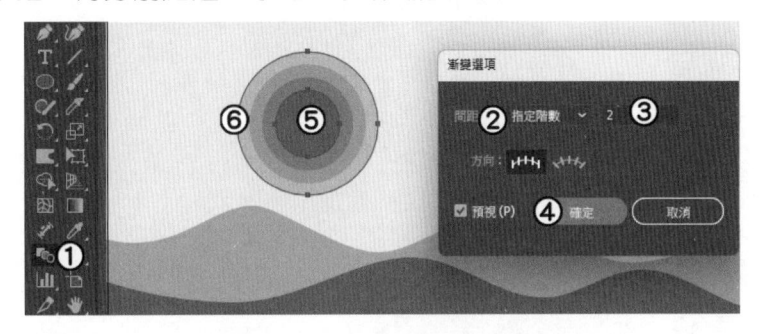

Step7 在【圖層】面板中，將【bg】圖層移動至【tree body】圖層下方。

【207．老樹】

208. 藍眼淚立體插畫

208-1. 繪製 water 圖層的圓形。

Step1　使用【開啟】鈕，選擇「ILD02.ai」。

Step2　分別選取【water】圖層中的兩個圓形，使用【工具列】/【減色滴管工具】，分別點選左上角兩個顏色色塊。

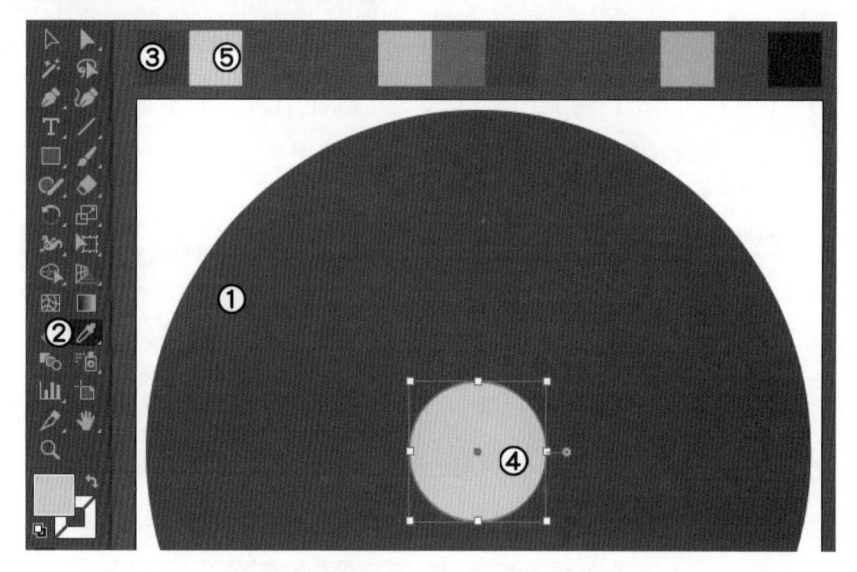

Step3　選取兩個圓形，使用【工具列】/【漸變工具】左鍵兩下，開啟設定面板，【間距】設定為「指定階數」、【階數】設定為「7」，最後點選兩個圓形的左側錨點。

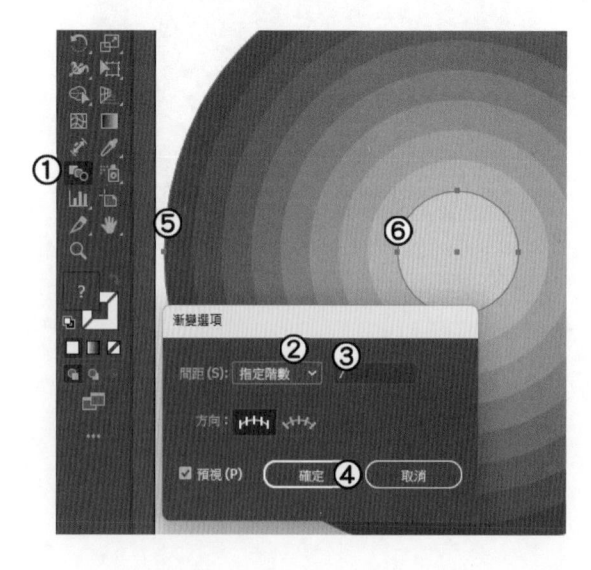

【208. 藍眼淚立體插畫】

Step4 使用【工具列】/【群組選取工具】,選取「小圓」形狀,往左上角移動,並使用【工具列】/【直接選取工具】,將「小圓」形狀調整成「橢圓形」並調整角度。

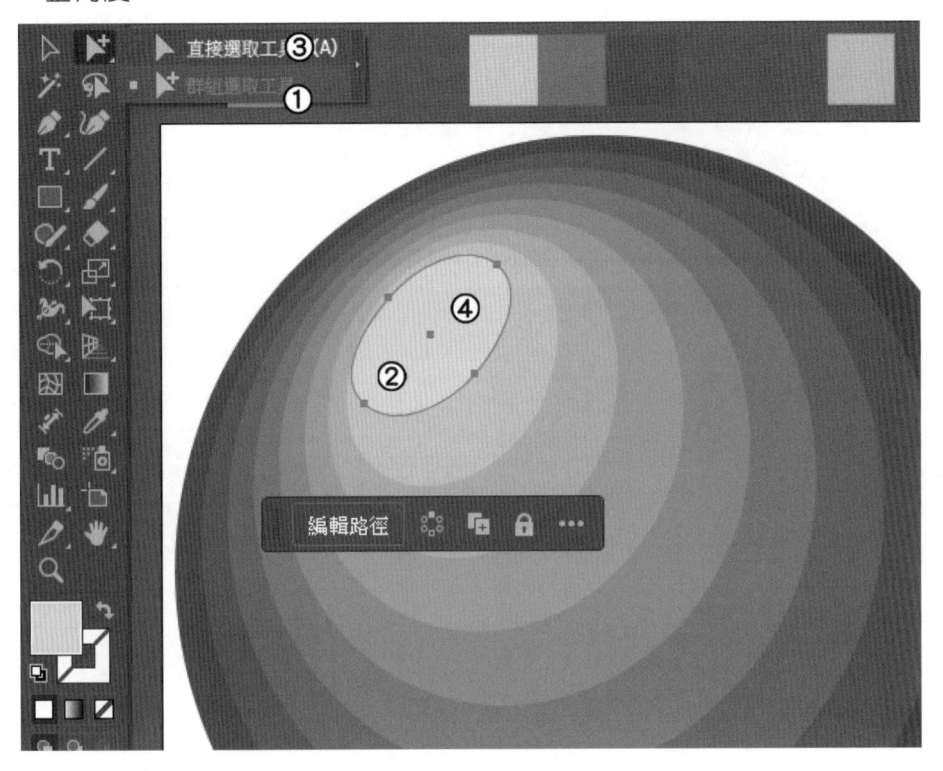

Step5 選取「漸變」形狀,使用【效果】/【扭曲】/【海浪效果】,保持預設值,直接按下「確定」鈕。

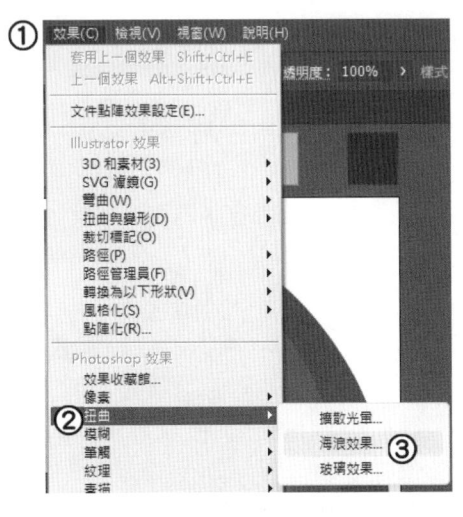

【208. 藍眼淚立體插畫】

208-2. 製作 fish 筆刷。

Step1　在【圖層】面板【water】圖層上方中新增一個圖層，命名為「fish」。

Step2　選擇魚形形狀，使用【視窗】/【筆刷】面板，按下「新增筆刷」鈕，選擇「散落筆刷」，按下「確定」鈕。

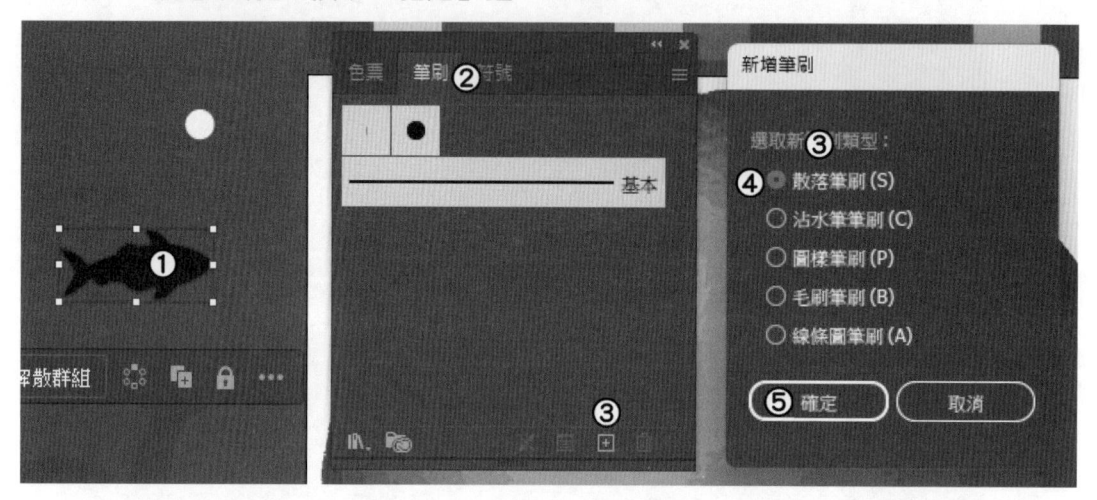

Step3　【名稱】設定成「散落 fish」、【尺寸】、【間距】、【散落】、【旋轉】都設定成隨機，後面數值可自訂，亦可參考下圖資訊，【旋轉相對於】設定成「路徑」，最後按下「確定」鈕。

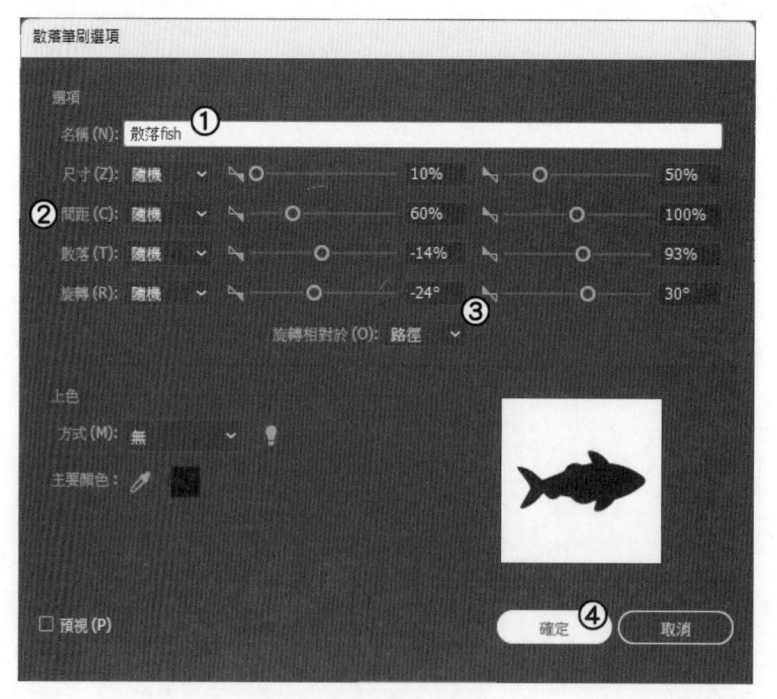

【208. 藍眼淚立體插畫】

Step4　選擇「fish」圖層，使用【工具列】/【鉛筆工具】，在版面上繪製四~五條路徑，並分別套用「散落 fish」筆刷。

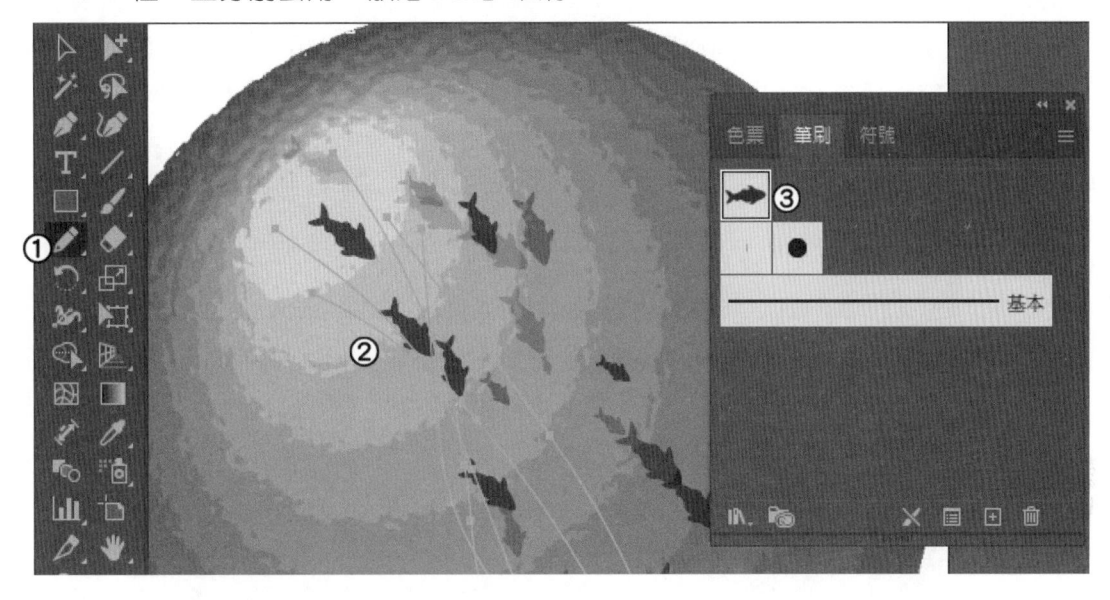

Step5　分別選取路徑，使用【視窗】/【透明度】，將漸變模式分別改成「重疊」、「柔光」、「實光」。

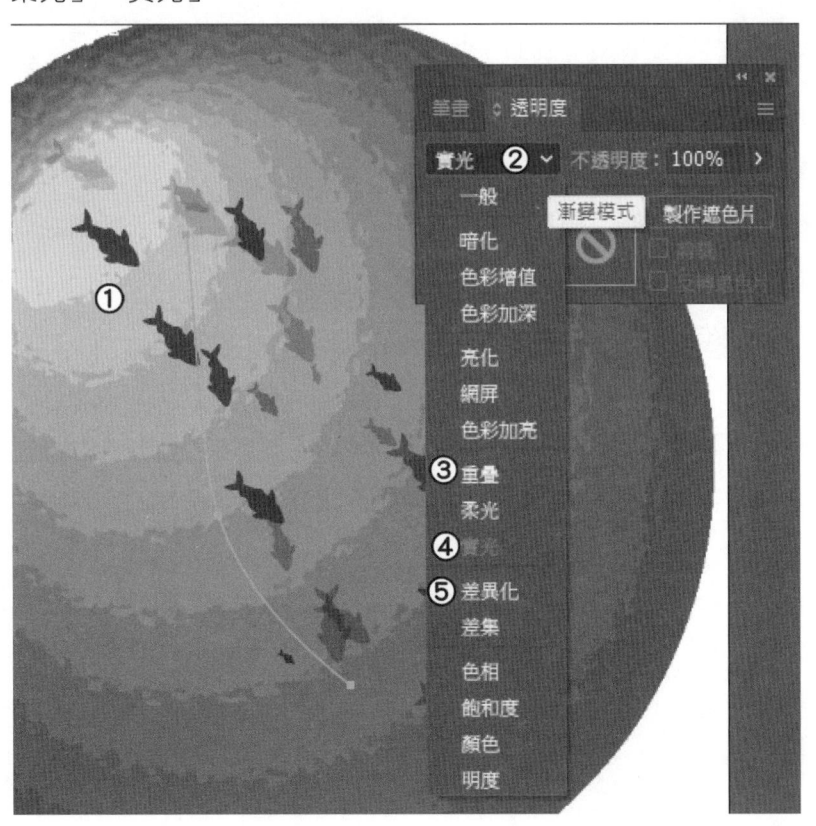

【208. 藍眼淚立體插畫】

208-3. 建立封套扭曲同心圓及白色小圓符號。

Step1　在【圖層】面板中，新增「light」圖層，使用【工具箱】/【橢圓形工具】，在版面上繪製三個同心圓，大小自訂，並利用【控制】列，設定【填色】為「無」、【筆畫】為「白色」、【寬度】為「5pt」、套用「寬度描述檔1」。

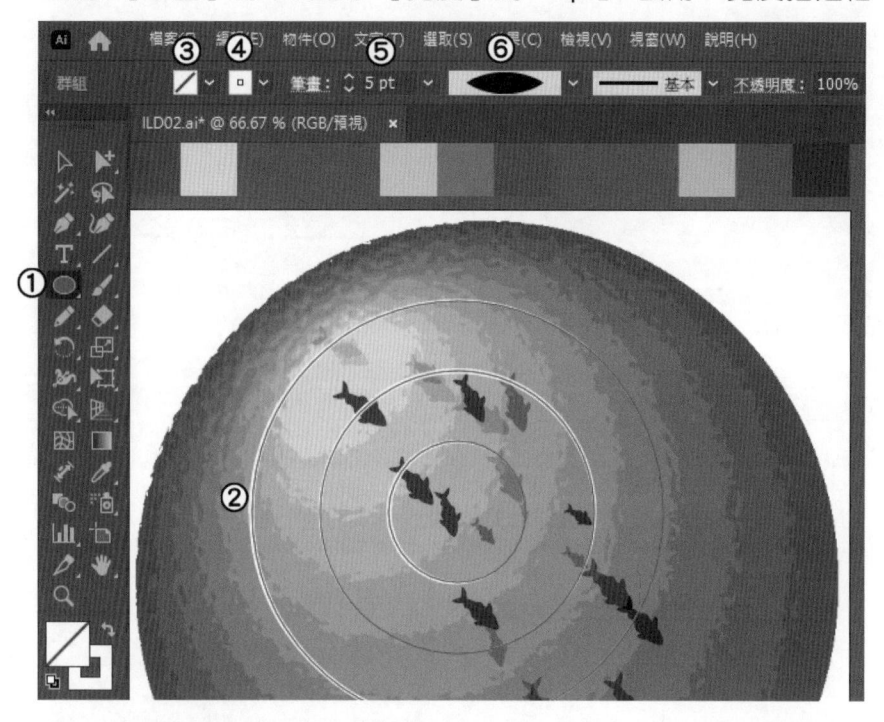

Step2　將三個同心圓群組，使用【物件】/【封套扭曲】/【以網格製作】，橫欄與直欄都設定成「3」，按下「確定」鈕，再使用【工具列】/【直接選取工具】，去調整網格的輪廓。

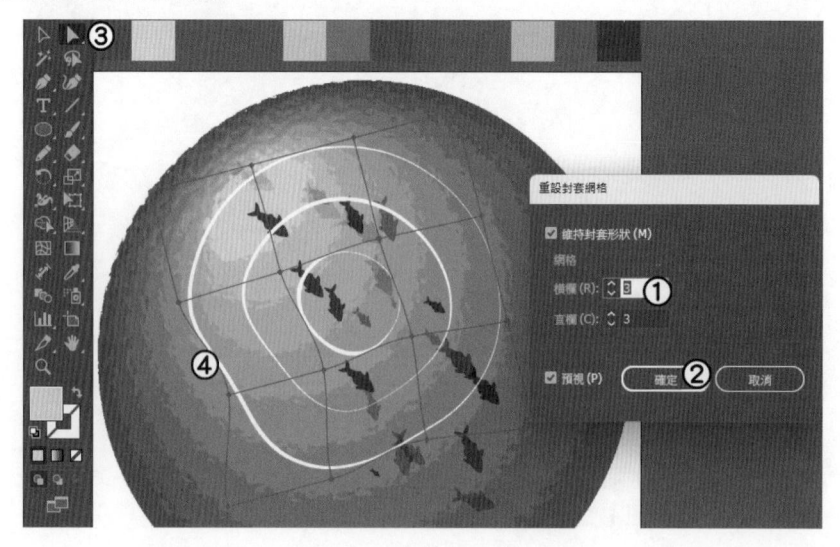

【208. 藍眼淚立體插畫】

Step3 使用【視窗】/【符號】面板，將「白色小圓」拖曳至【符號】面板中，按下「確定」鈕，製作成符號，再使用【工具列】/【符號噴灑器工具】、【符號縮放器工具】、【符號濾色器工具】去填入不同尺寸、不同透明度的圓形符號。

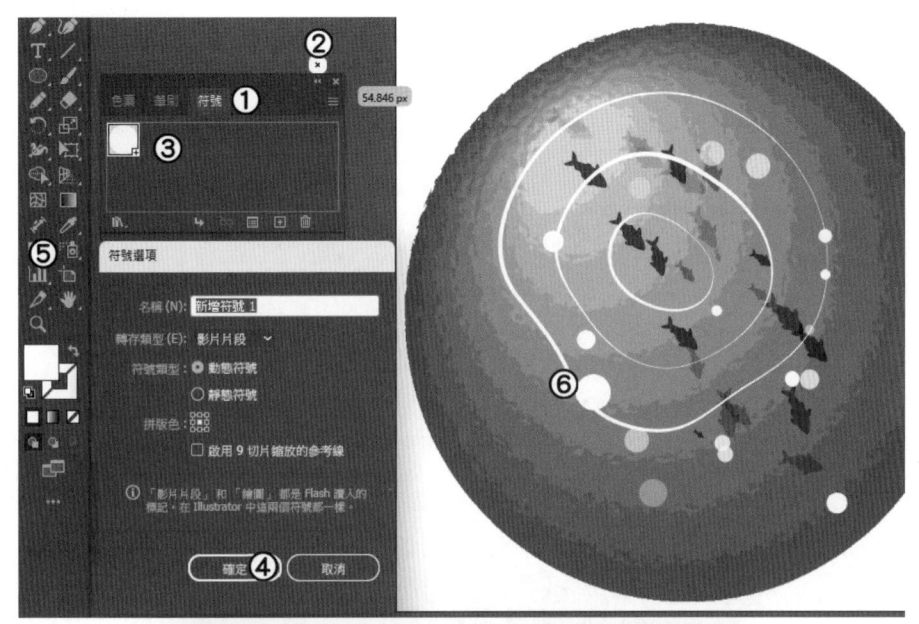

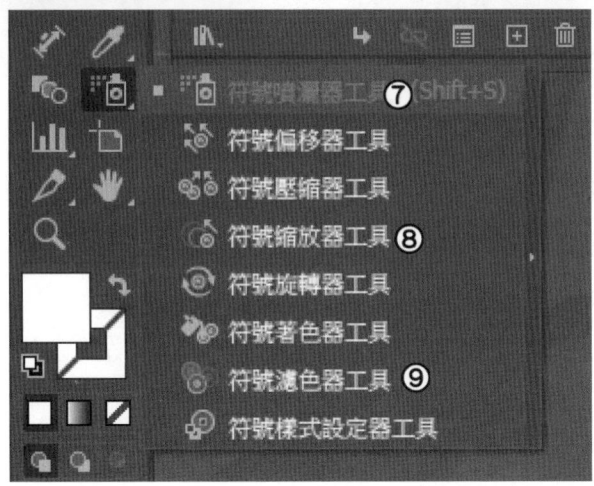

Step4 選取「白色小圓符號」，使用【效果】/【模糊】/【高斯模糊】，【半徑】設定約「3~5 像素」，按下「確定」鈕，選取「三個同心圓」，使用【效果】/【模糊】/【高斯模糊】，【半徑】設定約「3~5 像素」，使用【視窗】/【透明度】，【漸層模式】設定成「柔光」。

【208. 藍眼淚立體插畫】

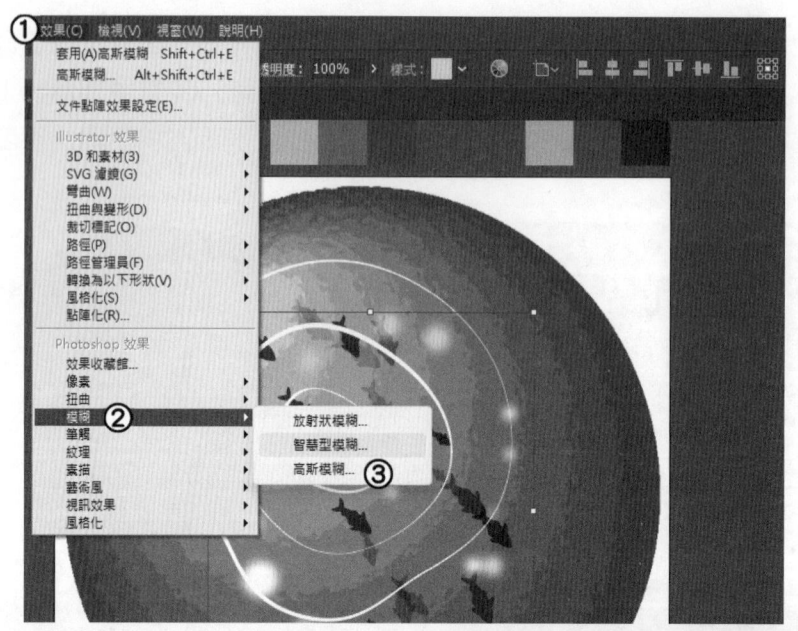

208-4. 製作 rock 圖層。

Step1　在【圖層】面板中,新增一個圖層並命名為「rock」。

Step2　使用【工具列】/【矩形工具】,繪製一個同版面大小的矩形,設定【填色】為「漸層」、【筆畫】為「無」,利用【視窗】/【漸層】面板,【類型】選擇「任意形狀漸層」、【繪製】選擇「點」,點選三個點位置,再利用「檢色器」選擇上方中央三個顏色色塊。

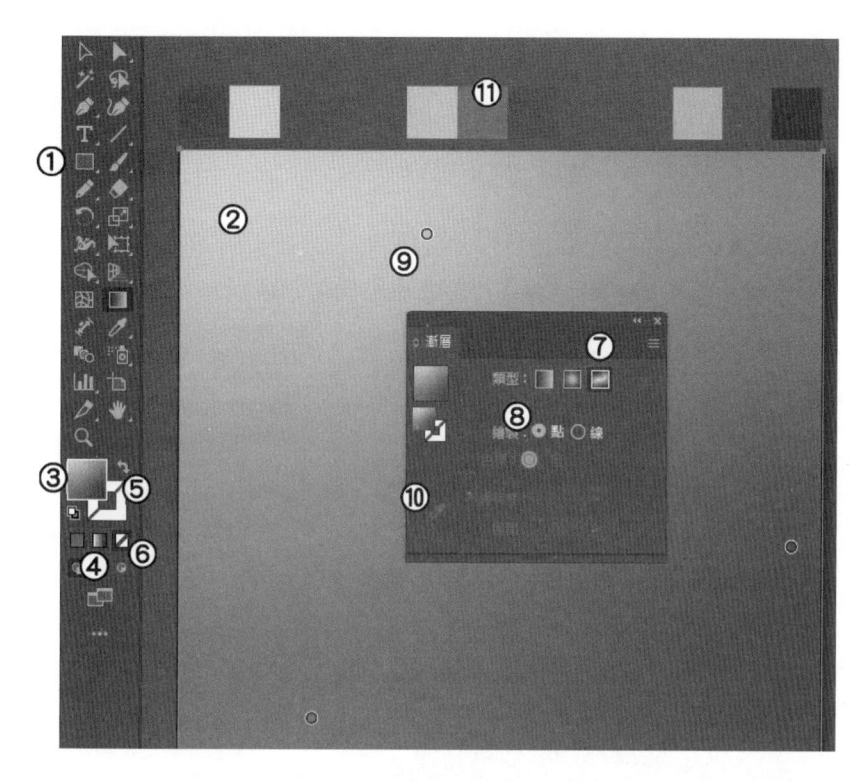

Step3 使用【工具列】/【鉛筆工具】，繪製數個不同形狀、大小的路徑，同時選取路徑及漸層矩形，利用【視窗】/【路徑管理員】面板，在【形狀模式】中，選擇「減去上層」，最後。利用【效果】/【風格化】/【製作陰影】面板，直接按下「確定」鈕。

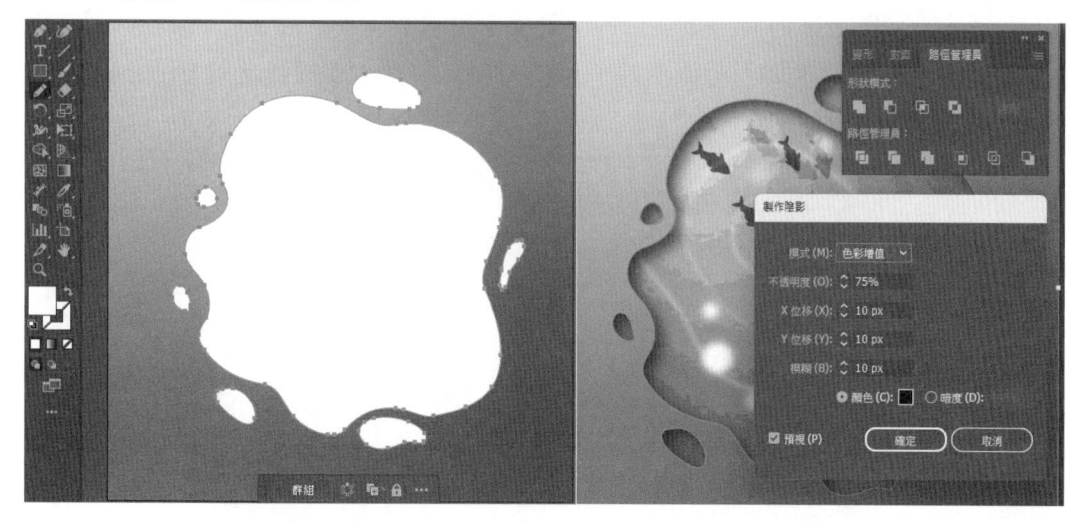

Step4 利用與「Step3」相同方式，再製作一個不規則簍空形狀，漸層填色套用右上角三個顏色色塊。

【208. 藍眼淚立體插畫】

208-5. 製作「cat」圖層及內容。

Step1　在【圖層】面板中，新增一個圖層並重新命名為「cat」，將版面左下角的貓咪圖形移動到「cat」圖層版面內。

Step2　使用【視窗】/【筆刷】面板，點選【面板選項鈕】/【開啟筆刷資料庫】/【藝術】/【藝術_粉筆炭筆鉛筆】，選擇【粉筆-圓角】。

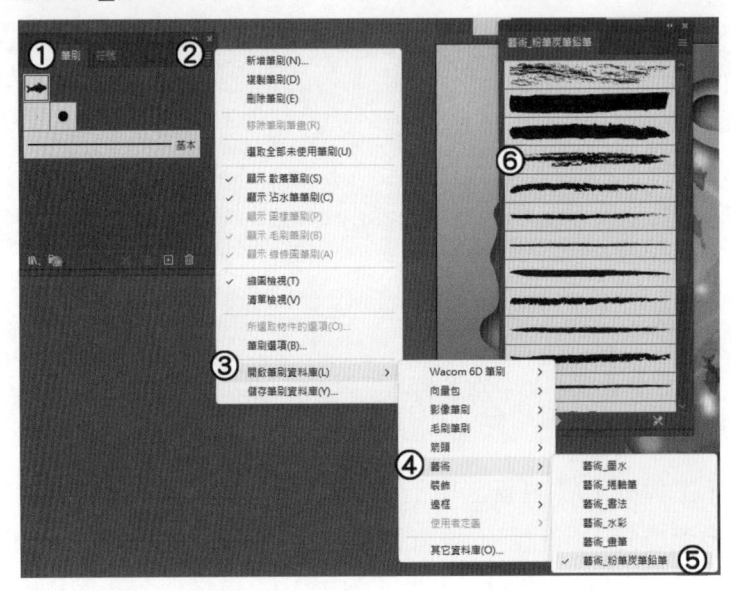

Step3　使用【工具列】/【繪圖筆刷工具】，設定【填色】為「無」、【筆畫】為「#615549」，在貓身下繪製斑紋，使用【視窗】/【透明度】，【漸變模式】設定成「重疊」，複製「貓咪路徑」，選取「貓咪路徑」及所有斑紋，利用【物件】/【剪裁遮色片】/【製作】，將貓身以外的筆刷隱藏。

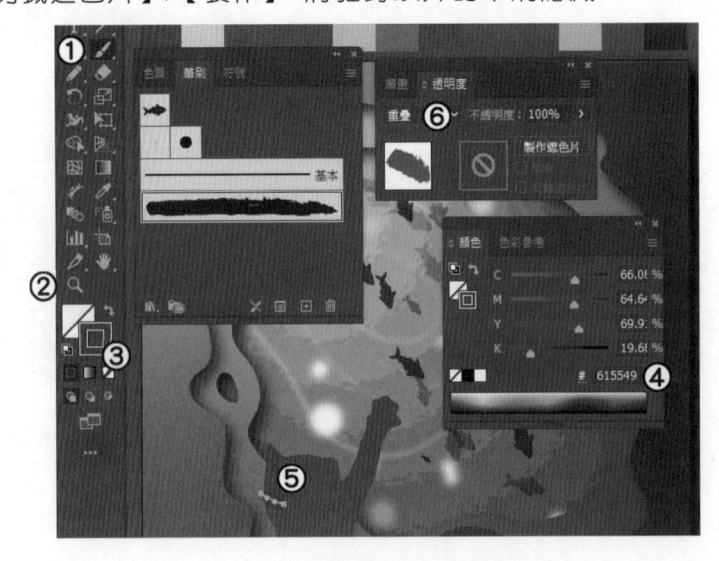

【208. 藍眼淚立體插畫】

Step4 使用【視窗】/【筆刷】面板,點選【面板選項鈕】/【開啟筆刷資料庫】/【邊框】/【邊框_框架】,選擇【松】。

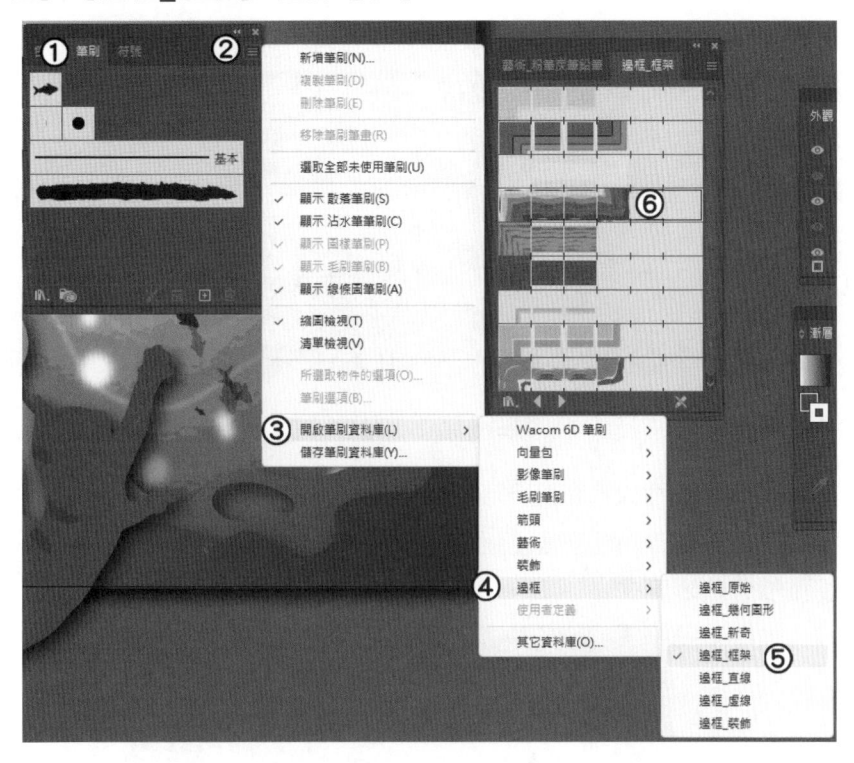

Step5 在【筆刷】面板中,點選「松」筆刷左鍵兩下,開啟設定面板,將【翻轉】中的「直向翻轉」、「橫向翻轉」都勾選,按下「確定」鈕。

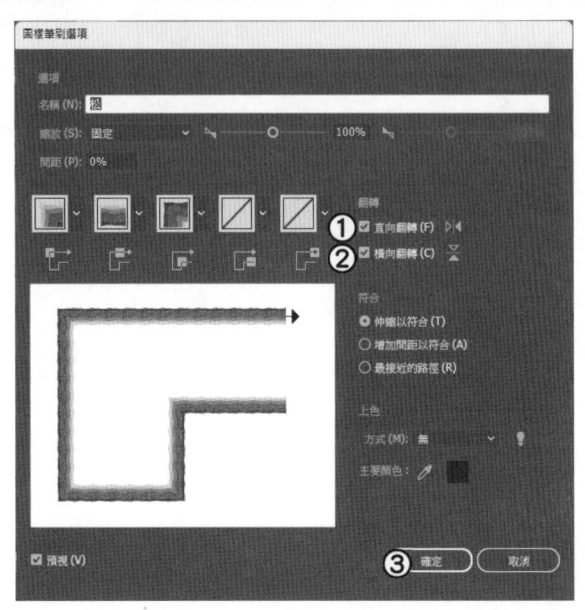

【208. 藍眼淚立體插畫】

Step6 使用【工具列】/【矩形工具】,先繪製一個矩形,設定【填色】為「無」、【筆畫】為「白色」套用「松」筆畫,利用【控制列】/【筆畫寬度】,設定成「2pt」,最後調整矩形大小。

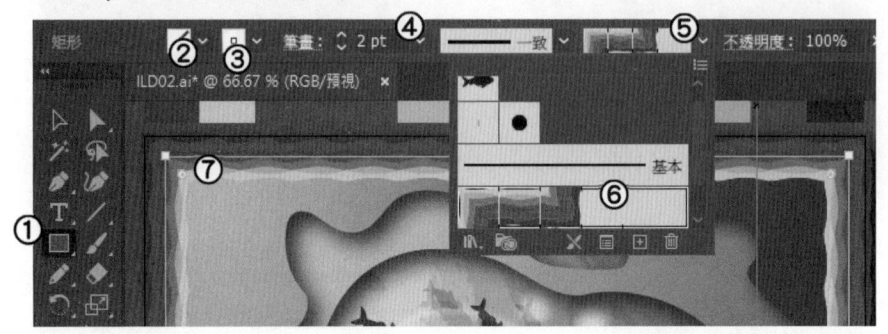

Step7 將「貓咪圖層」及「松邊框圖層」加上「陰影效果」。

Step8 繪製一個同版面大小的矩形,同時選取「矩形」、「貓咪圖層」、「松邊框圖層」,利用「矩形」作為【剪裁遮色片】,將「貓咪圖層」及「松邊框圖層」超出版面部分做隱藏。

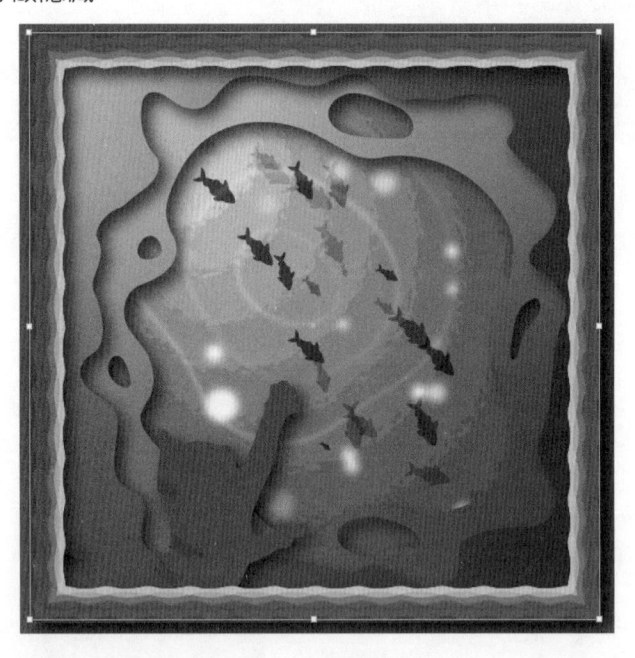

【208. 藍眼淚立體插畫】

209. TQC+

209-1. 複製及位移。

Step1　按下「開啟」鈕，選擇「ILD02.ai」。

Step2　使用【工具列】/【選取工具】，配合【Alt】+【左鍵拖曳】，複製「TQC+」的副本，並利用【視窗】/【對齊】，設【對齊至：】為「對齊工作區域」、【對齊物件】為「水平居中」及「垂直居中」。

Step3　選取「TQC+」，利用【物件】/【路徑】/【位移複製】，分別位移下列設定：
- 位移 5pt：【填色】為「無」、【筆畫】顏色為「color 色彩群組中的灰色」、【寬度】為「1pt」。
- 位移 -5pt：【填色】為「無」、【筆畫】顏色為「color 色彩群組中的深藍色」、【寬度】為「2pt」。
- 位移 -10pt：【填色】為「無」、【筆畫】顏色為「colo 色彩群組 r 中的灰色」、【寬度】為「1pt」。

> Note：每次偏移，都要以「橘色」的「TQC+」為偏移基準。

209-2. 分割區塊及合併區塊。

Step1 利用【工具列】/【線段區段工具】，在版面中繪製四條直線，筆畫寬度為「1pt」、顏色為「color 色彩群組中的灰色」。

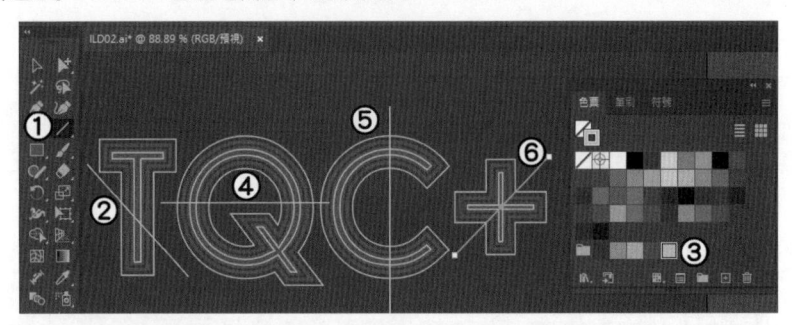

Step2 複製「灰色」線段，利用【工具列】/【群組選取工具】，分別選擇「複製灰色線段」及「輪廓線」（或文字複合路徑），再使用【視窗】/【路徑管理員】/【分割】，將「文字」依照「線段」做分割。

> **Note** 依照參考答案，灰色直線在每個文字處，要複製四次（共五條），分別針對「5pt」、「-5pt」、「-10pt」及「紅色文字」進行分割，這樣才能確保其他輪廓線會去切割到紅色文字。

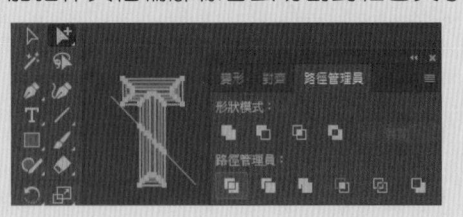

Step3 使用【工具列】/【群組選取工具】，參考下圖，選取裁切後不需要的路徑，按下「Delete」鍵刪除。

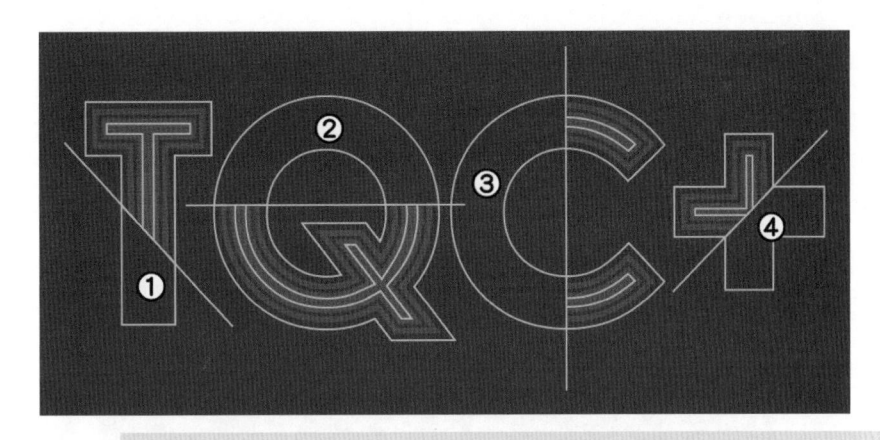

只保留最外部輪廓填入【基本圖樣_直線】即可。

Step4 使用【色票】/【面板選項鈕】/【開啟色票資料庫】/【圖樣】/【基本圖樣】/【基本圖樣_直線】，選擇「10 lpi 50%」。

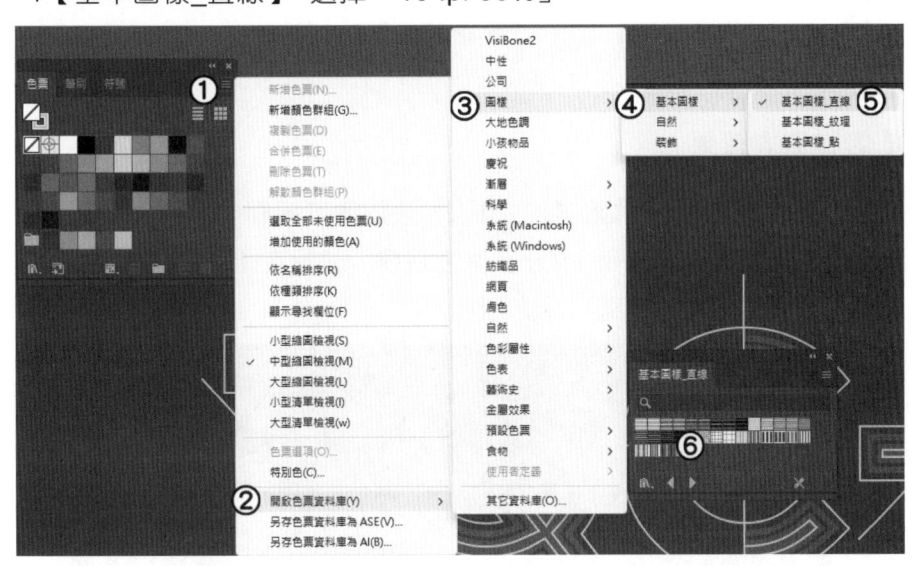

Step5 利用【工具列】/【群組選取工具】選取欲套用的範圍，設定【填色】為「10 1pi 50%」、【筆畫】為「無」，再利用【工具列】/【旋轉工具】，設定【角度】為「45°」、【選項】為取消「變形物件」、勾選「變形圖樣」，按下「確定」鈕。

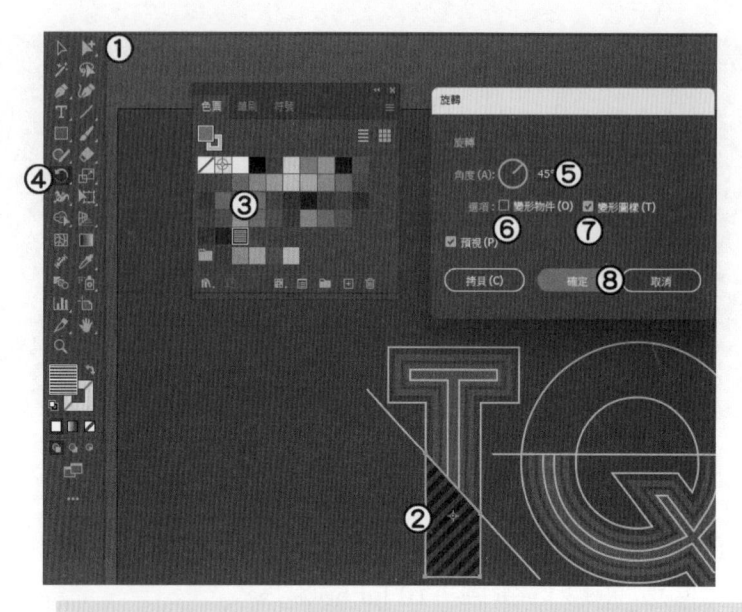

Note：填入【圖樣】之後，【筆畫】設定成「無」。

209-3. 製作漸變效果。

Step1　利用【工具列】/【群組選取工具】，分別選取版面中「紅色文字」路徑，配合【Alt】+【左鍵拖曳】，分別複製路徑，並設定【填色】為「color色彩群組中的深藍色」、【筆畫】為「無」。

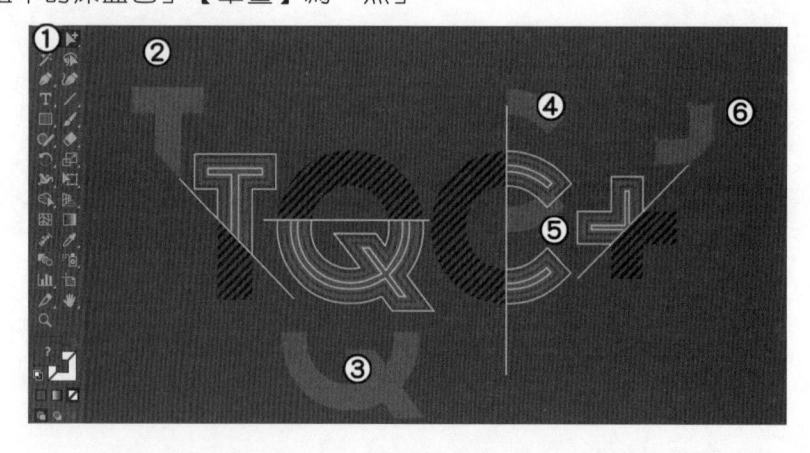

Step2　利用【工具列】/【漸變工具】，設定間距為「指定階數：200」，分別點選「紅色」及「深藍色」路徑，並在【圖層】面板中，調整【漸層圖層】在最下層。

> **Note** 製作漸變效果前,建議先「解散群組」同時把分割時候的輪廓框刪除,主要以「Q」及「C」的文字。

漸變效果建議紅色路徑在上層,藍色路徑在下層。

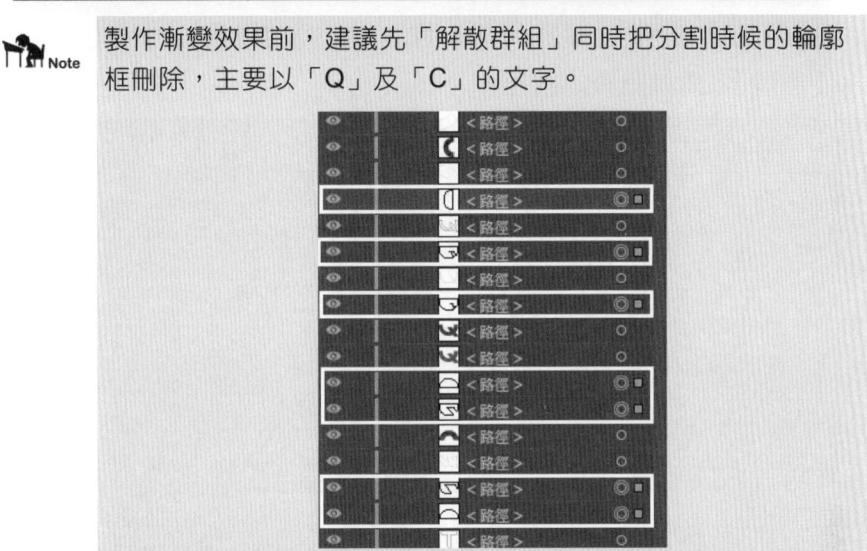

209-4. 設定文字背景。

Step1 在【圖層】面板中,在【title】圖層下方,新增【shifting text】圖層,並將【title】圖層中的紅色「TQC+」標題文字,複製到【shifting text】圖層中。

Step2 利用【工具列】/【選取工具】,選取【shifting text】圖層的「TQC+」紅色文字,配合【Alt】+【左鍵拖曳】複製路徑兩個,分別設定【填色】為「color色彩群組中的藍色」及「color色彩群組中的綠色」、【筆畫】為「無」。

Step3 利用【工具列】/【線段區段工具】,繪製數個「線段」,使用【視窗】/【筆畫】設定【寬度】為「10pt」、端點為「圓端點」,再使用【工具列】/【矩形工具】,繪製數個【寬度】為「10pt」、【高度】為「10pt」、【填色】為「color 色彩群組中的藍色」及「color 色彩群組中的綠色」,並全部利用【物件】/【展開】,將線段轉成路徑。

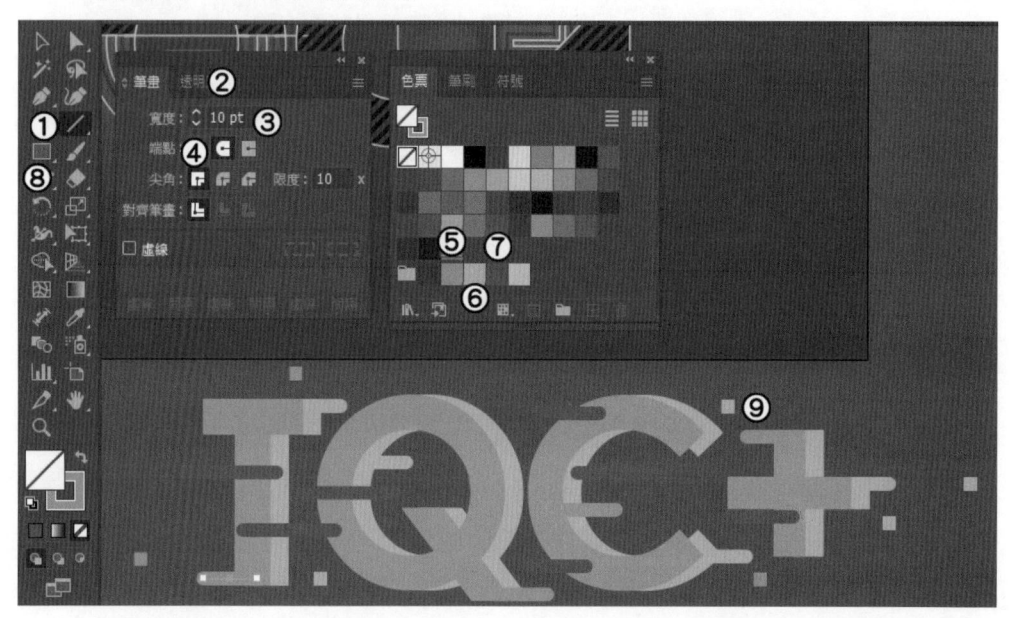

Step4 利用【視窗】/【路徑管理員】面板,將上一步驟建立的形狀,利用【聯集】、【減去上層】或【分割】,將線段及文字結合。

Step5 利用【工具列】/【選取工具】,將「文字背景」移動到相對位置。

210. Skyscraper in City

210-1. 建立背景

Step1　點選「新檔案」,選擇「網頁」標籤,檔案名稱輸入「ILA02」,寬度設定為「2732px」、高度設定為「4096px」,按下「建立」鈕。

Step2　使用【檔案】/【置入】功能,取消【連結】選項,將「Skyscraper.jpg」置入,再利用【工具列】/【旋轉工具】,設定【角度】為「90°」,按下「確定」鈕,最後調整圖片位置及大小與版面相同。

Step3　在【圖層】面板中,新增「GuideLine」圖層,利用【工具箱】/【線段區段工具】,設定【填色】為無、【筆畫】為「紅色」,參考大樓邊緣繪製四條直線,其交點就是消失點位置。

【210. Skyscraper in City】

210-2. 分割區塊及合併區塊。

Step1　利用【檢視】/【透視格點】/【單點透視】/【﹝單點－一般檢視﹞】，在版面中建立一個「單點透視網格」，並參考紅色輔助線調整透視網格中心與透視角度位置。

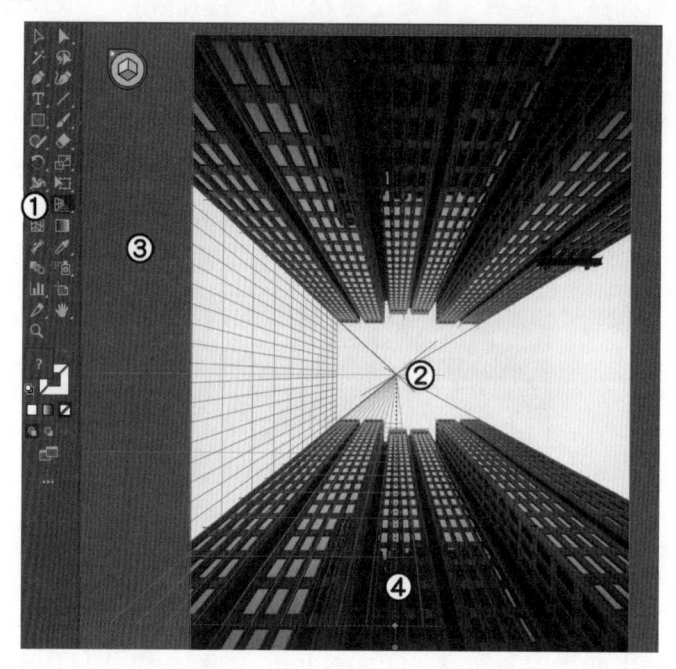

Step2　利用【檢視】/【透視格點】/【定義格點】，選擇【水平格線】後方色塊，選擇「酒紅色」，按下兩次「確定」鈕。

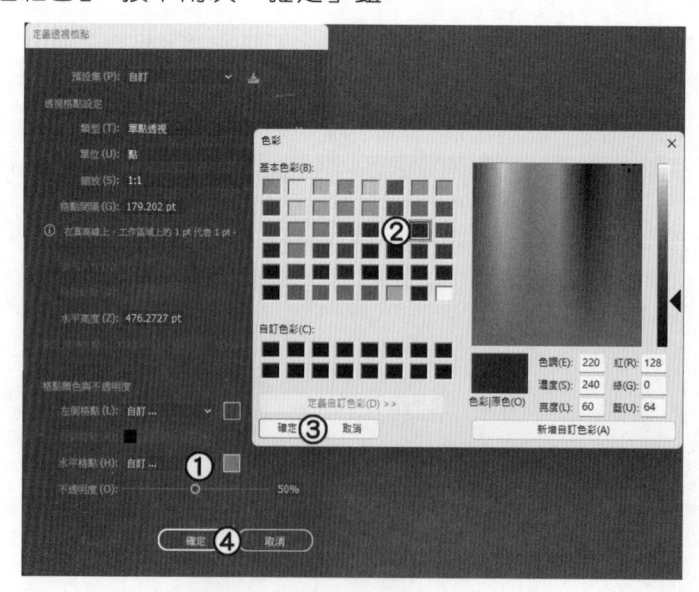

【210. Skyscraper in City】

210-3. 製作建築物窗戶。

Step1 在圖層面板中新增「AllBuildings」圖層，先利用【工具列】/【透視選取工具】，在【「平面切換」Widget】中選擇「水平格線」平面，再利用【工具列】/【矩形工具】，設定【填色】為「#ddffff」、筆畫為「無」，在版面窗戶處繪製一個「透視矩形」。

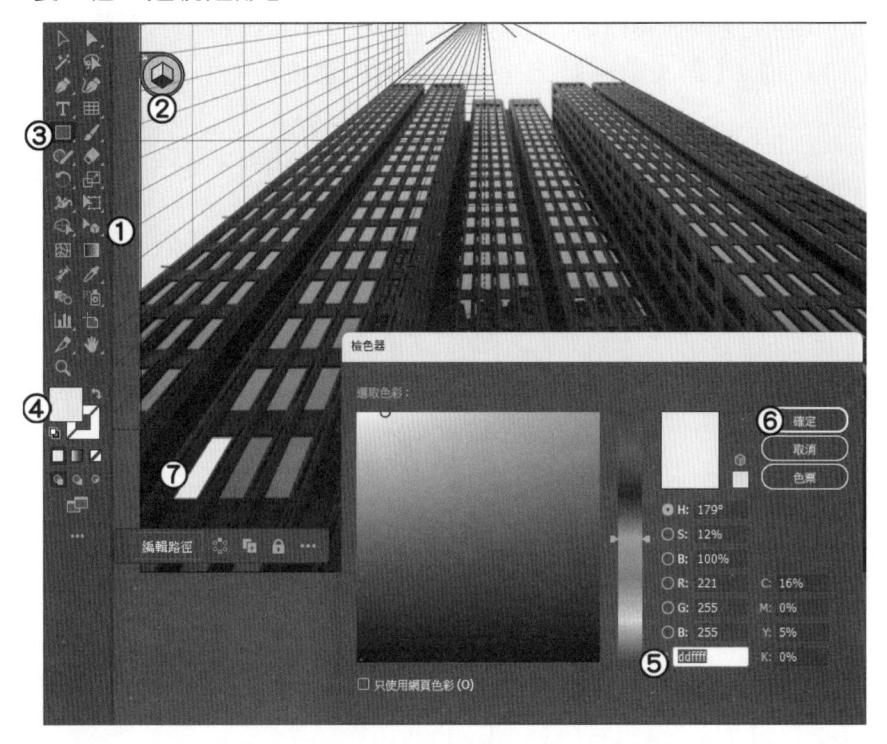

Step2 利用【工具列】/【透視選取工具】，先將「透視矩形」下移，接著配合「Alt」＋「Shift」組合鍵，往上複製「透視矩形」，接著利用【物件】/【變形】/【再次變形】，往上偏移複製「透視矩形」(約 23 次)。

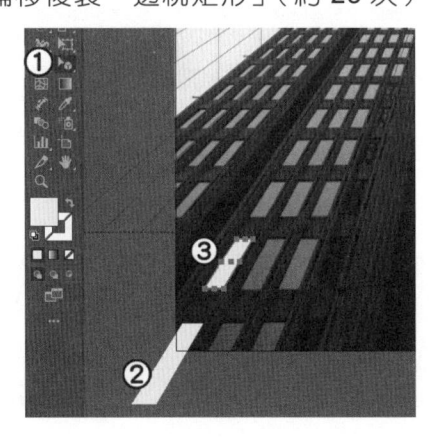

【210. Skyscraper in City】

> Note 【再次變形】可以利用「Ctrl」+「D」組合鍵快速執行。

Step3　在【圖層】面板中，將複製的路徑選取後，利用【物件】/【建立群組】，群組名稱為「Windows」。

Step4　同樣利用【工具列】/【透視選取工具】，選取「Windows」群組，接著配合「Alt」+「Shift」組合鍵，往右側複製「Windows」群組，接著利用【物件】/【變形】/【再次變形】，往右偏移複製「透視矩形」（約 2 次）。

Step5　在【圖層】面板中，將複製的四個「Windows」群組選取後，利用【物件】/【建立群組】，群組名稱為「Building」。

Step6　利用【工具列】/【透視選取工具】，選取「Building」群組，接著配合「Alt」+「Shift」組合鍵，將「Building」群組複製（約 5 次），並調整位置。

【210. Skyscraper in City】

Step7 重複相同操作方式，在【「平面切換」Widget】中選取「左側格線」平面，選取「左側格線」，將「側邊窗戶」，矩形填色設定為「#88cccc」，利用【工具列】/【透視選取工具】及「Alt」+「Shift」組合鍵，將「Windows2」群組及「SideBuilding」群組製作出來。

210-4. 製作牆面及鏡射效果。

Step1 在【圖層】面板【AllBuildings】圖層中，利用【工具列】/【矩形工具】，分別在建築物正面、側面及暗面，繪製矩形（記得切換左側格線與水平格線），建築物正面、側面及暗面的填色分別設定為「#ffaa22」、「#cc6600」及「#992200」。

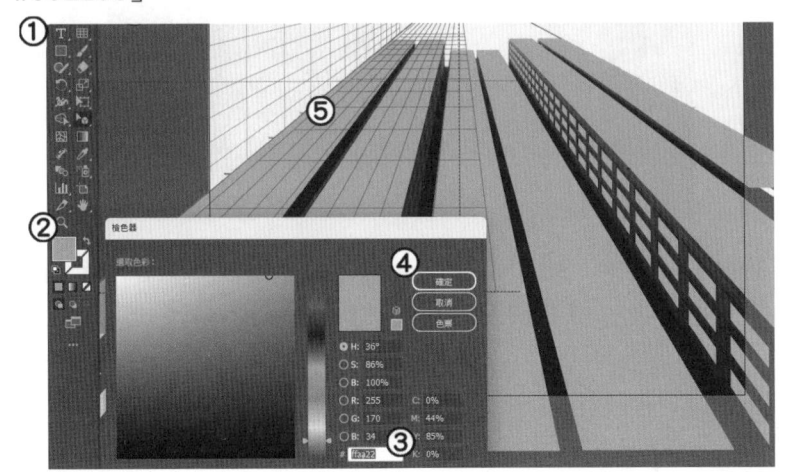

【210. Skyscraper in City】

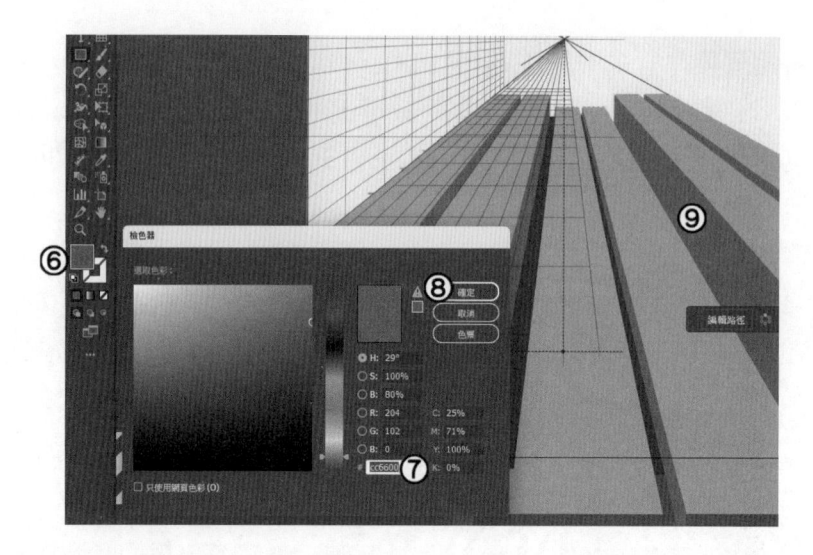

Step2 選取「SideBuilding」、「Building」、「牆面」圖層,利用【工具列】/【鏡射工具】,按住【Alt】鍵,點選「透視中心點」,設定【座標軸】為「水平」按下「拷貝」鈕。

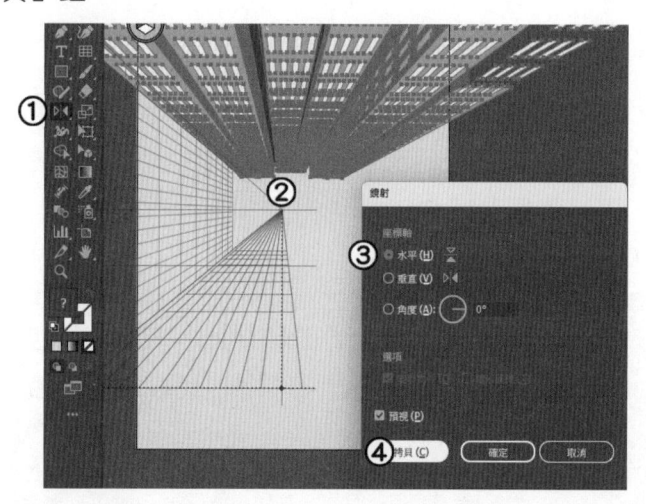

Step3 在【圖層】面板中,將繪製的矩形調整最後一個「Building」圖層下方,並將所有牆體路徑建立群組,群組名稱為「Walls」。

Step4 在【圖層】面板「Walls」圖層下方,利用【工具列】/【矩形工具】,【填色】設定為「#ccf3f0」、筆畫為「無」,繪製一個同版面大小的矩形,將矩形利用【物件】/【建立群組】功能,群組名稱為「Background」。

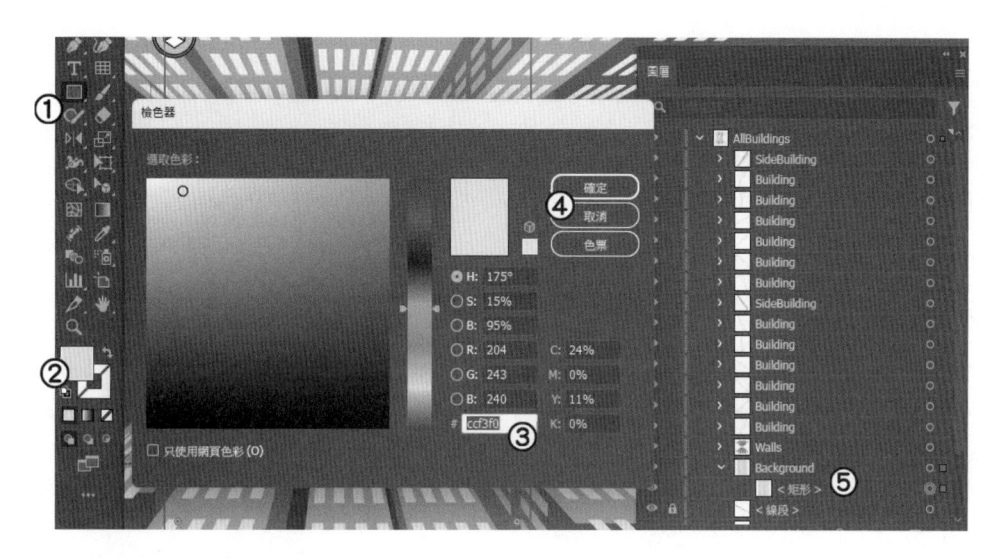

Step5 複製「Background」圖層中的矩形,移動到最上層,作為【AllBuildings】圖層下方所有圖層的「剪裁遮色片」,將版面以外的路徑隱藏。

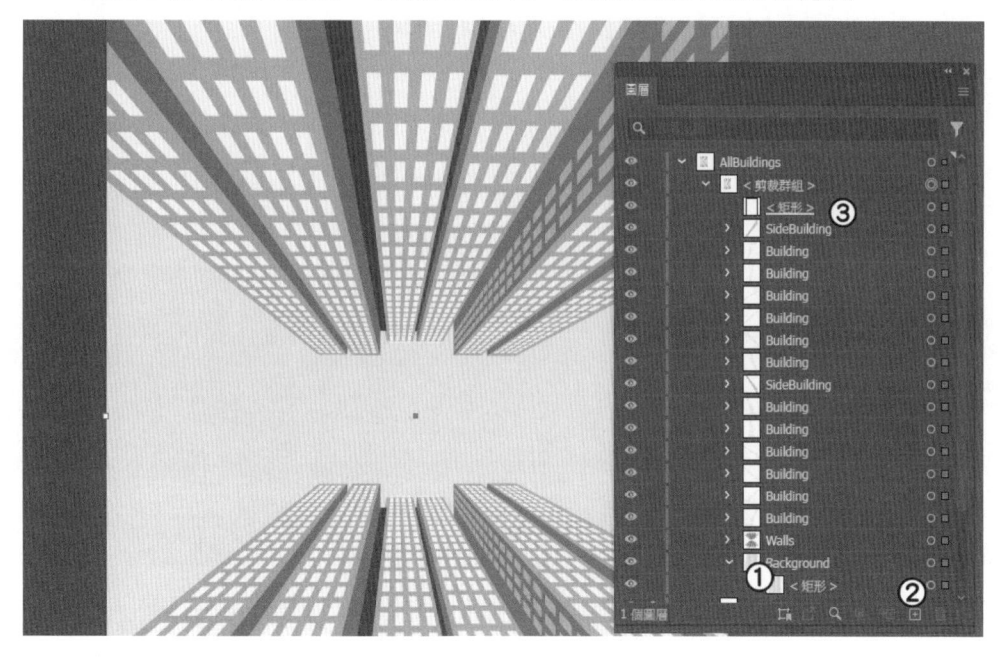

210-5. 製作文字層。

Step1 在【圖層】面板中新增【Title】圖層,利用【工具列】/【文字工具】,在版面中輸入「Top Quality City World Expo」字串,【字體】設定為「Impact」、【字體大小】設定為「340pt」、【填色】設定為「#2ec4b6」、【段落對齊】設定為「置中」。

【210. Skyscraper in City】

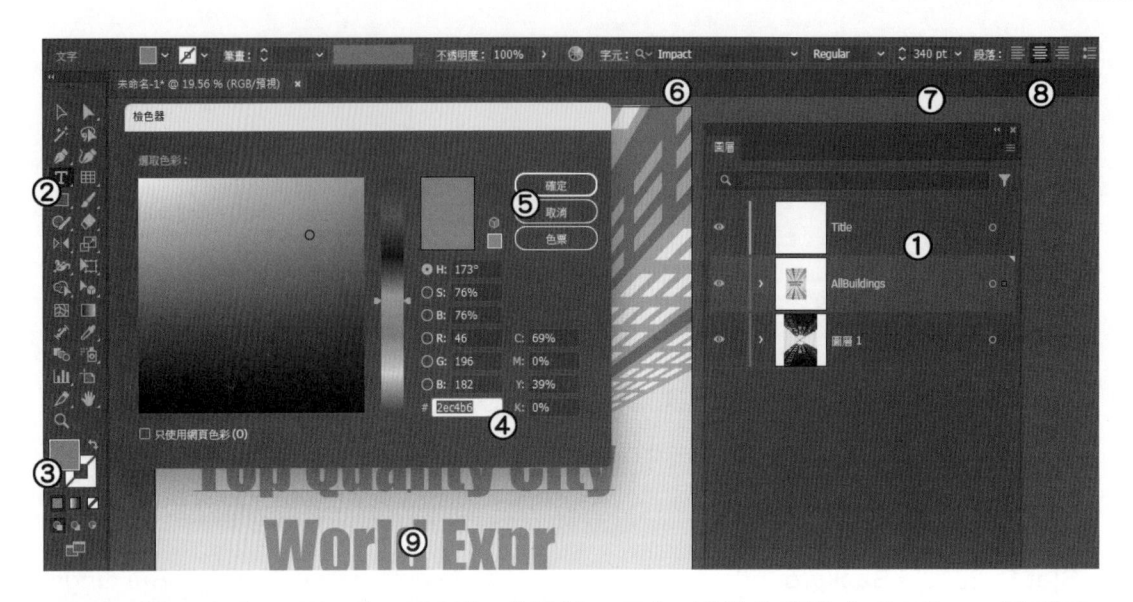

Step2 選取文字，利用【工具列】/【傾斜工具】，傾斜角度設定「15°」，再利用【工具列】/【旋轉工具】，角度設定「15°」。

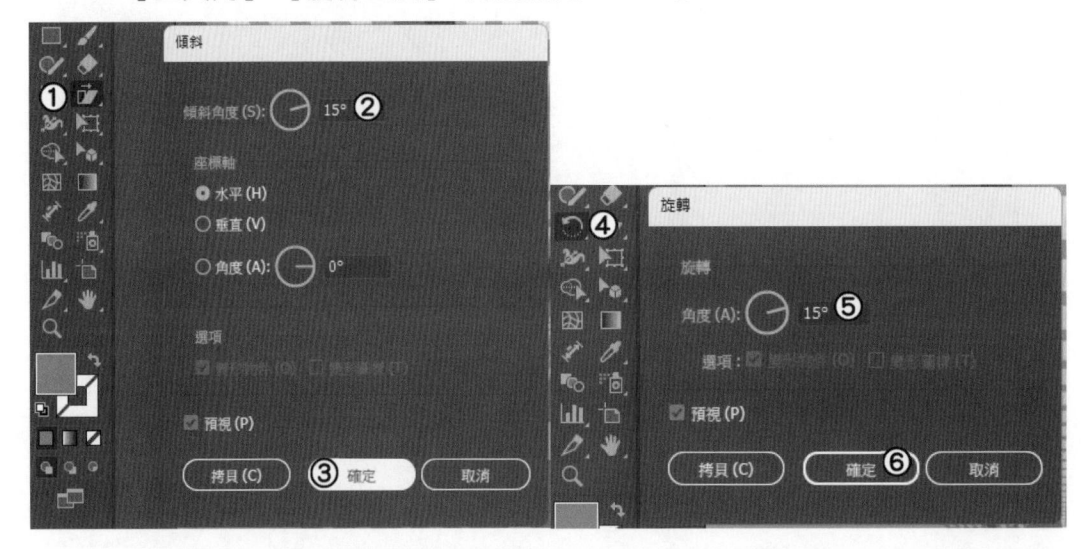

Step3 複製文字，選擇下層文字圖層，利用【文字】/【建立外框】，將文字轉路徑，再利用【物件】/【複合路徑】/【製作】，將文字路徑轉換成單一複合路徑。

Step4 選取「複合路徑」的文字，設定【填色】及【筆畫】皆為「#7f47dd」，筆畫寬度設定為「20pt」。

【210. Skyscraper in City】

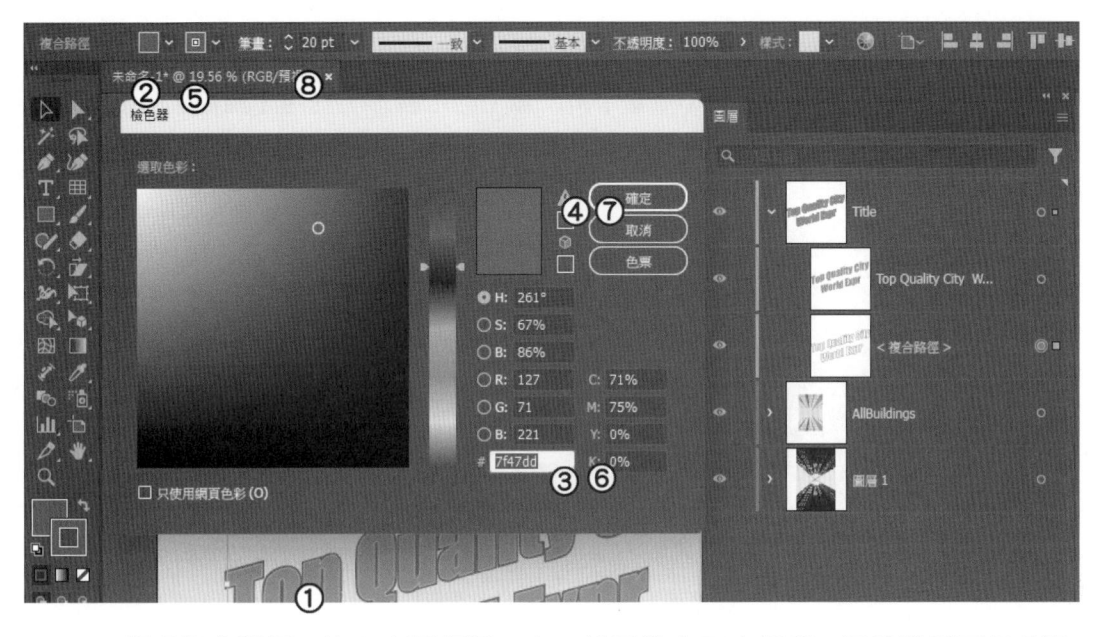

Step5 將「複合路徑」的文字再複製一次,並且往右下方偏移,同時選擇兩個「複合路徑」的文字,利用【物件】/【漸變】/【製作】,建立文字的立體效果。

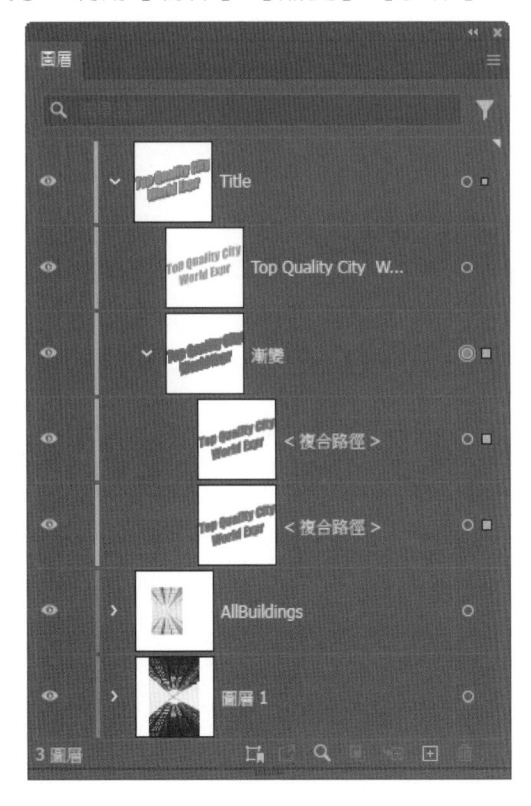

【210. Skyscraper in City】

Step6 利用【工具列】/【橢圓形工具】,在版面上繪製一個「1200*1200px」大小、【填色】為「白色」、【筆畫】為「無」的正圓形,利用【視窗】/【透明度】面板,設定【不透明度】為「70%」,再使用【效果】/【模糊】/【高斯模糊】,設定【半徑】為 80 像素,最後將圓形移動至「漸變文字」圖層下方。

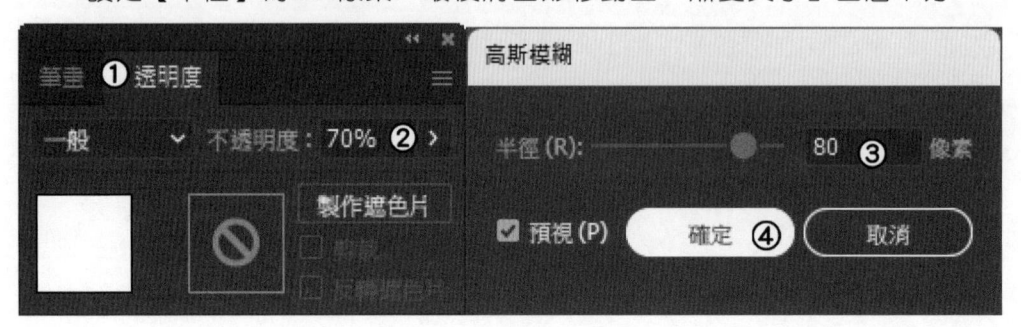

第三類

圖文整合設計能力

301. Space
302. Flashlight
303. 積木名畫
304. Sugar Market Share
305. THE DREAM
306. 音樂活動入場券設計
307. 花卉展覽海報設計
308. 診所名片
309. 郵票
310. 幼兒園圖表 DM

301. Space

301-1. 設定背景影像。

Step1 按下【開啟】鈕,選擇「ILD03.ai」檔案,按下「開啟」鈕

Step2 使用【工具列】/【矩形工具】,在版面上繪製一個同版面大小的矩形,設定【筆畫】為「無」、【填色】為【色票】面板中的「blue bg」,再利用【視窗】/【漸層】,設定【類型】為「放射性漸層」,並利用【工具列】/【漸層工具】,調整漸層範圍。

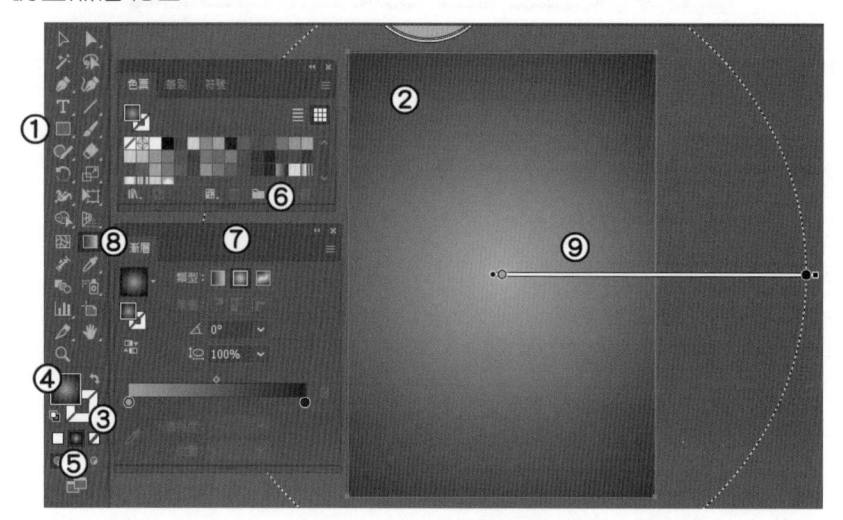

Step3 使用【工具列】/【矩形工具】,在版面上繪製一個小矩形,設定【筆畫】為「無」、【填色】為【色票】面板中的「blue bg」,再利用【視窗】/【漸層】,設定【類型】為「放射狀」,並利用【工具列】/【漸層工具】,調整漸層範圍。

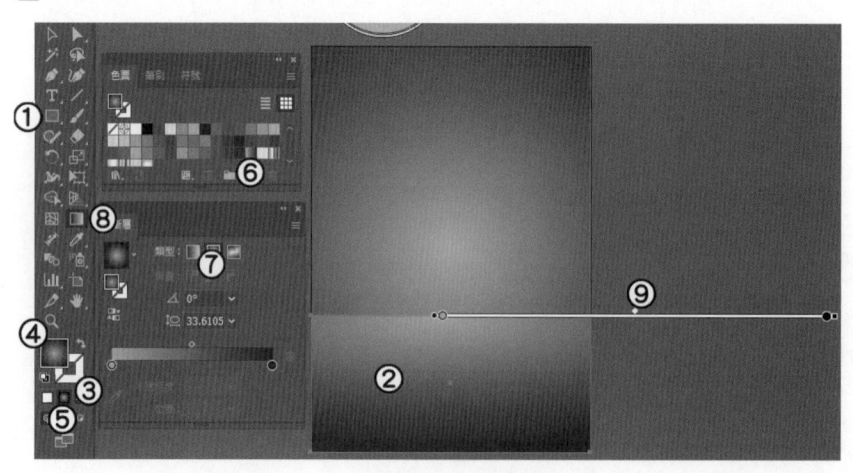

【301. Space】

Step4 選取下半部分矩形，使用【工具列】/【鏡射工具】，設定【座標軸】為「水平」，按下「拷貝」鈕，最後使用【工具列】/【選取工具】將拷貝的矩形移動至版面上方。

301-2. 設定矩形格線。

Step1 使用【工具列】/【矩形格線工具】，建立一個【寬度】為「21cm」、【高度】為「10cm」、【水平分隔線】為「20」、【垂直分隔線】為「30」，按下「確定」鈕，建立出「白色」筆畫的矩形格線。

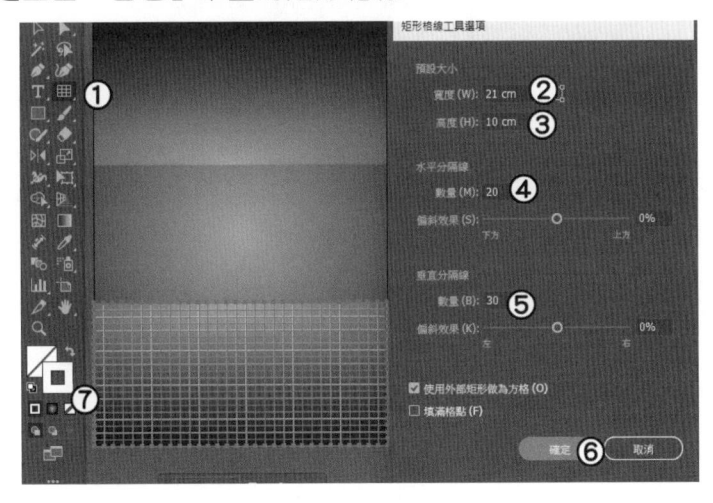

Step2 使用【工具列】/【任意變形工具】/【透視扭曲】，將【格線】設定為「透視狀」。

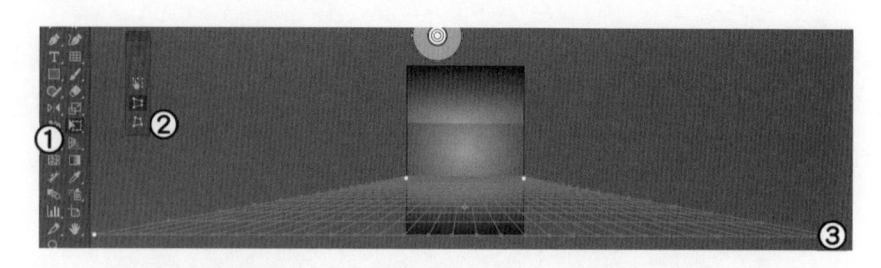

Step3 使用【物件】/【展開】，將【展開】選項中勾選「筆畫」，按下「確定」鈕，並利用【漸層】面板，設定【類型】為「放射狀」、【填色】為「白色至白色透明」、【角度】為「-90°」，使用【漸層工具】由「格線上緣中間」填滿至「格線下緣中間」。

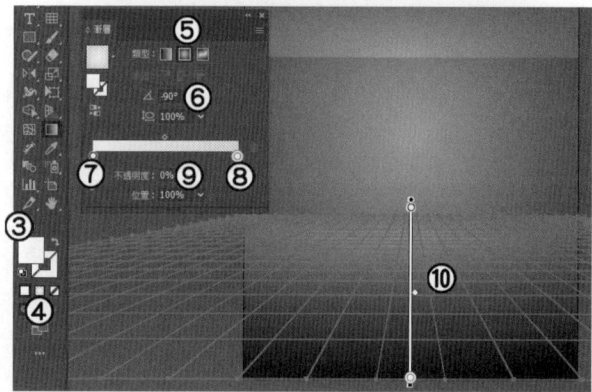

Step4 選取「格線」，使用【效果】/【風格化】/【外光暈】，設定【模式】為「白色-濾色」、【不透明度】為「75%」、【模糊】為「0.2cm」，按下「確定」鈕。

【301. Space】

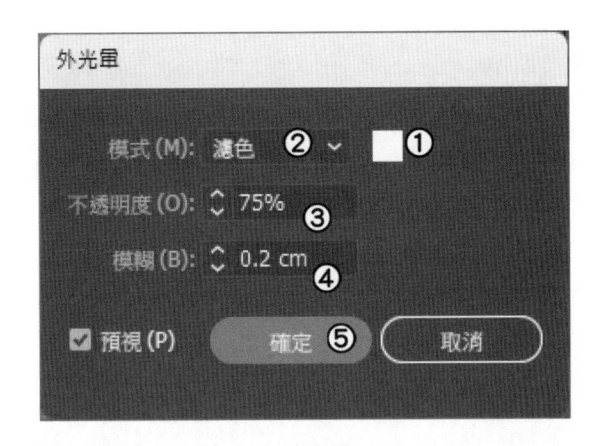

Step5 選取「格線」，使用【工具列】/【鏡射工具】，以版面正中央為準，利用【Alt】+【左鍵一下】，設定【座標軸】為「水平」，按下「拷貝」鈕建立副本。

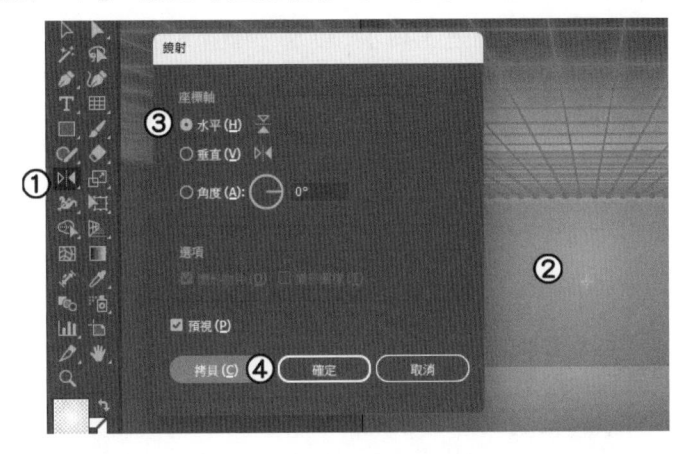

301-3. 設定光碟效果。

Step1 使用【圖層】面板，「由下往上」設定八個圓形的【填色】，設定值如下：
- 第一個圓形：【填色】為「disk1」、【筆畫】為「無」。
- 第二個圓形：【填色】為「disk2」、【筆畫】為「無」。
- 第三個圓形：【填色】為「disk3」、【筆畫】為「無」。
- 第四個圓形：【填色】為「disk4」、【筆畫】為「無」。
- 第五個圓形：【填色】為「disk2」、【筆畫】為「無」。
- 第六個圓形：【填色】為「disk5」、【筆畫】為「無」。
- 第七個圓形：【填色】為「disk1」、【筆畫】為「無」。
- 第八個圓形：【填色】為「disk6」、【筆畫】為「無」。

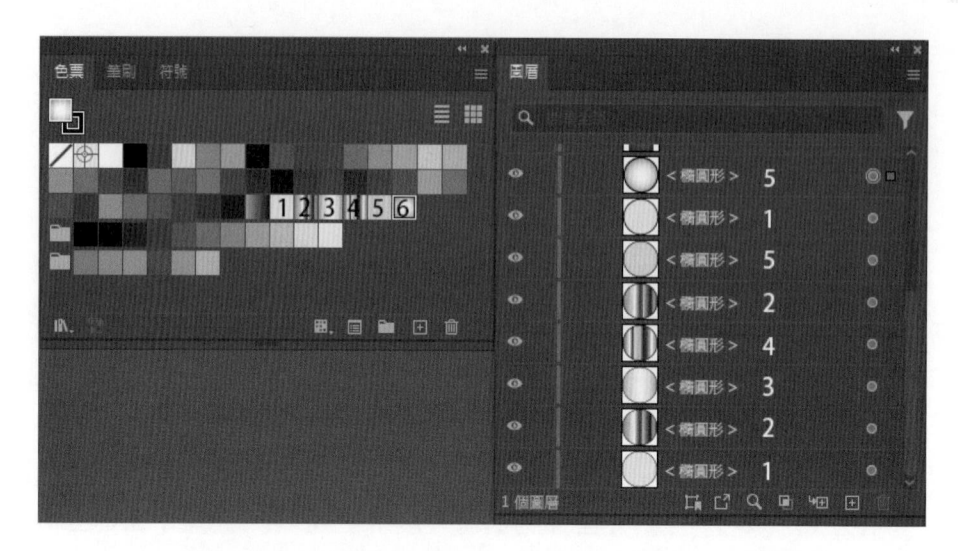

Step2 再使用【工具列】/【漸變工具】，設定【間距】為「指定階數：50」，按下「確定」鈕後，分別點選「第三個圓」及「第四個圓」，建立漸變效果。

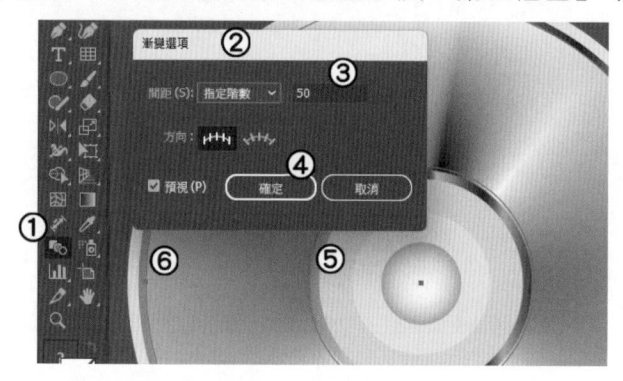

Step3 使用【工具列】/【選取工具】，群組八個圓型並旋轉「光碟元素」，再使用【工具列】/【任意變形工具】/【任意變形】，將「正圓形」調整成「橢圓形」並且移動至版面中（注意圖層順序）。

301-4. 設定三角形圖形。

Step1　使用【工具列】/【多邊形工具】，在版面上繪製一個【半徑】為「9cm」、【邊數】為「3」，按下「確定」鈕，設定【填色】為「R:27、G:20、B:100」、【筆畫】為「無」的三角形，並使用【工具列】/【選取工具】旋轉角度。

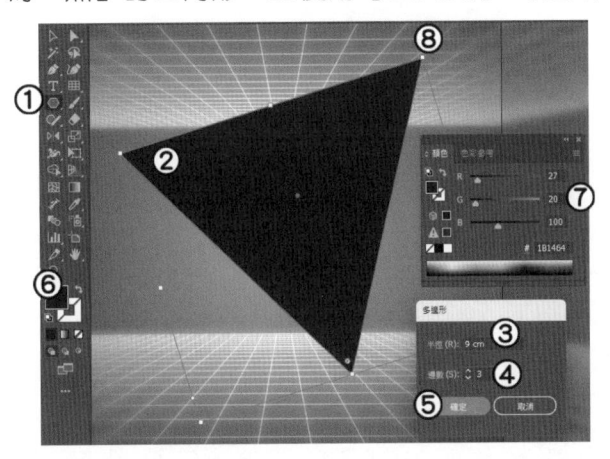

Step2　使用【外觀】面板，設定【筆畫】為「15pt」、【筆畫顏色】為「白色到透明的線性漸層」、【對齊筆畫】為「筆畫外側對齊」。

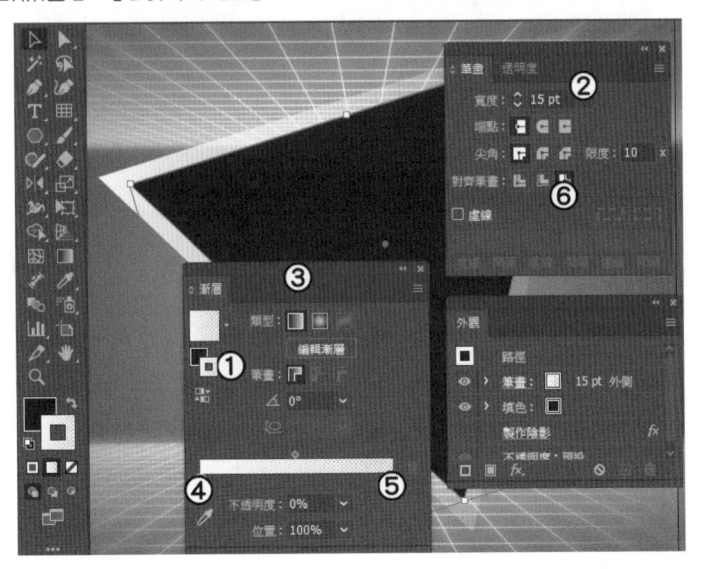

Step3　在【外觀】面板中「新增筆畫」，設定【筆畫】為「30pt」。

【301. Space】

Step4 將「三角形」移至「光碟元素」圖層下方，選取「光碟元素」，使用【檢視】/【透明度】，按下「製作遮色片」鈕，建立「遮色片」。

Step5 選擇「遮色片」，使用【工具列】/【鋼筆工具】，繪製一個涵蓋「光碟元素」的「白色多邊形」(記得最後選取「光碟元素」)。

301-5. 加入反光效果。

Step1 使用【工具列】/【反光工具】，在「光碟元素」上方「左鍵一下」，設定值可以參考下表所示：

居中	光暈
直徑：100pt。 不透明度：50%。 亮度：30%。	增大：20%。 模糊度：50%。
放射線	光環
數量：15。 最長：300%。 模糊度：100%。	路徑：441pt。 數量：10。 最大：50%。 方向：237°。

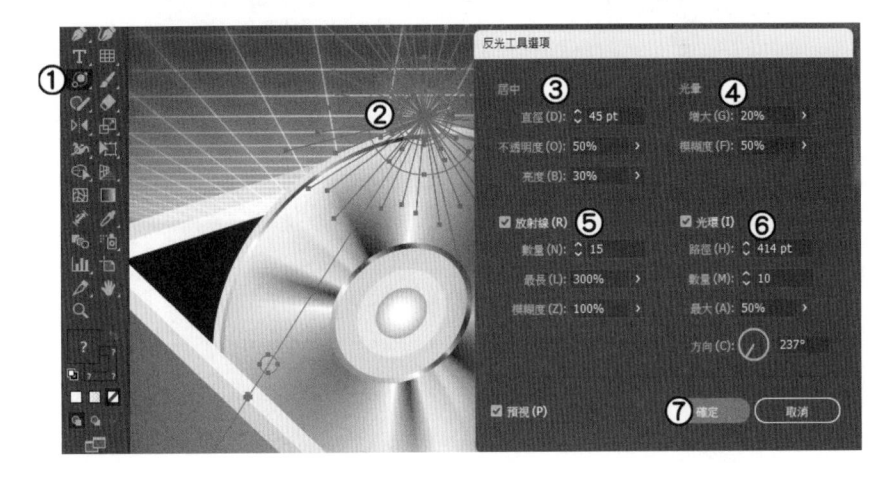

Step2　按下「確定」鈕，完成設定。

302. Flashlight

302-1. 處理線條。

Step1　按下【開啟】鈕，選擇「ILD03.ai」檔案。

Step2　使用【工具列】/【選取工具】，全選路徑，並利用【視窗】/【筆畫】，設定【寬度】為「1.5pt」。

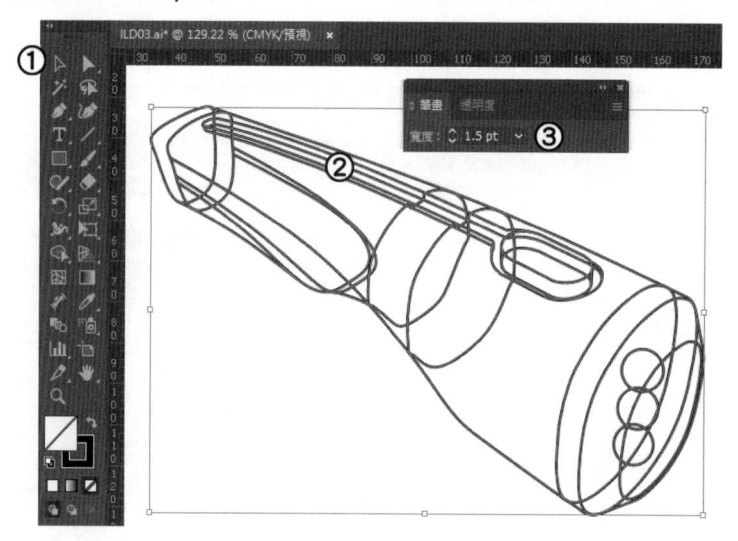

Step3　保持全選路徑，使用【工具列】/【形狀建立程式工具】，參考展示檔，將多餘的路徑合併成單一路徑。

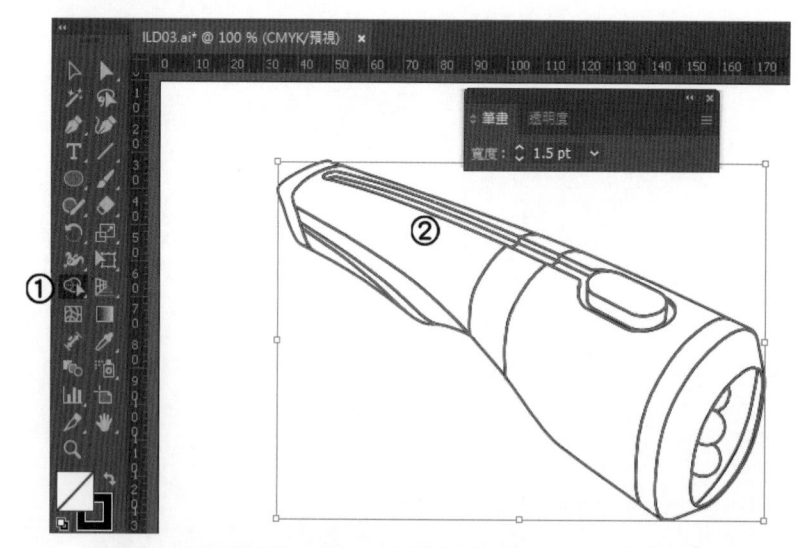

> Note：路徑下方與左上角有兩個錨點沒有結合，可以利用【物件】/【路徑】/【合併】，將錨點結合。

【302. Flashlight】

Step4　使用【視窗】/【面板】功能，將多餘的路徑刪除。

302-2.　填入漸層色票及陰影。

Step1　使用【視窗】/【色票】面板，利用【面板選項紐】/【開啟色票資料庫】/【漸層】/【大地色調】，開啟「大地色調」色票面板。

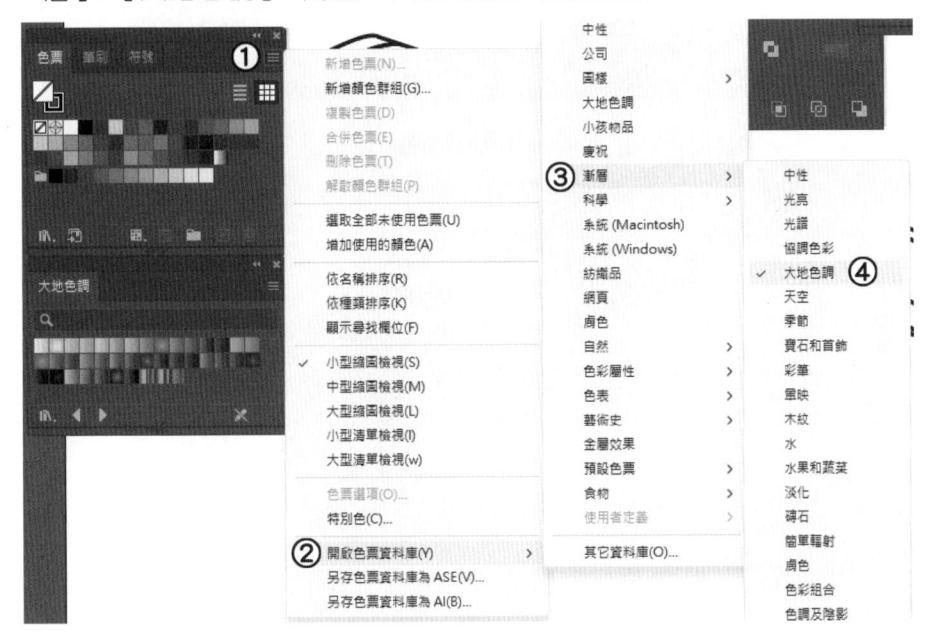

Step2　全選路徑，使用【工具列】/【即時上色油漆桶】工具，參考下方「大地色調」色票編號，依序填入相對路徑。

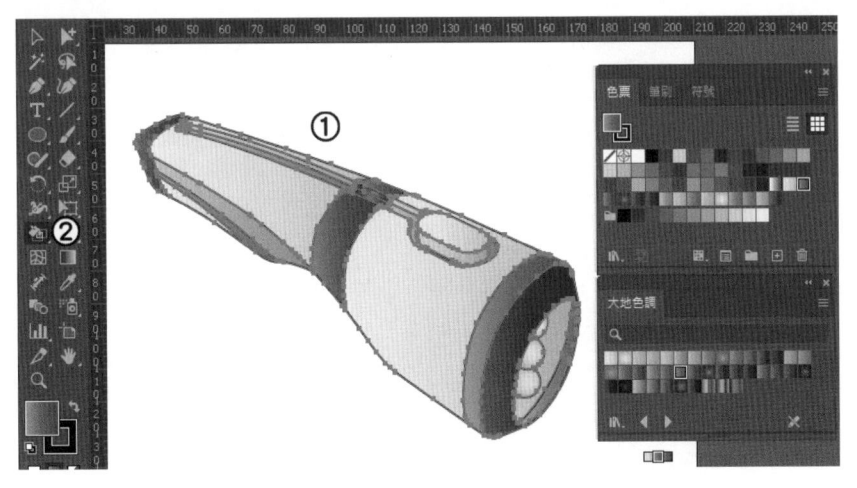

【302. Flashlight】

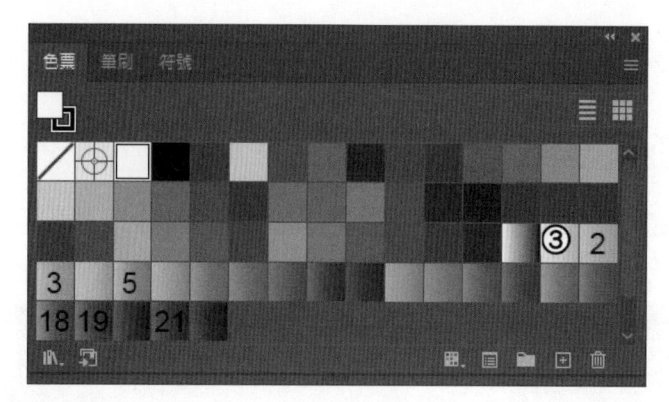

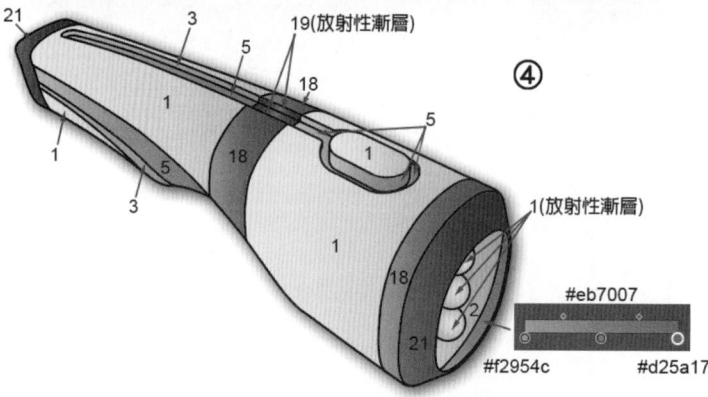

Step3 使用【效果】/【風格化】/【製作陰影】,【模糊】設定為「色彩增值」、【不透明度】設定為「75%」、【X位移】設定為「1mm」、【Y位移】設定為「1mm」、【模糊】設定為「1.7mm」,按下「確定」鈕。

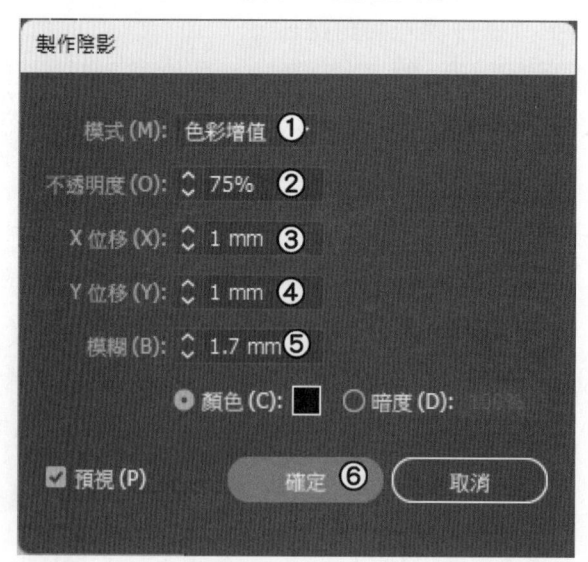

【302. Flashlight】

302-3. 設定文字及線稿。

Step1　將「Three View」圖層顯示，先將「上視圖」及「右視圖」刪除，全選路徑，使用【工具列】/【形狀建立程式工具】，參考展示檔，將多餘的路徑合併成單一路徑，最後使用【群組選取工具】，刪除多於線段。

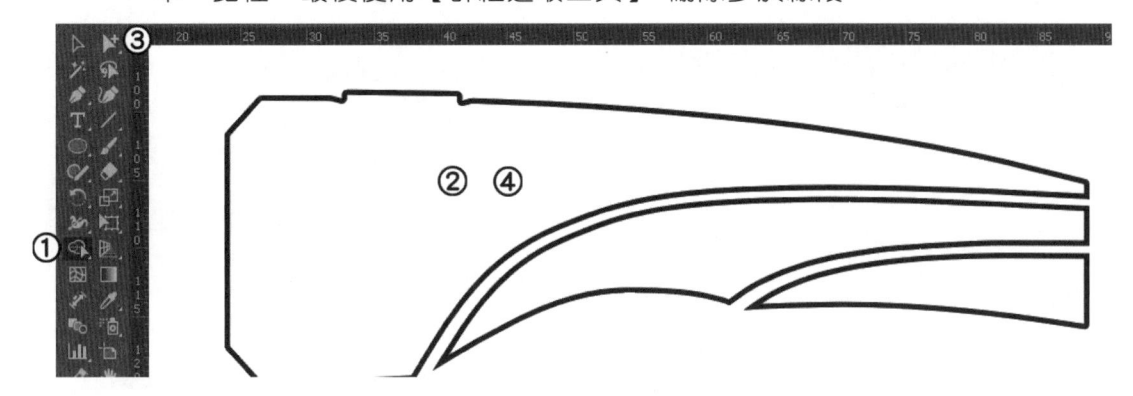

Step2　使用【工具列】/【文字工具】，在版面上輸入「Flashlight」字串，開啟【視窗】/【文字】/【字元】面板，設定【字體】為「Arial Regular」、大小為「40pt」。

Step3　使用【視窗】/【繪圖樣式】，開啟【繪圖樣式面板選項紐】/【開啟繪圖樣式資料庫】/【照亮樣式】面板，選擇「鉻黃高光」樣式，分別填入至文字及下方路徑曲線。

Step4　選擇文字，使用【物件】/【封套扭曲】/【以彎曲製作】，【樣式】選擇「下弧形」、【彎曲】設定為「-15%」、【水平】設定為「20%」，按下「確定」鈕。

【302. Flashlight】

Step5 使用【工具列】/【直接選取工具】,調整【封套扭曲】的錨點,以符合下方路徑曲線。

302-4. 設定 bg 圖層。

Step1 顯示「bg」圖層並選擇「矩形」路徑,使用【工具列】/【漸層】設定【填色】,使用【視窗】/【漸層】及【視窗】/【色票】,分別建立一個漸層色,顏色由色票面板中取得。

第三類 圖文整合設計能力　**3-15**

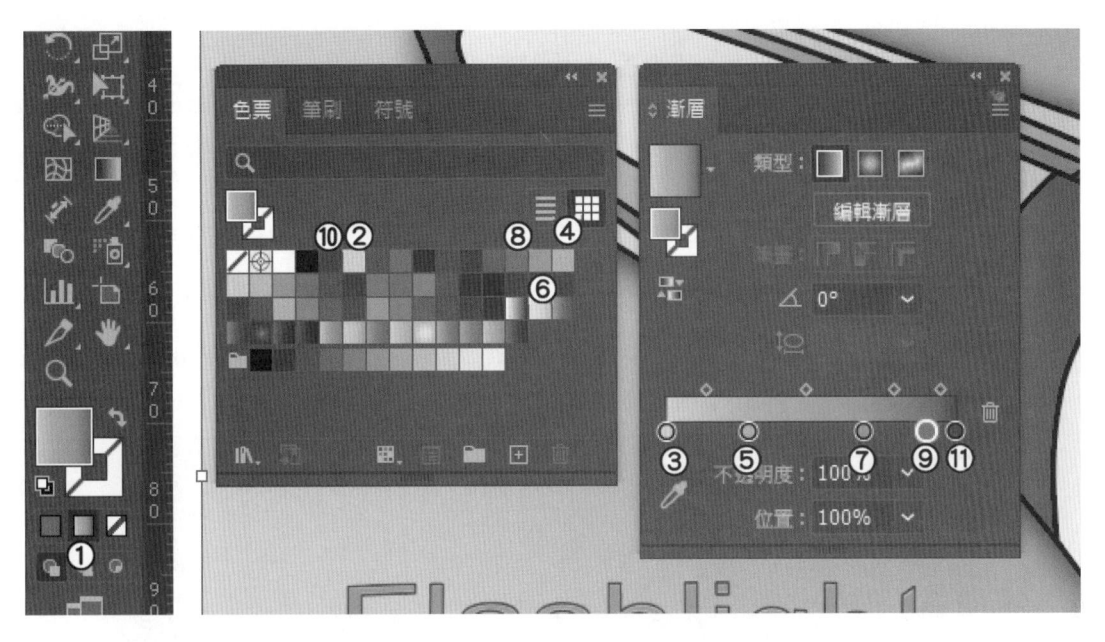

Step2 使用【效果】/【風格化】/【塗抹】面板，設定值參考下圖，按下「確定」鈕。

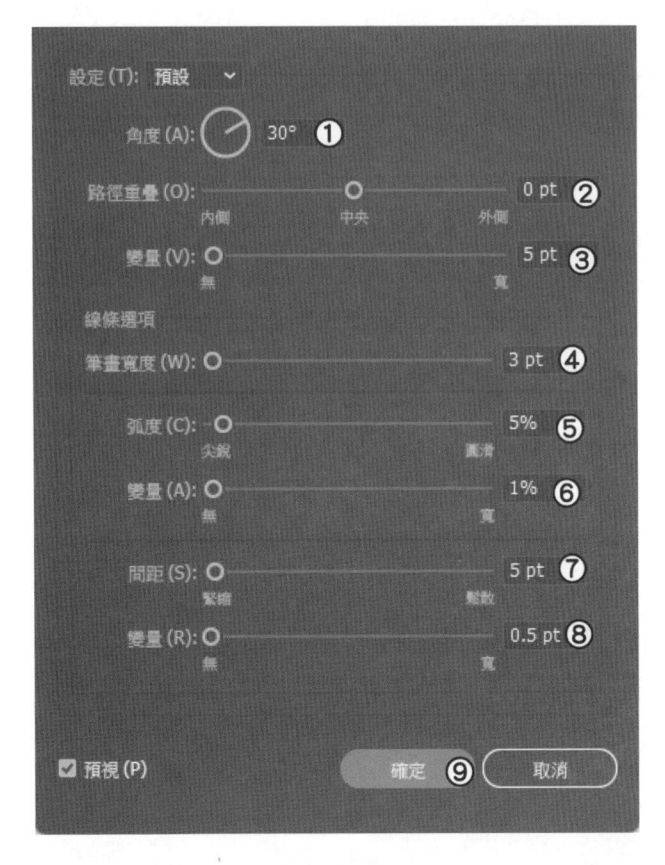

【302. Flashlight】

303. 積木名畫

303-1. 設定木紋背景。

Step1 按下【新檔案】鈕，選擇【列印】索引標籤，新建一個【檔名】為「ILA03」、【寬度】為「120mm」、【高度】為「145mm」，按下【建立】鈕。

Step2 使用【工具列】/【矩形工具】，在版面上繪製一個同版面大小的矩形，設定【筆畫】為「無」、【填色】為「#734A37」。

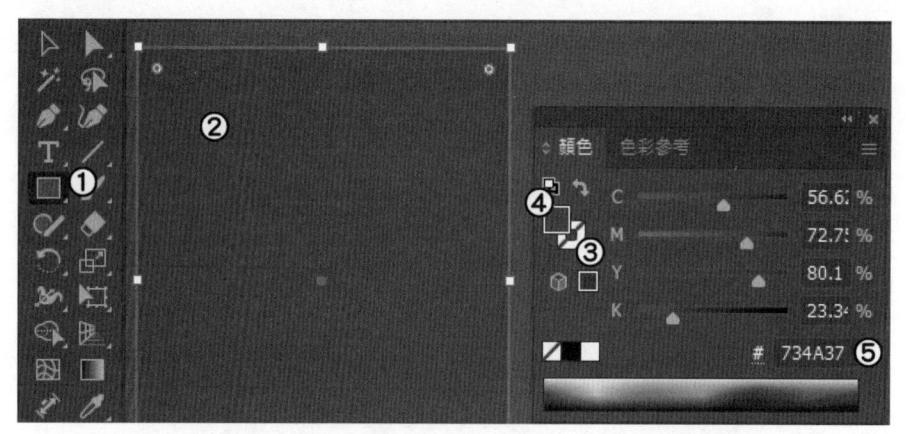

Step3 複製矩形，使用【效果】/【素描】/【畫筆效果】，【筆觸長度】設定為「15」、【亮度/暗度平衡】設定為「20」、【筆觸方向】設定為「垂直」，按下「確定」鈕。

Step4 使用【物件】/【擴充外觀】，將矩形圖層轉換成影像，再使用【控制列】/【影像描圖】功能，選擇「素描圖」，並開啟「影像描圖面板」選項。

Step5 設定「影像描圖面板」選項，設定值參考下圖設定，按下【控制列】/【展開】鈕，將【填色】改成為「#472E14」。

【303. 積木名畫】

303-2. 置入影像並調整成馬賽克圖形。

Step1　使用【檔案】/【置入】功能，選擇「monalisa.jpg」，取消「連結」選項，按下「置入」鈕，將影像置於版面「水平居中」、「垂直居中」。

Step2　使用【物件】/【建立物件馬賽克】功能，設定【寬度】為「20」、【高度】為「25」，按下「確定」鈕。

303-3. 設定圓形並加入陰影。

Step1　選擇「馬賽克」群組圖層，使用【物件】/【路徑】/【位移複製】功能，設定【位移】為「-1mm」、按下「確定」鈕。

Step2　使用【物件】/【組成群組】，再由【圖層】面板中，將群組移動至上層。

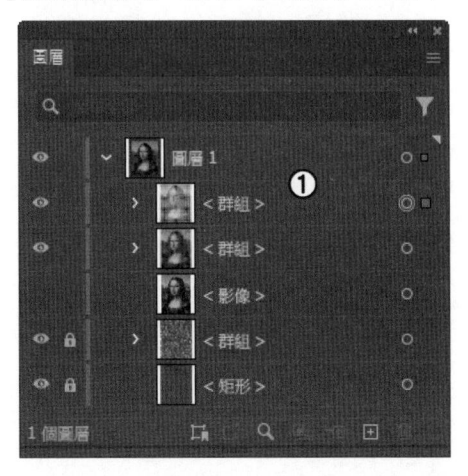

Step3　使用【效果】/【風格化】/【圓角】，設定【半徑】為「3mm」，按下「確定」鈕。

【303. 積木名畫】

Step4　使用【效果】/【風格化】/【製作陰影】，設定【X位移】為「0mm」、【Y位移】為「0mm」、【模糊】為「1mm」，按下「確定」鈕。

303-4. 重新上色。

Step1　在【圖層】面板中，同時選取兩個「群組」圖層，使用【編輯】/【編輯色彩】/【重新上色圖稿】，【色彩資料庫】選擇【科學】/【四色】。

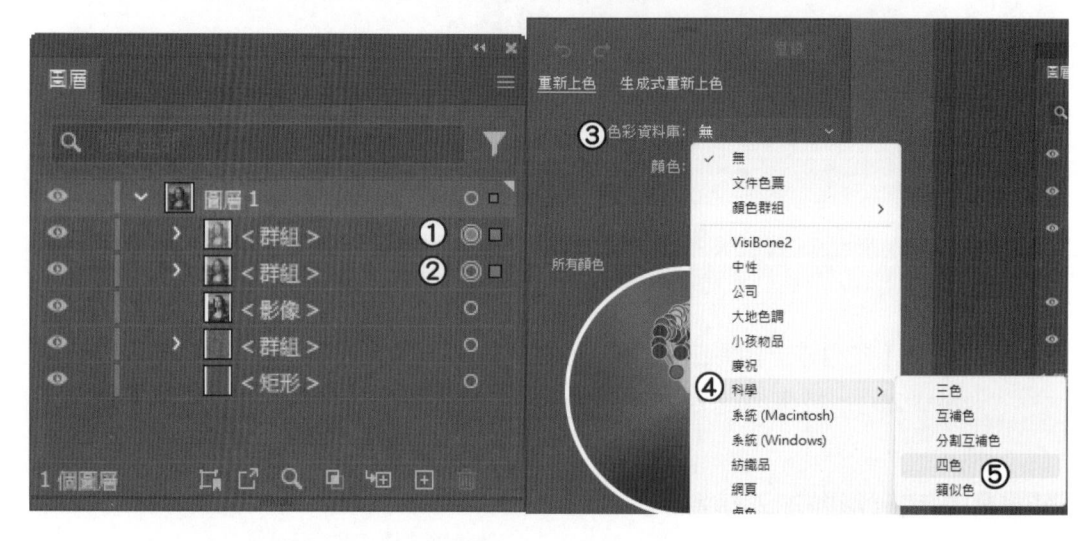

Step2　再選擇【生成式重新上色】標籤，在提示中輸入【粉紅色系】，按下「產生」鈕，之後再「綜觀變量」中選擇所需影像。

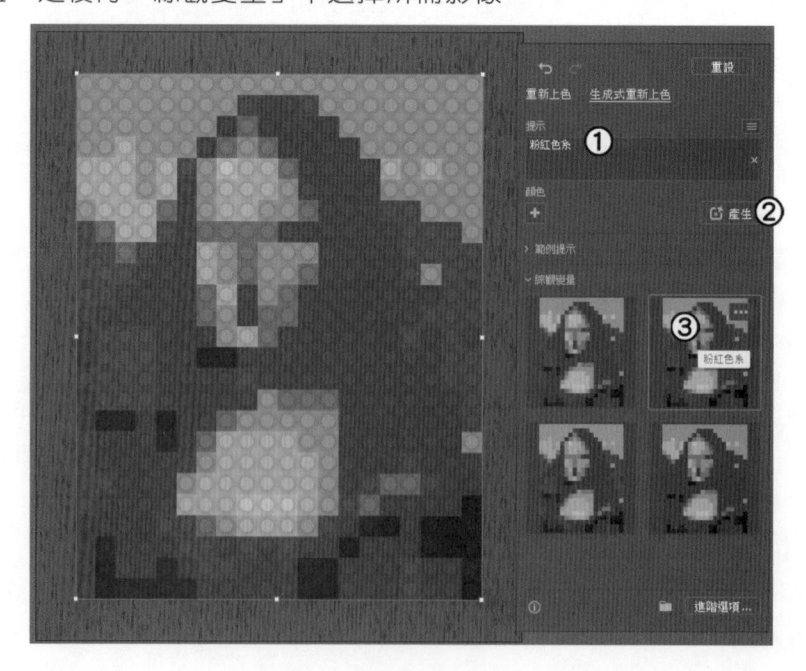

【303. 積木名畫】

304. Sugar Market Share

304-1. 設定版面、匯入色票及資料。

Step1 按下【新檔案】鈕，選擇【列印】索引標籤，新建一個【空白文件預設集】選擇為「A4」、【檔名】為「ILA03.ai」、【方向】為「橫式」，按下【建立】鈕。

Step2 使用【視窗】/【工作區域】，將「工作區域 1」修改成「Statistics」。

Step3 使用【視窗】/【色票】面板，選擇【面板選項鈕】/【開啟色票資料庫】/【其他資料庫】，選擇「C:\ANS.csf\IL03」中的「GlobalSugar.ase」檔案。

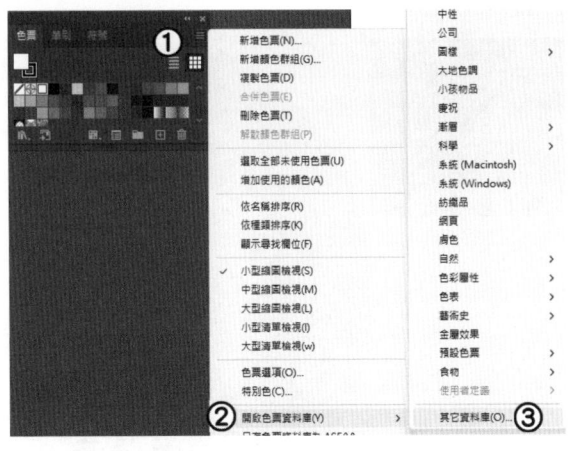

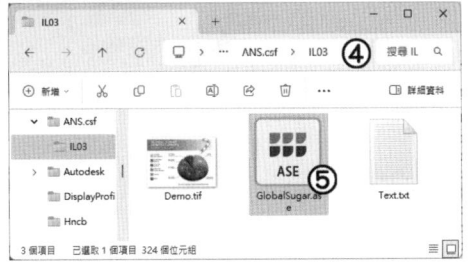

【304. Sugar Market Share】

Step4 使用【工具列】/【圓形圖工具】,在版面上繪製一個「135*135mm」的圓形圖,開啟「C:\ANS.csf\IL03」中的「Text.txt」檔案,將資料貼入【圓形圖】的「圖表資料」表格中,按下「套用」鈕。

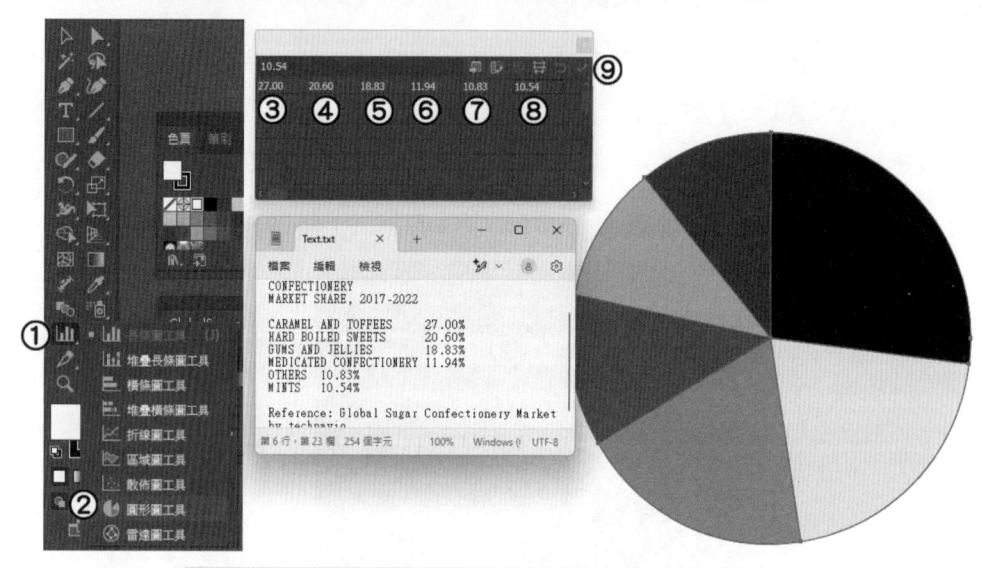

> Note 只要輸入數字,不要輸入百分比符號。

Step5 使用【工具列】/【群組選取工具】,分別選取【圓形圖】的「扇形區域」,並套用【GlobalSugar】色票中的顏色,並將【筆畫】設定為「無」。

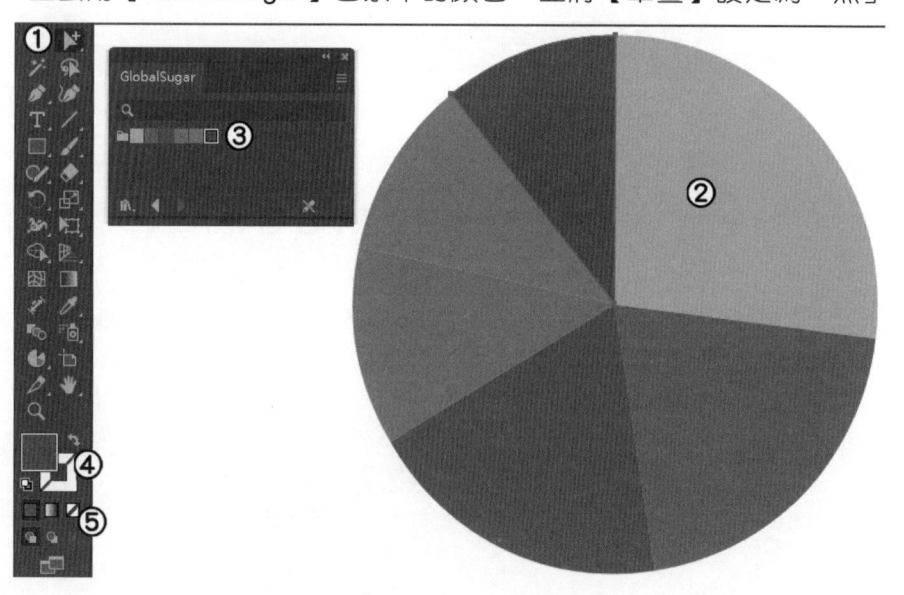

【304. Sugar Market Share】

304-2. 套用 3D 膨脹效果。

Step1 使用【效果】/【3D 和素材】/【膨脹】，設定【深度】為「10pt」、【X】為「40°」，在【素材】標籤，設定【粗糙度】為「0.2」、【金屬】為「0.2」，在【光源】標籤，將【光源】設定設定「中央偏上」、【強度】為「45%」、【旋轉】為「154°」、【高度】為「85°」、【柔軟度】為「85%」。

304-3. 建立文字。

Step1 使用【工具列】/【矩形工具】，在版面上繪製一個「297*50mm」的矩形，並利用【漸層】面板及【GlobaSugar】面板，設定【填色】為「Medicated」(位置為 37%)漸層到「白色」、【筆畫】為「無」。

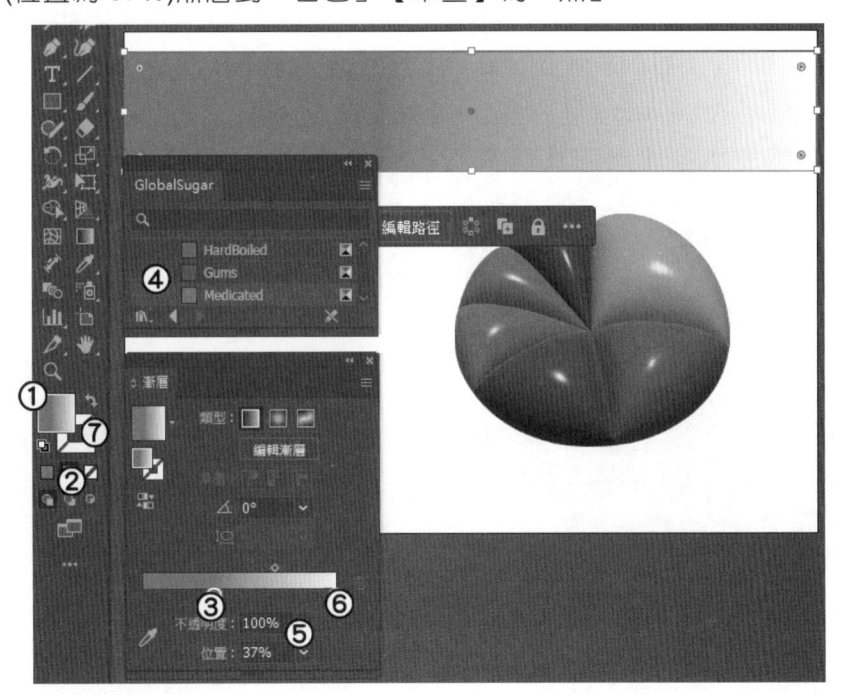

Step2 輸入標題文字，依照下表格設定內容、字體及陰影：

內容	字體	大小	設定行距	填色
GLOBAL SUGAR CONFECTIONERY	Arial Black	36pt	35pt	白色
MARKET SHARE, 2017-2022	Arial Regular	36pt	35pt	白色

【304. Sugar Market Share】

Step3 使用【工具列】/【圓角矩形工具】，繪製六個圓角矩形，【寬度】、【高度】設定為「12mm」、【圓角】設定為「2mm」，並分別套用【GlabalSugar】色票，使用【工具列】/【文字工具】，參考「Text.txt」輸入右側文字，【字體】設定為「Arial Regular」、【大小】設定為「14pt」、【行距】設定為「21pt」。

Step4 使用【工具列】/【鋼筆工具】，在版面中繪製「指引線」，利用【視窗】/【筆畫】，設定【寬度】為「1pt」、【筆畫顏色】為「#444444」，【路徑起點的箭頭】設定為「箭頭 21」。

【304. Sugar Market Share】

第三類　圖文整合設計能力　**3-23**

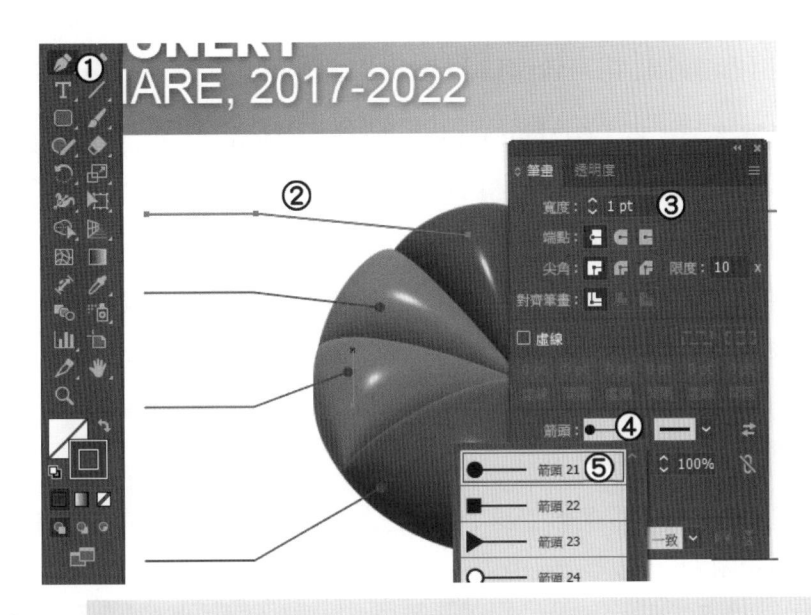

> Note　筆者是由內向外畫，所以設定起點，反之，請設定終點。

Step5　使用【工具列】/【文字工具】，在版面中建立「百分比文字」，利用【視窗】/【字元】，設定【字體】為「Arial Regular」、【大小】設定為「24pt」、【行距】設定為「47pt」、【文字顏色】為「#444444」。

Step6　使用【工具列】/【文字工具】，在版面中建立「Reference: Global Sugar Confectionery Market by technavio.」文字，利用【視窗】/【字元】，設定【字體】為「Arial Regular」、【大小】設定為「14pt」、【行距】設定為「35pt」。

304-4. 製作拐杖糖筆刷。

Step1　使用【工具列】/【矩形格線工具】，在版面上繪製一個「10*110mm」格線，設定【水平分隔線數量】為「7」、【垂直分隔線數量】為「0」按下「確定」鈕，【填色】設定為「白色」、【筆畫】暫定為「黑色」。

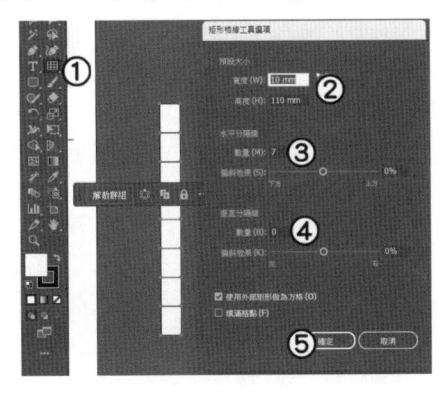

【304. Sugar Market Share】

Step2 使用【視窗】/【路徑管理員】，套用「分割」，將矩形格線分割成八個矩形。

Step3 參考展示圖，將【GlobalSugar】色票的「Medicated」填入，【筆畫】改成「無」，並使用【工具列】/【直接選取工具】，調整「上下兩端的錨點路徑」成為轉角「3mm」的圓角。

Step4 使用【工具列】/【直接選取工具】，調整「左右兩側的錨點路徑」上下偏移，最後利用【視窗】/【筆刷】面板，新增成「線條圖筆刷」，按下「確定」鈕。

304-5. 製作拐杖糖路徑。

Step1 使用【工具列】/【鋼筆工具】，繪製拐杖糖路徑，並套用前一步驟建立的「線條圖筆刷」。

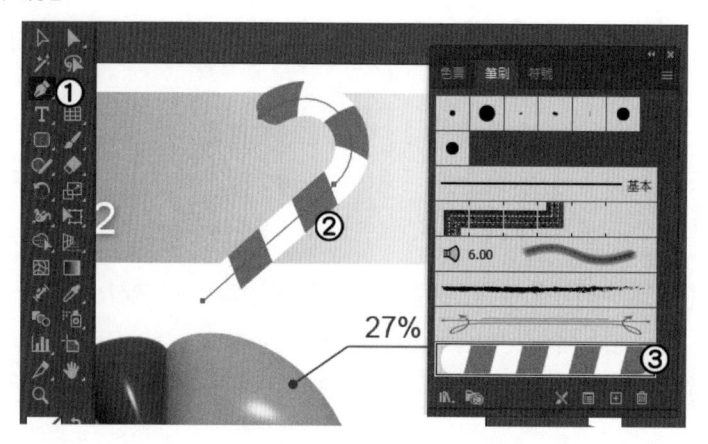

Step2 同樣使用【工具列】/【鋼筆工具】，繪製拐杖糖亮面、暗面的路徑，路徑【寬度】設定為「0.5pt」、高斯模糊半徑設定為「10 像素」，按下「確定」鈕，暗面設定【筆畫】為「#888888」、亮面設定【筆畫】為「白色」。

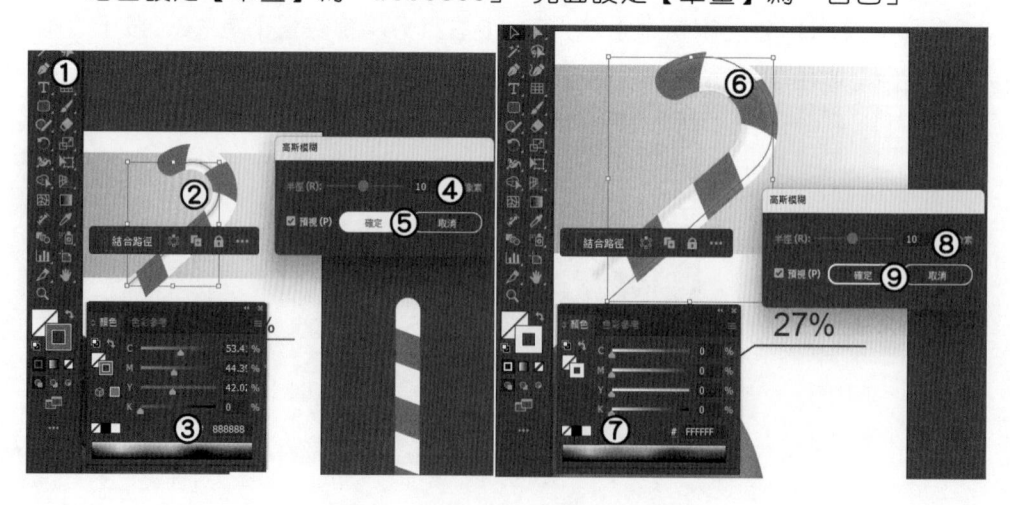

【304. Sugar Market Share】

Step3 複製【拐杖糖】筆刷路徑,先使用【物件】/【擴充外觀】,把線段變區塊,再利用【路徑管理員】/【聯集】,合併成「單一路徑」,將【填色】設定為「#18A2A1」並往右下角偏移。

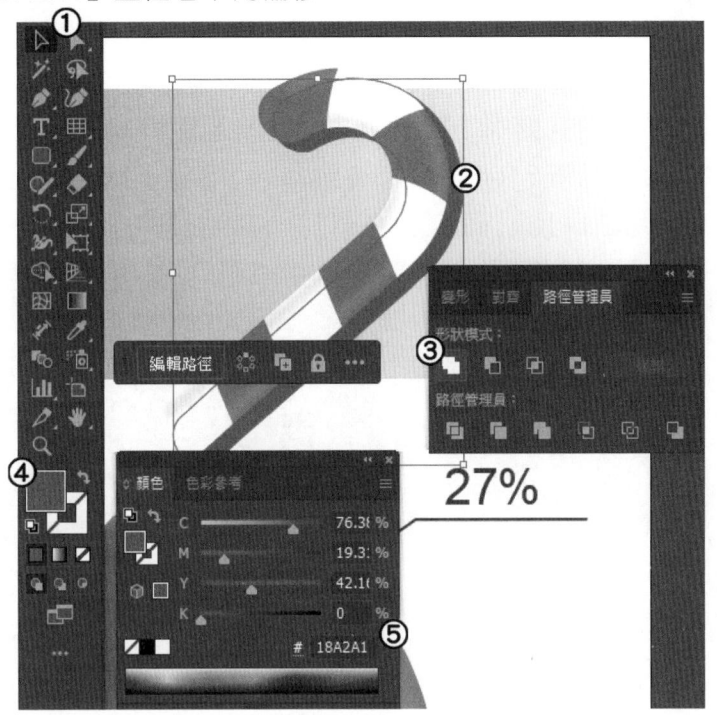

Step4 使用【效果】/【模糊】/【高斯模糊】,將【半徑】設定為「20 像素」,按下「確定」鈕。

【304. Sugar Market Share】

305. THE DREAM

305-1. 設定背景。

Step1　按下【開啟】鈕,選擇「ILD03.ai」。

Step2　使用【工具列】/【矩形工具】,繪製一個同版面大小相同的矩形,設定【填色】為「Sky色票：R=12 G=35 B=109」、【筆畫】為「無」,再使用【工具列】/【網格工具】在版面正中央建立一個網格點。

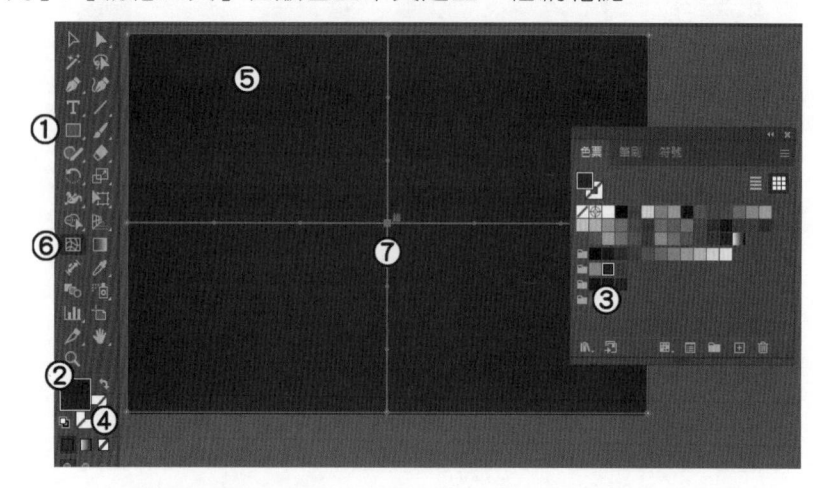

Step3　使用【工具列】/【直接選取工具】,將正中央的網格點垂直下移,並調整左右兩側錨點的把手位置。

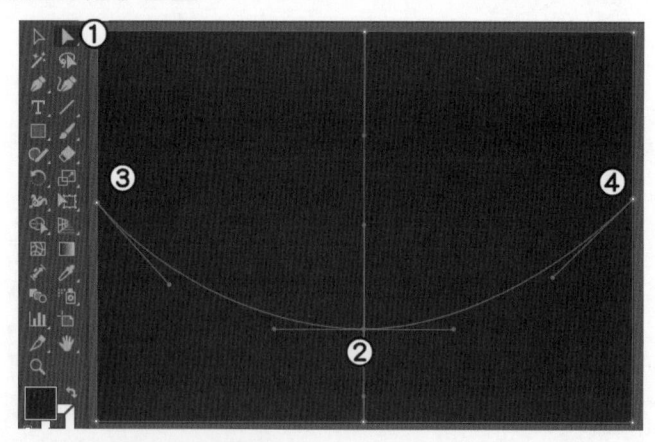

Step4　調整各個錨點的填色,設定值如下所示：
- 上方中央：Sky色票第一個。
- 正中央：Sky色票第四個。
- 左右側上方及中央：Sky色票第三個。

【305. THE DREAM】

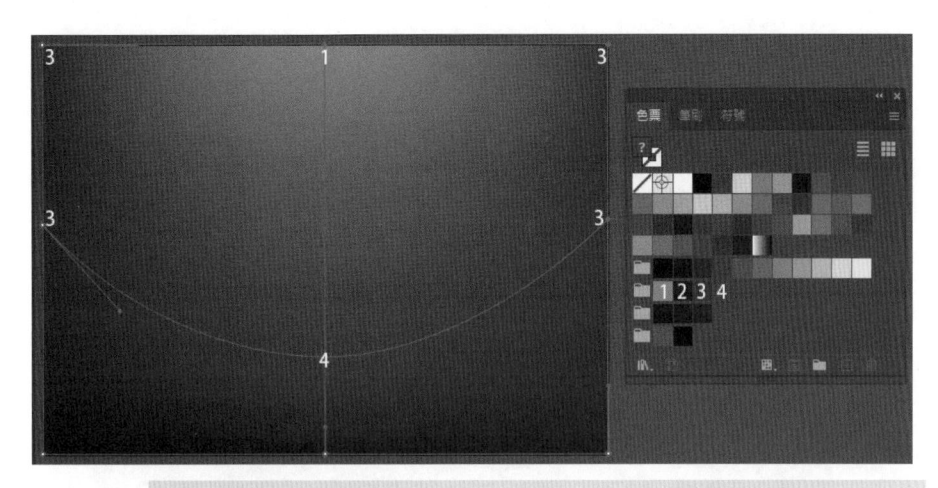

第三類　圖文整合設計能力　**3-27**

> **Note** 填色請參考展示檔案。

305-2. 置入影像並調整。

Step1 使用【視窗】/【圖層】面板，新增「圖層 2」，接著使用【檔案】/【置入】，將「bridge.jpg」及「silhouette.jpg」置入，【置入選項】都取消勾選「連結」。

Step2 選取「黑白」影像，使用【視窗】/【控制】/【影像描圖】，選擇「素描圖」，按下「展開」鈕，使用【工具列】/【群組選取工具】及【選取工具】，調整影像位置及大小。

> **Note** 兩個「山形」色塊建議分隔成兩個子圖層，並調整大小以符合影像。

Step3 使用【視窗】/【色票】面板，將兩個「山形」分別填入色票顏色，並使用【效果】/【彎曲】/【上弧形】，設定【彎曲】為「-26%」，按「確定」鈕。

【305. THE DREAM】

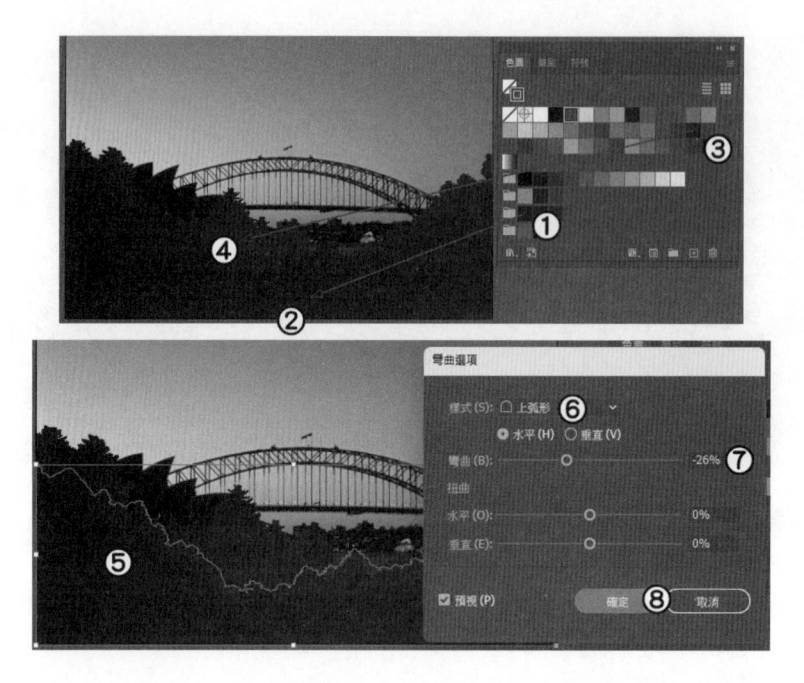

Step4 選取「bridge.jpg」，使用【視窗】/【控制】/【影像描圖】，選擇「素描圖」，按下「影像描圖面板」鈕，設定【臨界值】為「112」、【路徑】為「100%」、【轉角】為「100%」、【雜訊】為「100px」，按下「展開」鈕，使用【工具列】/【群組選取工具】及【選取工具】，調整影像位置及大小，並將【色票】面板中的「silhouette 色票第三個顏色」填入。

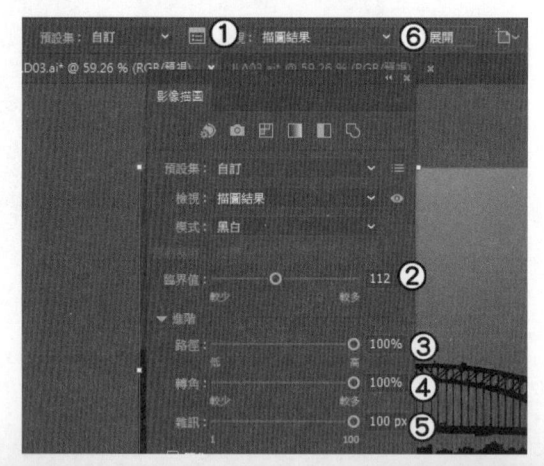

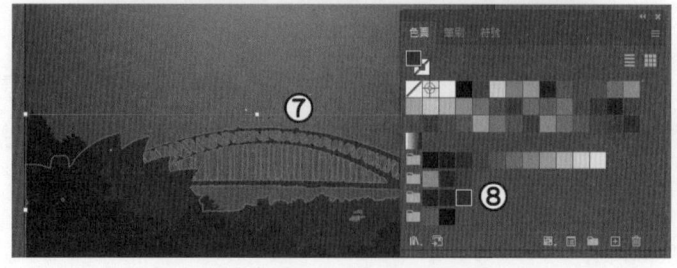

【305. THE DREAM】

> Note　展開後的影像如果有多餘的區域，可以利用【視窗】/【路徑管理員】/【減去上層】或其他方式刪除，並注意「bridge.jpg」及「silhouette.jpg」的圖層順序。

305-3. 製作月亮與星球。

Step1　繪製一個「18cm*18cm」及「11cm*11cm」的正圓形，調整位置後，利用使用【視窗】/【路徑管理員】/【減去上層】，將大的正圓形裁切。

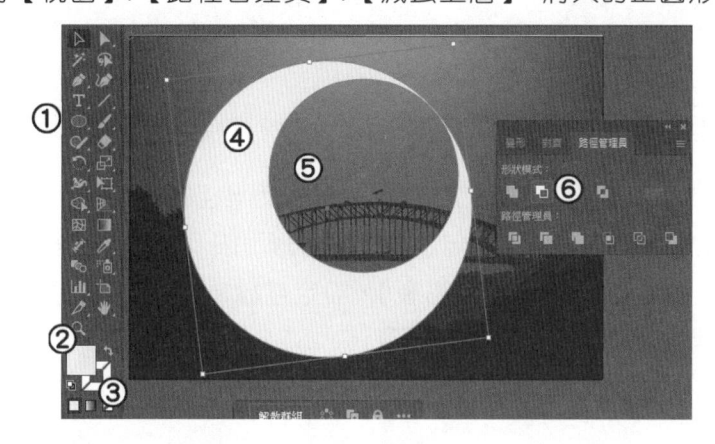

Step2　使用【視窗】/【漸層】，設定【類型】為「線性」、角度為「53°」，【左側色塊】為「白色」、【右側色塊】為「不透明度 50%、白色」、【中點】設定在「78%」位置。

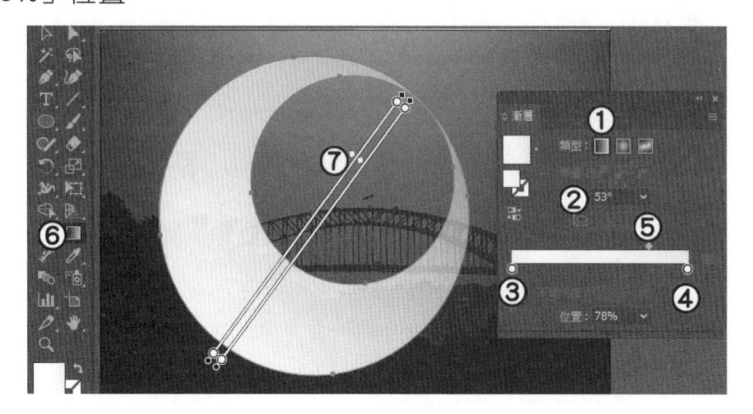

Step3　使用【效果】/【風格化】/【外光暈】，設定【模式】為「濾色-白色」、【不透明度】為「65%」、【模糊】為「0.58cm」，按下「確定」鈕。

Step4　繪製一個「2cm*2cm」的正圓形，使用【視窗】/【漸層】，設定【類型】為「線性」、角度為「-130°」，【左側色塊】為「白色」、【右側色塊】為「不透明度 0%、白色」，填入後，將「月亮」及「星球」調整位置及圖層順序。

【305. THE DREAM】

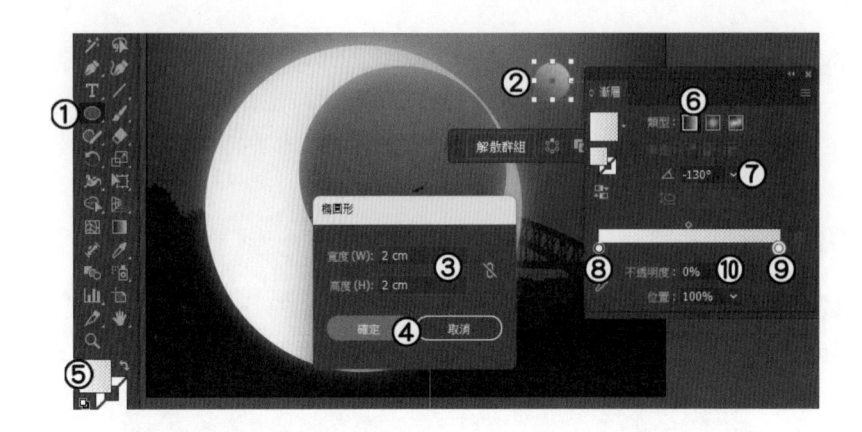

305-4. 製作星星及 light 放射狀漸層。

Step1 使用【工具列】/【多邊形工具】，繪製一個半徑為「0.3cm」、邊數為「6」、填色為「白色」、筆畫為「無」的正六邊形，按「確定」鈕後再使用【效果】/【扭曲與變形】/【縮攏與膨脹】，設定縮攏為「-70%」，按「確定」鈕。

Step2 使用【視窗】/【符號】面板，將「六芒星」拖曳到【符號】面板中，建立成「符號」。

Step3 使用【視窗】/【圖層】，新增「圖層 3」，利用【工具列】/【符號噴灑器工具】，在版面中繪製數個「六芒星形」。

【305. THE DREAM】

第三類　圖文整合設計能力　**3-31**

Note　【符號噴灑器工具】使用之前，建議先選擇【符號】。

Step4　分別針對「六芒星」，利用【工具列】/【符號偏移器工具】、【符號壓縮器工具】、【符號縮放器工具】、【符號濾色器工具】...等等工具，調整「六芒星」的大小、位置、透明度。

Step5　使用【工具列】/【矩形工具】，繪製一個同版面大小相同的矩形，設定填色為「放射狀漸層」、筆畫為「無」，放射狀漸層填色設定如下所示：
- 左側色塊：light 第一個色票。
- 右側色塊：light 第二個色票。
- 中點：【位置】為「60%」。

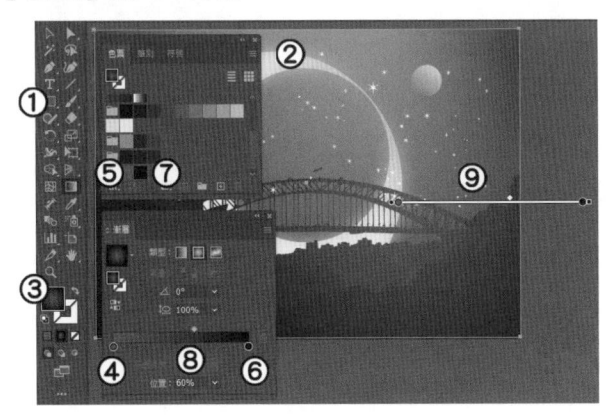

【305. THE DREAM】

Step6 使用【視窗】/【透明度】,設定【漸變模式】為「網屏」、【不透明度】為「75%」。

305-5. 修改版面及建立倒影。

Step1 使用【工具列】/【工作區域工具】,在【控制】列中,指定【參考點】為「上方中央」,【高度】修改為「40cm」。

Step2 使用【工具列】/【選取工具】,將全部物件框選,再使用【工具列】/【選取工具】左鍵兩下,設定垂直為「21cm」,按下「拷貝」鈕。

Step3 將「所有鏡射物件」建立成一個群組,使用【物件】/【擴充外觀】,再使用【工具列】/【鏡射工具】,將「複製群組」設定【座標軸】為「水平」的鏡射效果,按下「確定」鈕,最後將「複製群組」移動至【圖層1】。

Step4 選取「複製群組」,使用【視窗】/【透明度】,按下「製作遮色片」鈕,在「遮色片區」繪製一個「上白下黑的漸層矩形」,使用【工具列】/【漸層工具】,調整「漸層」位置,最後選擇「左側影像」。

【305. THE DREAM】

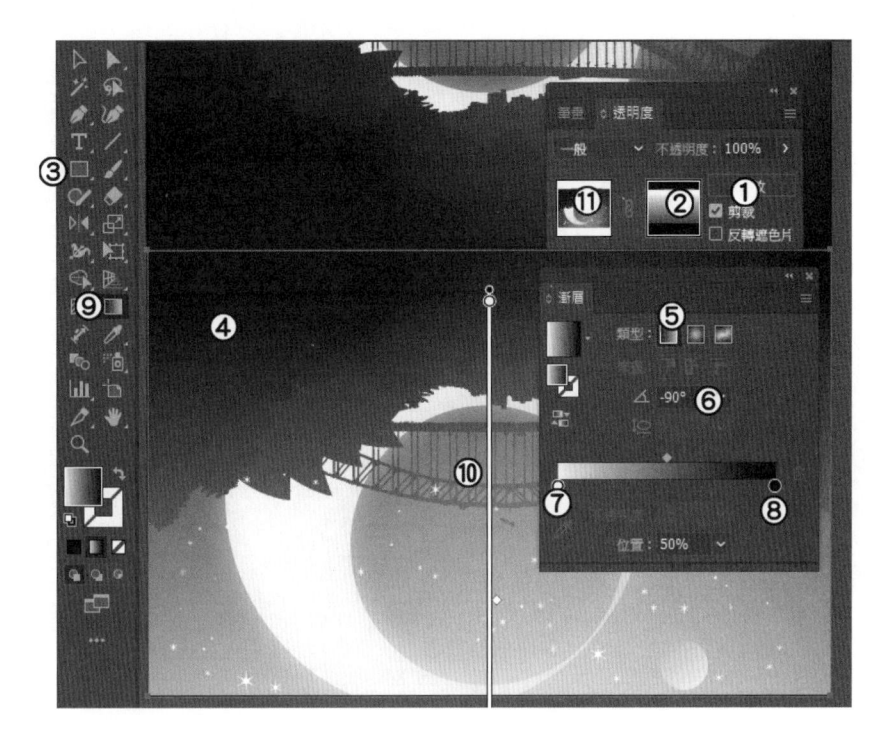

Step5 選取「複製群組」,使用【效果】/【藝術風】/【調色刀】,設定【筆觸大小】為「39」、【筆觸細緻度】為「3」、【柔軟度】為「6」,按下「確定」鈕。

Step6 選取「複製群組」,使用【效果】/【扭曲】/【海浪效果】,設定【波浪大小】為「12」、【波紋強度】為「9」,按下「確定」鈕。

305-6. 設定文字。

Step1 使用【視窗】/【圖層】中,建立新的圖層【圖層4】,使用【工具列】/【文字工具】,在版面正中央拖曳出一個「文字區域」,在「文字區域」中輸入「THE COUNTRY OF DREAMS」,設定【文字填色】為「白色」,使用【視窗】/【文字】/【字元】,設定【字型】為「Times New Roman」、【字型大小】為「32pt」、【行距】為「119pt」,使用【視窗】/【文字】/【段落】,【段落】設定「強制齊行」。

【305. THE DREAM】

Step2 使用【文字】/【建立外框】，將文字轉換成路徑。

306. 音樂活動入場券設計

306-1. 增加出血線與參考線。

Step1　按下【開啟】鈕，選擇「ILD03.ai」。

Step2　使用【檔案】/【文件設定】，【單位】設定成「公釐」、【出血】設定成「2mm」，按下「確定」鈕，最後調整矩形四邊貼齊出血線。

Step3　使用【檢視】/【尺標】/【顯示尺標】，再由【尺標】處拖曳水平、垂直各兩條參考線，再利用【視窗】/【變形】面板，分別將【左側參考線】設定「X：20mm」、【右側參考線】設定「X：190mm」、【上方參考線】設定「Y：5mm」、【下方參考線】設定「Y：75mm」。

306-2. 套用紋理及製作虛線。

Step1　使用【效果】/【紋理】/【粒狀紋理】功能，設定【強度】為「20」、【對比】為「40」，按下「確定」鈕。

Step2　使用【工具列】/【線段區段工具】，繪製一條垂直白色線條，利用【變形】面板，設定「X：160mm」、再使用【視窗】/【筆畫】面板，設定【寬度】為「1pt」、勾選「虛線」、選擇「將虛線對齊到尖角和路徑終點」、【第一個虛線】為「10pt」、【第一個間距】為「10pt」、其他保持預設值。

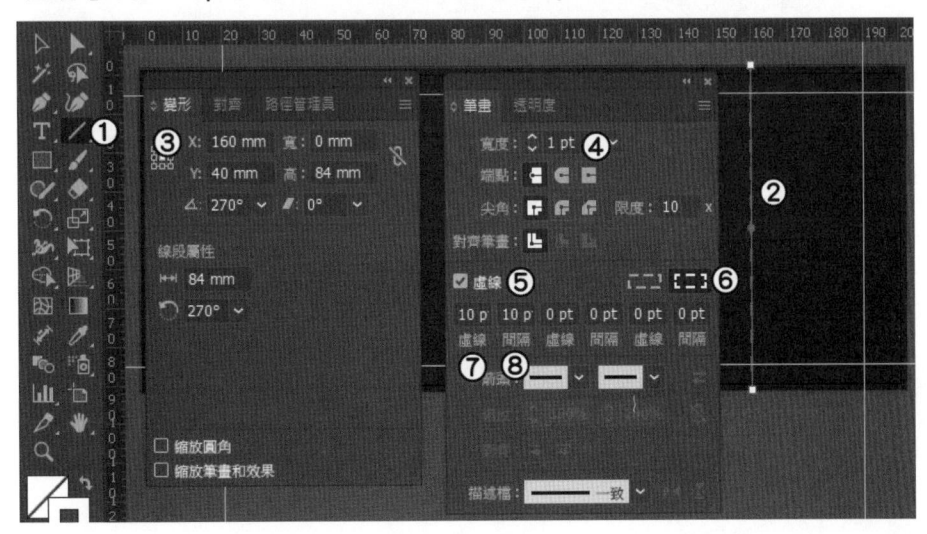

【306. 音樂活動入場券設計】

306-3. 製作同心圓。

Step1　顯示【Record】圖層，選擇外圈筆畫，利用【視窗】/【筆畫】面板，設定【寬度】為「1.5pt」，內圈筆畫設定【寬度】為「0.5pt」。

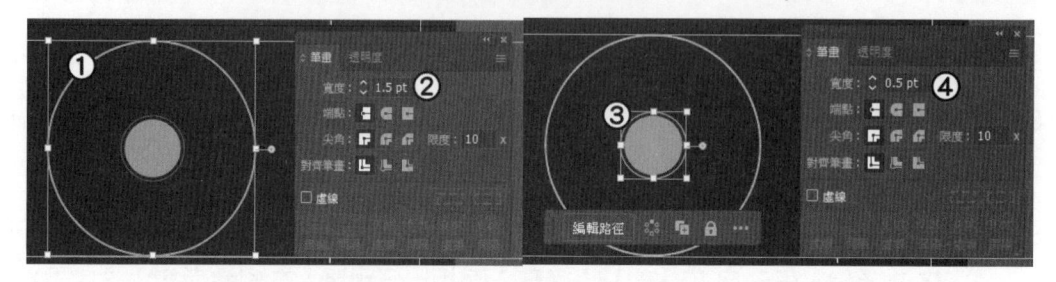

Step2　使用【工具列】/【漸變】工具，設定【間距】為「指定階數20」，按下「確定」鈕，再分別點選兩個正圓形框。

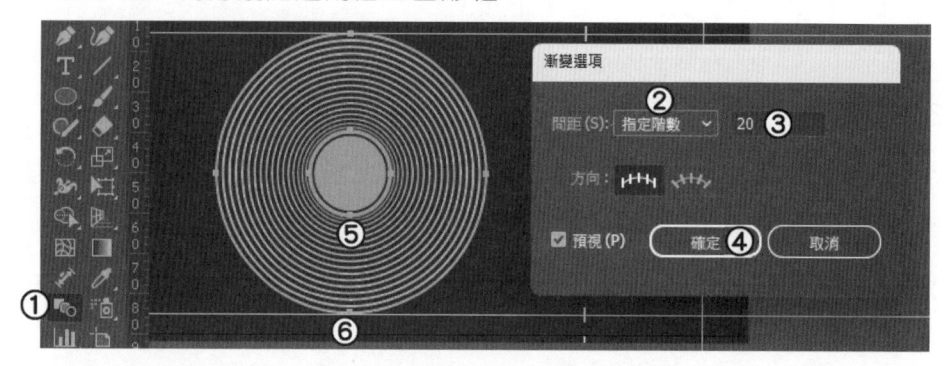

Step3　使用【視窗】/【透明度】面板，將【不透明度】設定為「20%」，將漸變圓形及實心圓形對齊至左側參考線。

【306. 音樂活動入場券設計】

306-4. 設定文字圖層。

Step1 顯示【Text】圖層，選擇「EUPHORIA NIGHT」文字，使用【效果】/【彎曲】/【下弧形】，設定【彎曲】為「10%」，按下「確定」鈕，再選擇「CPOP KPOP JPOP」文字，使用【效果】/【彎曲】/【旗型】，設定【彎曲】為「25%」，按下「確定」鈕。

Step2 選擇「EUPHORIA NIGHT」、「CPOP KPOP JPOP」及「DANCING WITH MUSIC」字串，使用【物件】/【擴充外觀】功能，將彎曲效果套用，再使用【工具列】/【旋轉工具】，設定角度為「90」，按下「拷貝」鈕，將旋轉複製的文字調整至右側並調整大小。

Step3 調整其他文字及物件位置

> Note 在原始檔中，【Text】文字圖層中有一個實心圓形跟虛線，因前面步驟已經使用了，所以建議刪除。

306-5. 調整 Decoration 圖層。

Step1 選擇中央圓形，使用【效果】/【扭曲與變形】/【鋸齒化】，選擇「絕對的」、設定【尺寸】為「4mm」、【各區間的鋸齒數】設定為「3」，按下「確定」鈕，再分別選擇左側兩個圓形，使用【效果】/【扭曲與變形】/【鋸齒化】，

【306. 音樂活動入場券設計】

選擇「相對的」、設定【尺寸】為「30%」、【各區間的鋸齒數】設定為「3」，按下「確定」鈕。

> Note 因為後續須貼到新工作區域，所以建議星形做【擴充外觀】功能。

Step2 選擇中央垂直線，使用【效果】/【扭曲與變形】/【鋸齒化】，選擇「相對的」、設定【尺寸】為「3%」、【各區間的鋸齒數】設定為「10」、【點】設定成「平滑」，按下「確定」鈕。

306-6. 完稿設定。

Step1 在【BG】圖層中，使用【工具列】/【矩形工具】，繪製一個「同版面大小相同的矩形」，【填色】跟【筆畫】都設定為「無」，再使用【效果】/【裁切標記】建立裁切線。

Step2 使用【工具列】/【線段區段工具】及【工具列】/【文字工具】，在白色虛線上下加入「垂直線」與「騎縫線」文字。

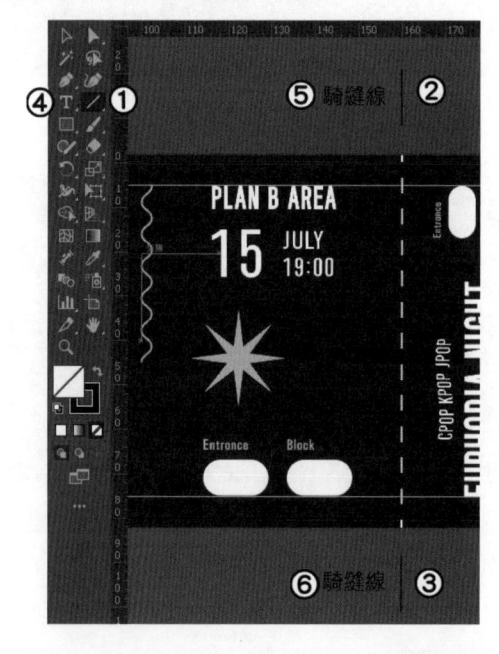

Step3 使用【工具列】/【工作區域】工具，在【控制列】中的【新增工作區域】鈕，建立一個新的工作區域。

Step4 將【01-工作區域 1】中的「標題文字」及「星形」圖案複製，使用【工具列】/【工作區域】工具選擇【02-工作區域 2】，利用【編輯】/【就地貼上】將「標題文字」及「星形」圖案貼入，並將【填色】改成「黑色」、【筆畫】設定為「無」。

【306. 音樂活動入場券設計】

307. 花卉展覽海報設計

307-1. 調整工作區域尺寸與出血線，並套用漸層至背景。

Step1　按下【開啟】鈕，選擇「ILD03.ai」。

Step2　使用【檔案】/【文件設定】，設定【出血】上下左右為「3mm」，按下「編輯工作區域」鈕，在【控制列】中，【預設集】設定為「A4」、按下「直式」鈕。

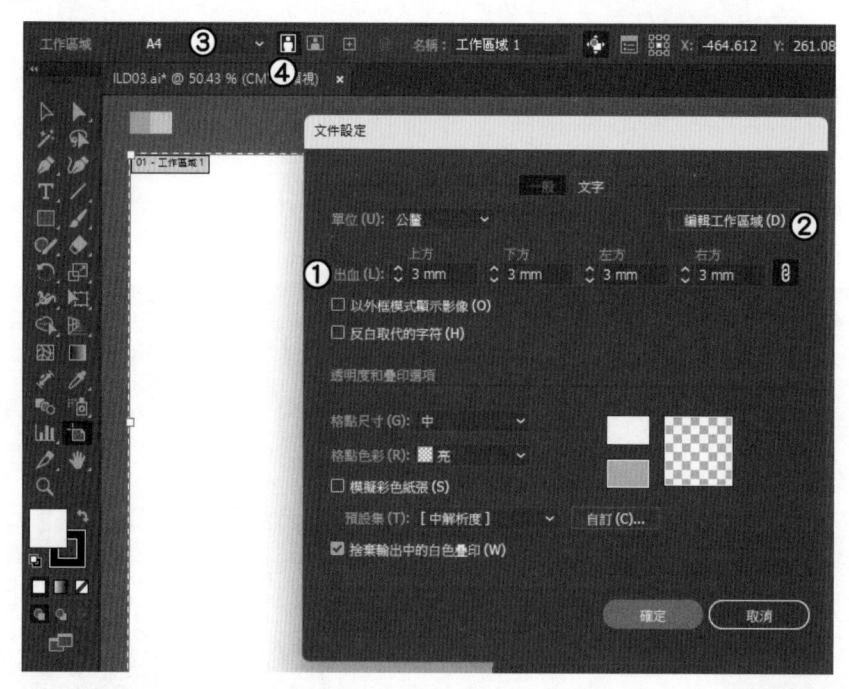

Step3　在【BG】圖層中，使用【工具列】/【矩形工具】，繪製一個矩形同出血線範圍相同大小。

Step4　使用【工具列】/【漸層】，設定【填色】為「漸層填色」、【筆畫】為「無」，再利用【視窗】/【漸層】面板，利用【檢色器】，分別選取左上角的色票作為漸層色的起、終點，最後調整漸層的角度由「左上角」到「右下角」。

【307. 花卉展覽海報設計】

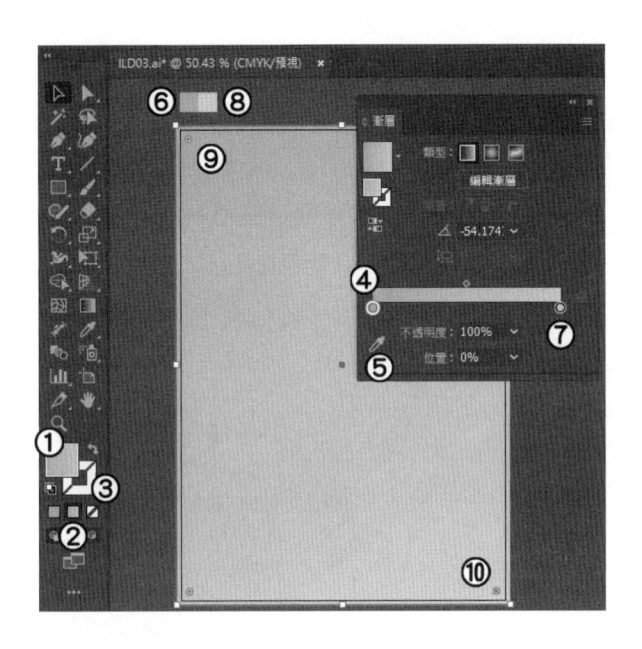

307-2. 調整物件影像及背景。

Step1　顯示「Visual」圖層，使用【工具列】/【矩形工具】，在版面上繪製一個矩形，在下方【相關工具列】中，按下「產生」鈕，輸入「色彩繽紛的花朵」，按下「產生」鈕。

Step2　在【內容】面版中，選擇所需要的圖形。

【307. 花卉展覽海報設計】

Step3 利用【Alt】鍵+【左鍵拖曳】，將矩形複製三個，並在【內容】面板中修改成其他生成的圖片。

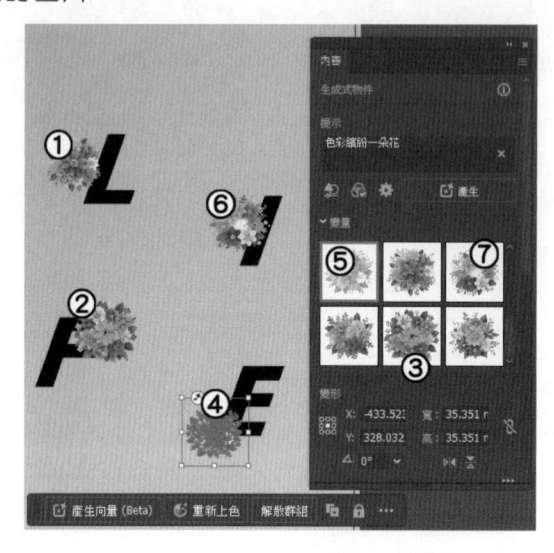

Step4 利用相同步驟，建立出裝飾葉子，並調整位置。

> Note 因為是 AI 生成，所以結果可能與參考檔案不同，這部分不在計分範圍中，只是加強使用「文字產生向量圖」的操作。

307-3. 調整文字 3D 效果。

Step1 分別選取「F」、「I」、「F」、「L」複合路徑，先套用上方「第一個色票」作為【填色】、【筆畫】設定為「無」，使用【效果】/【3D 和素材】/【突出與斜角】。

Step2 【突出與斜角】設定值如下面表格，並開啟「斜角」設定：

3D 類型	斜角	旋轉
【深度】為「5mm」 【螺旋】為「0°」 【錐度】為「100%」	【斜角形狀】為「圓角」 【寬度】為「50%」 【高度】為「50%」 【重複】為「1」	【X】為「-18°」 【Y】為「-26°」 【Z】為「-8.1°」 【透視】為「0°」

按下【以「光線追蹤」算繪】，開啟「光線追蹤」、按下「算繪」鈕，【光源】標籤中，光源設定在「右上」角，設定【強度】為「70%」、【旋轉】為「145°」、【高度】為「45°」、【柔軟度】為「40%」，勾選【環境光】、【強度】為「50%」。

307-4. 編排文字、物件並建立參考線。

Step1　使用【工具列】/【文字工具】，將「Text.txt」檔案中文字貼入文件中，分別設定字體並調整位置。

文字	字體	大小	填色
PLANT	Trebuchet MS Bold	16pt	黑色
FLOWER		16pt	
Flowers exhibition		18pt	
AUG 24th		35pt	
@Taipei expo park		18pt	

Step2　使用【工具列】/【線段區段工具】，在「PLANT」跟「FLOWER」文字之間，繪製一條【寬度】為「1pt」、【筆畫顏色】為「黑色」、【長度】為「130mm」的「水平線段」。

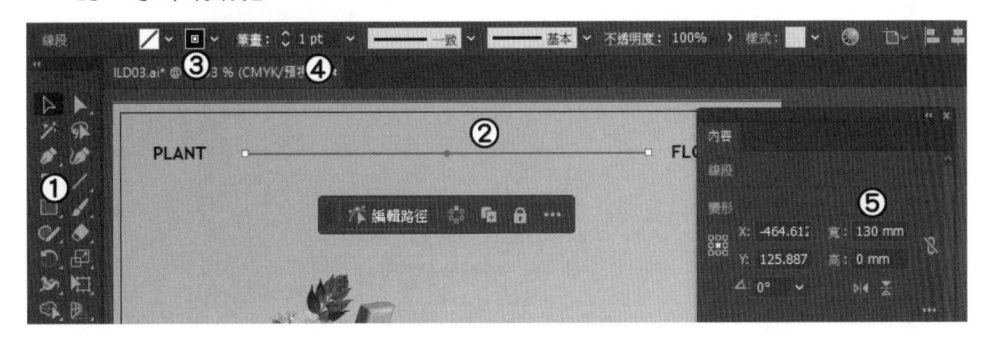

Step3　使用【工具列】/【矩形工具】，分別繪製兩個「180*2mm」的矩形，上方矩形設定【填色】為「上方第二個色票」、筆畫為「無」，下方矩形設定【填色】為「上方第一個色票」、筆畫為「無」。

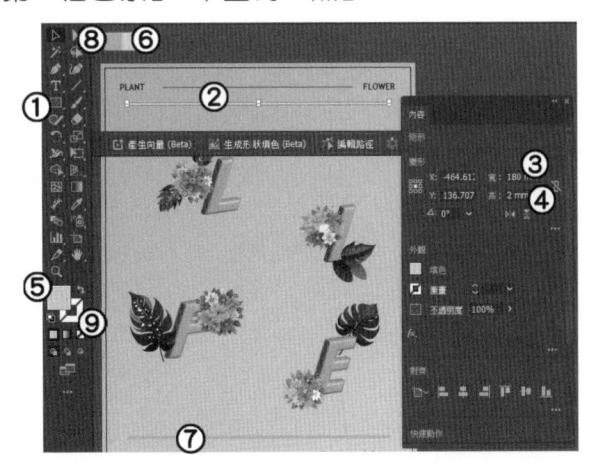

【307．花卉展覽海報設計】

Step4 使用【工具列】/【漸變工具】，設定【間距】為「指定階數：30」，分別點選兩個「180*2mm」的矩形，使用【工具列】/【透明度】面板，設定漸層模式為「飽和度」，並移動到「背景矩形」上層。

307-5. 生成圖樣。

Step1 使用【工具列】/【矩形工具】，在版面上繪製個矩形，在下方【相關工具列】中，按下「產生」鈕，輸入「彩色的熱帶雨林圖樣花朵」，按下「產生」鈕。。

Step2 在【內容】面版中，選擇所需要的圖形，並調整大小及位置。

307-6. 另存成 PDF 檔。

Step1 先將檔案【另存新檔】為「ILA03.ai」，再使用【檔案】/【另存新檔】，將【存檔類型】選擇「Adobe PDF（*.PDF）」，在【標記與出血】分類，勾選「所有印表機的標記」，按下「儲存 PDF」鈕。

【307. 花卉展覽海報設計】

308. 診所名片

308-1. 設定版型。

Step1　按下【開啟】鈕,選擇「ILD03.ai」。

Step2　在「底圖」圖層,使用【工具列】/【矩形工具】,繪製一個同版面大小相同的矩形(上方工作區域),【填色】使用「色票 00」、【筆畫】為「無」。

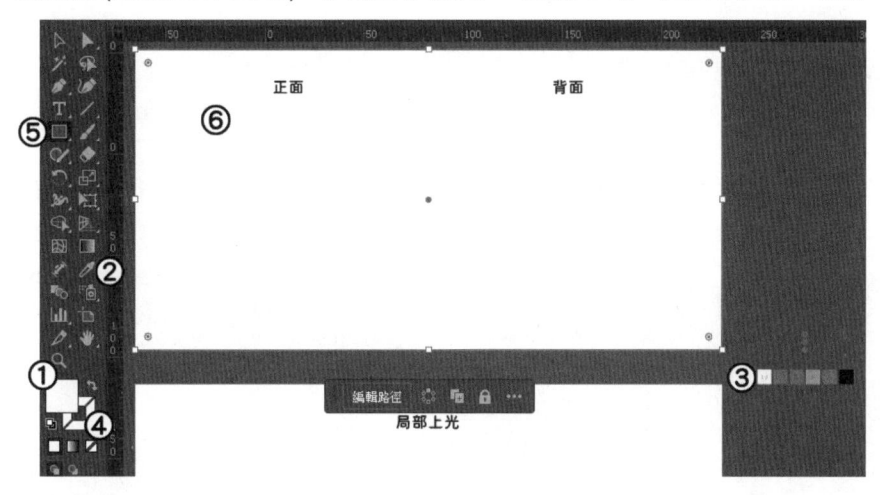

Step3　在「裁切線、出血線」圖層,使用【工具列】/【矩形工具】,上下工作區域中分別繪製左右兩個矩形,【填色】、【筆畫】皆為「無」,尺寸為「90*54mm」,接著選擇兩個矩形,使用【編輯】/【剪下】、【編輯】/【在所有工作區域上貼上】,最後全選四個矩形,使用【效果】/【裁切標記】建立裁切標記。

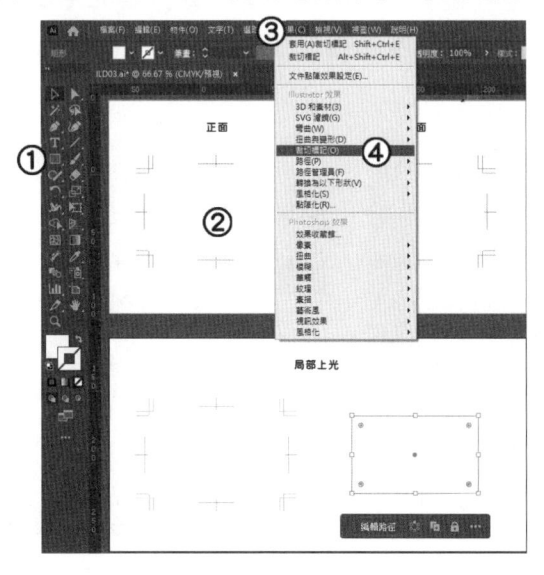

【308. 診所名片】

> Note
>
> 因為使用的是「日式裁切標記」，所以請先到【編輯】/【偏好設定】/【一般】，勾選「使用日式裁切標記」。

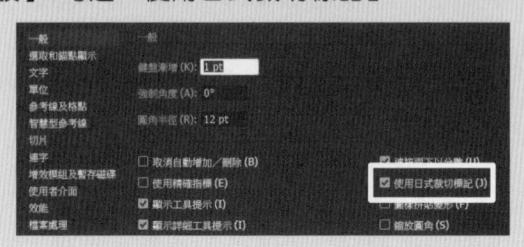

308-2. 設定 Logo 與文字。

Step1　在「文字」圖層，使用【工具列】/【矩形工具】，繪製一個「14*6mm」的矩形，再使用【工具列】/【多邊形工具】，繪製一個「23*13mm」的三角形，設定【轉角】為「1mm」，【填色】為「色票 03」、【筆畫】為「無」。

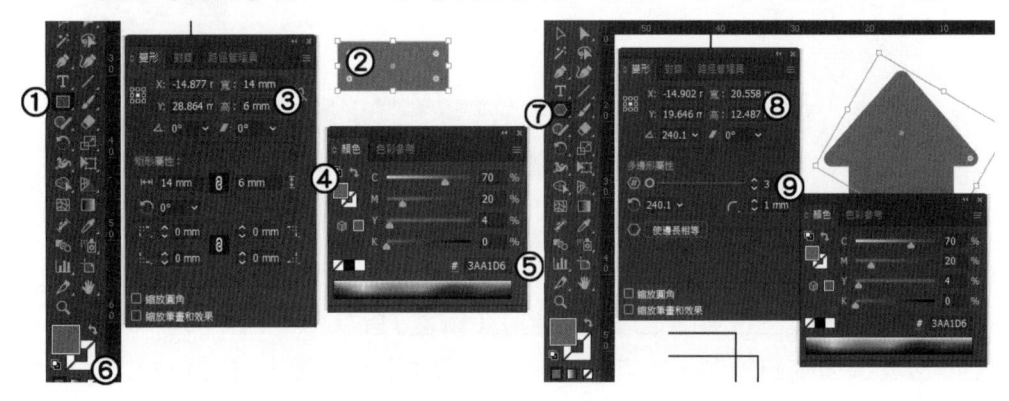

Step2　使用【視窗】/【符號】/【符號資料庫選單】，選擇【網頁圖示】分類，將「我的最愛」圖示匯入，拖曳到版面中，調整成「12*10mm」大小，按下「打斷符號連結」鈕。

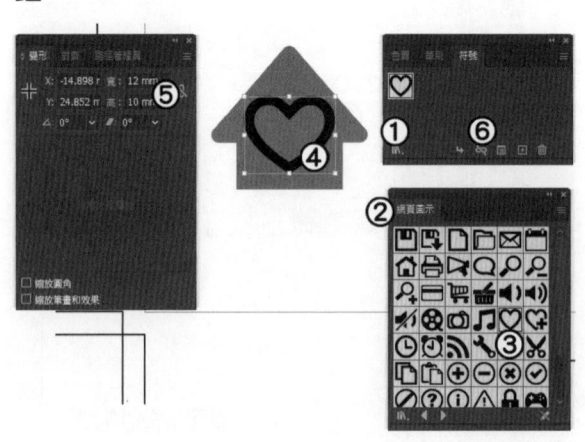

【308. 診所名片】

Step3 將「我的最愛」符號,使用【物件】/【解散群組】及【物件】/【複合路徑】/【釋放】將「我的最愛」轉換成「路徑」,刪除小愛心。

Step4 使用【視窗】/【路徑管理員】,將「三角形」及「矩形」合併,再跟「我的最愛」做「減去上層」,建立出一個空心的房子形狀。

Step5 使用【工具列】/【矩形工具】,繪製一個「1.3*5mm」的矩形,設定【填色】為「色票02」、【筆畫】為「無」,利用【工具列】/【旋轉工具】,【角度】設定為「90°」、按下「拷貝」鈕,最後將兩個矩形合併,並移到「我的最愛」中間。

Step6 使用【工具列】/【文字工具】,輸入「健康美好診所」,設定【字體】為「微軟正黑體 Regular」、【大小】為「8pt」、字距「100」、【填色】設定為「色票03」。

308-3. 編排文字。

Step1 在「文字」圖層,使用【工具列】/【文字工具】將「Text.txt」內容貼入,參考下面表格設定字體,聯繫資訊的圖示在版面右側,文字建立完成後拖曳到左側:

文字	字體	大小	行距	字距微調	填色
曾健康	微軟正黑體 Regular	12pt	自動	100	色票 05
醫師		8pt	自動		
經歷		6.5pt	11		
聯繫方式		6.5pt	11		

【308. 診所名片】

曾健康 醫師
健康大學醫學系畢業
健康醫院耳鼻喉科兼任主任醫師
頭好壯壯醫院耳鼻喉科專科醫師

健康美好診所
健康市美好街123巷1號1樓之1
04-2234-1234
www.healthyhospital12.com

308-4. 製作背面背景。

Step1 將之前建立的「紅色十字架」，複製到【底圖】圖層，並使用【視窗】/【變形】，將寬度跟高度修改成「1.75*1.75mm」，使用【工具列】/【旋轉工具】，【角度】設定為「45°」，按下「確定」鈕，最後設定【填色】為「色票 04」。

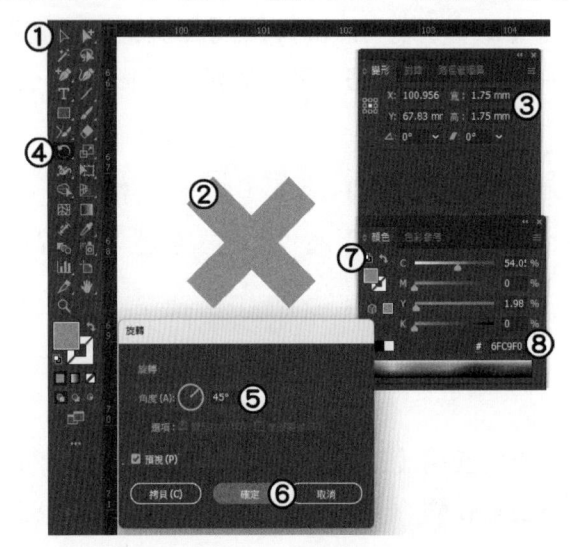

Step2 選取「藍色 X」，拖曳至【視窗】/【色票】面板中，接著連點兩下色票，進入編輯畫面，設定【拼貼類型】為「磚紋（依列）」、勾選「將拼貼調整為作品大小」及「將拼貼與作品一起移動」、【水平間距】為「2mm」、【垂直間距】為「2mm」，按下「完成」鈕。

Step3 在「底圖」圖層，刪除版面上「藍色 X」，使用【工具列】/【矩形工具】，繪製一個「90*54mm」的矩形，位置參考最早建立裁切標記時候的矩形位置，【填色】套用方才建立的「圖樣色票」、【筆畫】設定為「無」，使用【檢視】/【透明度】面板，設定【不透明度】為「20%」。

【308. 診所名片】

308-5. 設定背面內容。

Step1　在「文字」圖層，使用【工具列】/【矩形格線工具】，繪製一個「82*28mm」、【水平分隔線】數量為「3」、【垂直分隔線】數量為「0」，按下「確定」鈕。

Step2　依照最左邊線條為基準，使用【工具列】/【線段區段工具】繪製一條垂直線，並且使用左鍵兩下點選【工具列】/【選取工具】，向右偏移「19mm」，按下「確定」鈕。

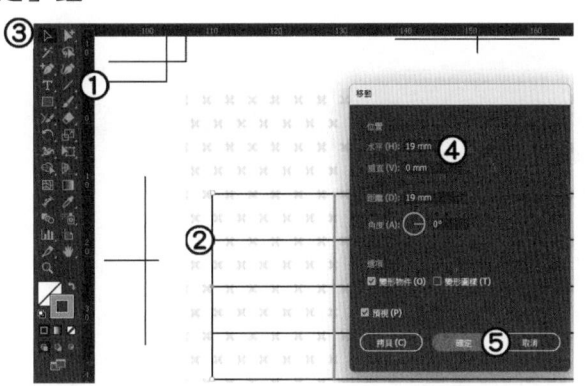

Step3　再使用【工具列】/【選取工具】左鍵兩下，將垂直線再向右偏移「9mm」，按下「拷貝」鈕，接著使用 Ctrl + D 組合鍵五次，建立剩下的垂直線。

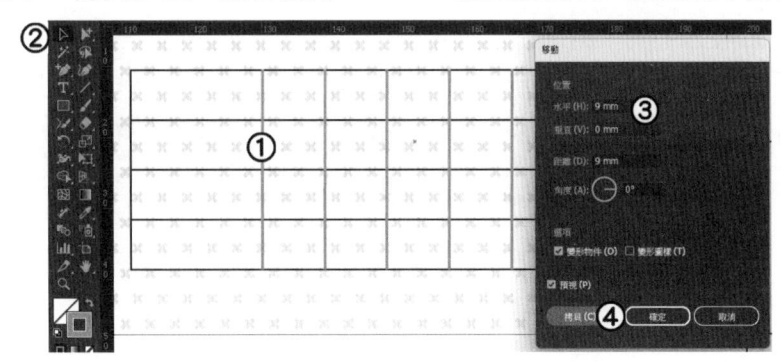

Step4　全選表格及垂直線，使用【視窗】/【路徑管理員】，按下「分割」鈕，將格線分割成各自獨立的矩形，參考展示檔，將設定四角轉角為「1.5mm」、【填色】設定為「色票 00」或「色票 04」，【筆畫】設定為「色票 04」、【筆畫寬度】設定為「0.5pt」，「休診」儲存格用【路徑管理員】的「聯集」功能。

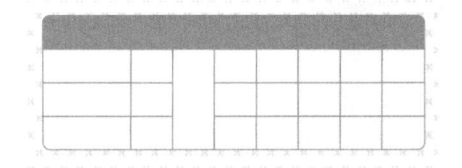

【308. 診所名片】

Step5　參考展示檔,將文字及紅十字架輸入至表格中,所有表格中文字【字體】為「微軟正黑體 Regular」、【大小】為「6.5pt」、【門診時間】與【星期文字】的【填色】為「色票00」、【時間】與【休診】的【填色】為「色票0」,上方標題區文字【字體】為「微軟正黑體 Regular」、【大小】為「8pt」【填色】為「色票04」,圓角矩形尺寸為「17*4.8mm」,轉角為「2.4mm」,【填色】設定為「色票0」,【筆畫】設定為「色票04」【筆畫寬度】設定為「0.5pt」。

308-6. 設定局部上光。

Step1　將上方版面中的「房子」、「十字架」、「診所名稱」、「標題圓角矩形」剪下,將【局部上光】圖層顯示。使用【編輯】/【在所有工作區域上貼上】。

> Note：【在所有工作區域上貼上】時,上方工作區的圖層會大亂,所以筆者建議先把會在【局部上光】圖層出現的路徑先群組起來,這樣事後調整比較方便。

Step2　因為貼上時,都是貼在【文字】圖層,所以貼上方才剪下的路徑,必須先選取【局部上光】圖層再貼上。

Step3　使用【視窗】/【顏色】面板開啟,分別選取【局部上光】的路徑,將【顏色】設定成「灰階」,針對路徑的【填色】與【筆畫】,都將【K值】設定成「100%」。

309. 郵票

309-1. 設定版型。

Step1　按下【開啟】鈕，選擇「ILD03.ai」。

Step2　使用【檔案】/【文件設定】，設定【出血】皆為「0.3cm」，並按下「編輯工作區域」，在【視窗】/【控制】，將【工作區域】轉換成「橫式」。

Step3　使用【視窗】/【色票】，分別選擇三個「特別色」，選擇「面板選單」鈕的「複製色票」，接著對著「複製色票」左鍵兩下，在【色票選項】中，將【色票類型】修改成「印刷色」、取消勾選「整體」，按下「確定」鈕。

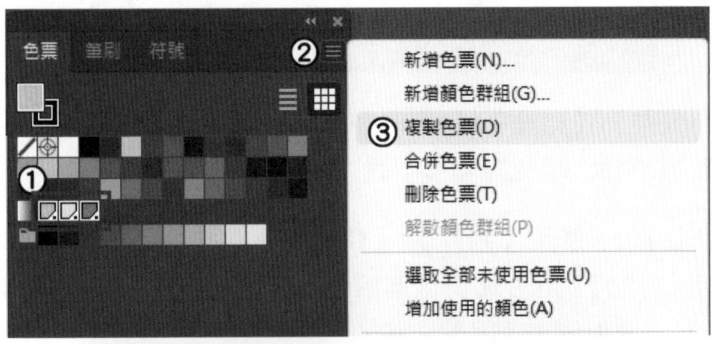

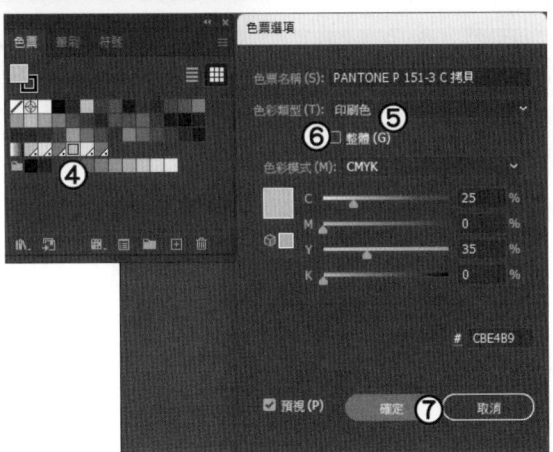

【309. 郵票】

309-2. 設定背景。

Step1 使用【工具列】/【矩形工具】,繪製一個同出血線大小相同的矩形,設定【填色】為「PANTONE P 125-12 C 拷貝」,【筆畫】為「無」。

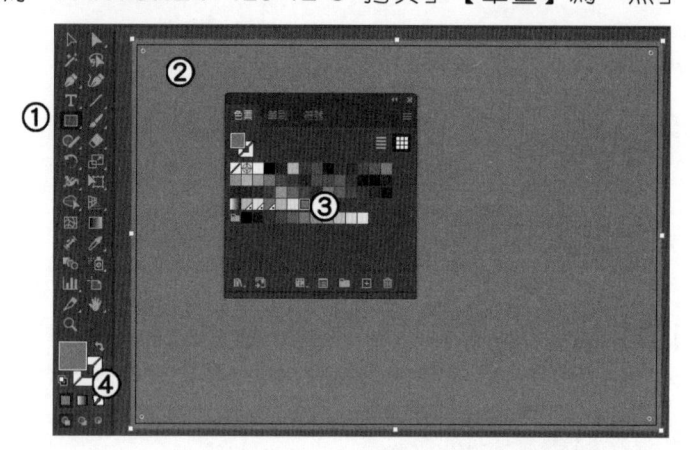

Step2 使用【效果】/【紋理】/【彩繪玻璃】,設定【儲存格大小】為「49」、【邊界粗細】為「19」、【光源強度】為「0」,按下「確定」鈕。

Step3 選取「矩形」,使用【物件】/【擴充外觀】將「矩形」轉換成「影像」,接著使用【控制】列上的【影像描圖】/【高保真度相片】,將影像再轉換成「影像描圖」,最後按下「展開」鈕。

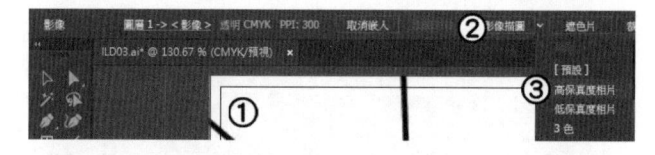

Step4 使用【工具列】/【矩形工具】,繪製一個同出血線大小相同的矩形,選取「矩形」及影像描圖展開後的「群組」,利用【視窗】/【路徑管理員】/【裁切】,將外側多餘的影像刪除。

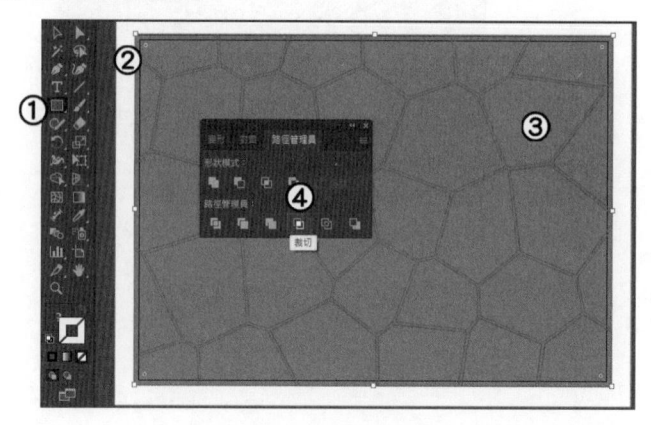

【309. 郵票】

Step5 使用【工具列】/【群組選取工具】,選取「分割邊界」,設定【填色】為「PANTONE P 125-12 C 拷貝」,【不透明度】為「80%」,並隨機選取不同區域,利用【視窗】/【顏色】調整區域的色彩。

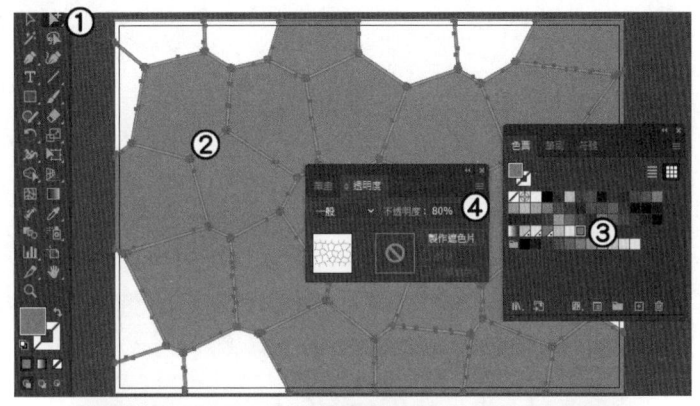

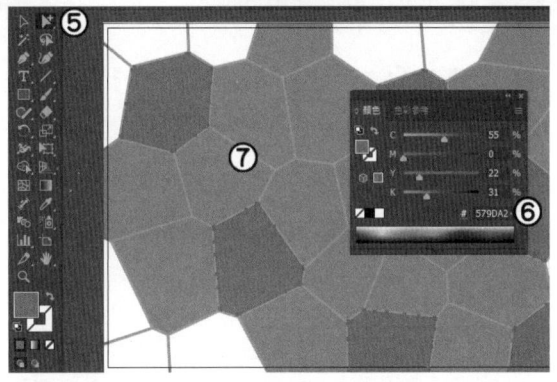

Note 留白的區域,可以用「鋼筆工具」補滿並填色。

309-3. 繪製信封。

Step1 使用【工具列】/【矩形工具】及【多邊形工具】,分別繪製「信封主體」及「信封摺頁」,設定【填色】為「PANTONE P 3-9 C 拷貝」,筆畫為「無」,並使用【效果】/【風格化】/【製作陰影】,設定【不透明度】為「30%」、【X 位移】為「0cm」、【Y 位移】為「0.25cm」、【模糊】為「0.18cm」,按下「確定」鈕,「信封摺頁」利用【工具列】/【直接選取工具】及【增加錨點工具】建立圓角。

【309. 郵票】

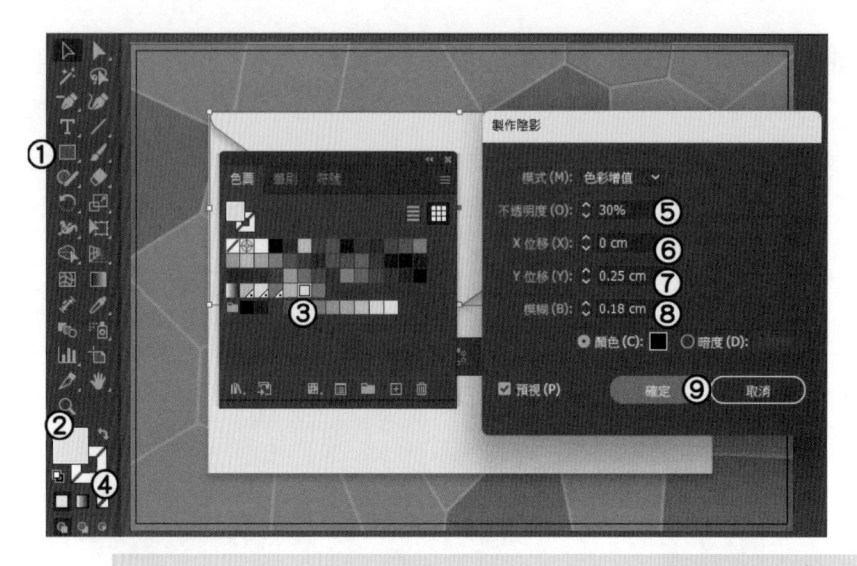

Note:「信封主體」大小約 23cm*16cm。

Step2　使用【效果】/【紋理】/【紋理化】，設定【紋理】為「畫布」、【縮放】為 80%、【浮雕】為「5」，按「確定」鈕，套用至「信封主體」及「信封摺頁」，最後使用【工具列】/【選取工具】調整「信封主體」及「信封摺頁」角度。

309-4. 製作版面效果。

Step1　使用【工具列】/【矩形工具】，繪製一個「10.5cm*12.5cm」、「白色填色無筆畫」的矩形，按下「確定」鈕，再利用【物件】/【路徑】/【位移複製】，設定【位移】為「-1cm」的複製矩形，按下「確定」鈕，最後設定【填色】為「PANTONE P 151-3 C 拷貝」、筆畫為「無」。

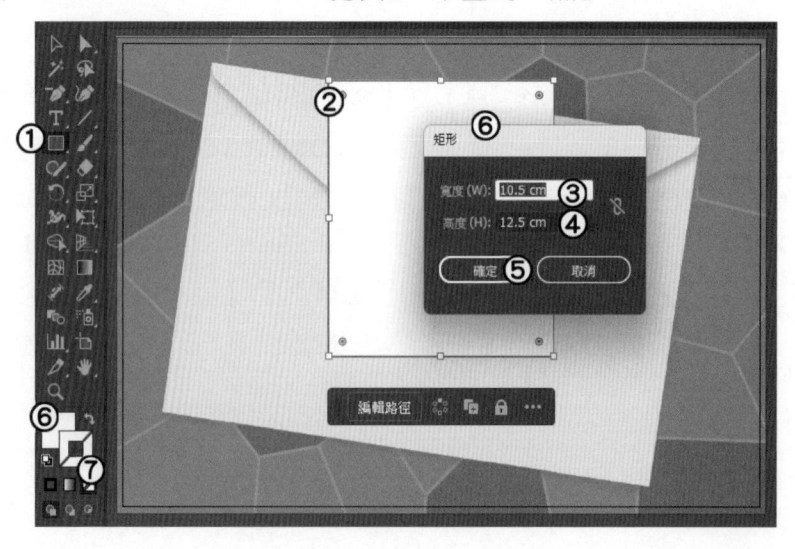

【309. 郵票】

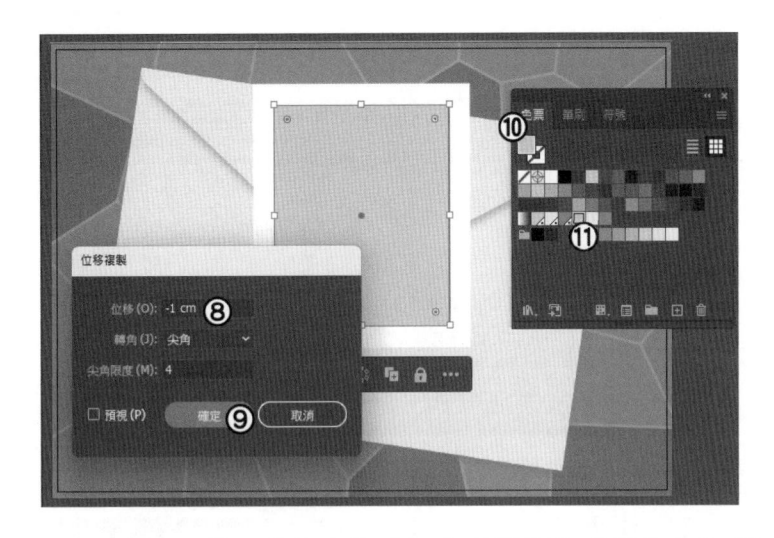

Step2 選取「白色」矩形，使用【效果】/【扭曲與變形】/【鋸齒化】，設定【尺寸】為「0.13cm」、勾選「絕對的」、【各區間的鋸齒數】為「30」、【點】為「平滑」，按下「確定」鈕。

Step3 選取「白色」矩形，使用【效果】/【風格化】/【製作陰影】，設定【不透明度】為「30%」、【X位移】為「0cm」、【Y位移】為「0.37cm」、【模糊】為「0.26cm」，按下「確定」鈕。

Step4 使用【工具列】/【文字工具】，在【視窗】/【文字】/【字元】面板中，設定【字型】為「Times New Roman」、【字型樣式】為「Bold」、【字型大小】為「72pt」，【文字填色】為「黑色」，在版面上輸入「5」並調整位置。

Step5 選取「蘋果主體」路徑，使用【工具列】/【網格工具】，建立數個「網格點」，分別設定下列填色：
- 四周：C:50%、M:20%、Y:100%、K:0%。

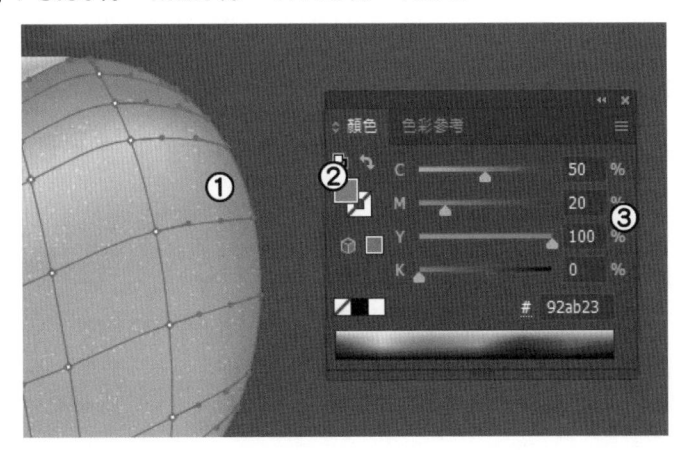

【309. 郵票】

- 底部：C:68%、M:44%、Y:100%、K:12%。

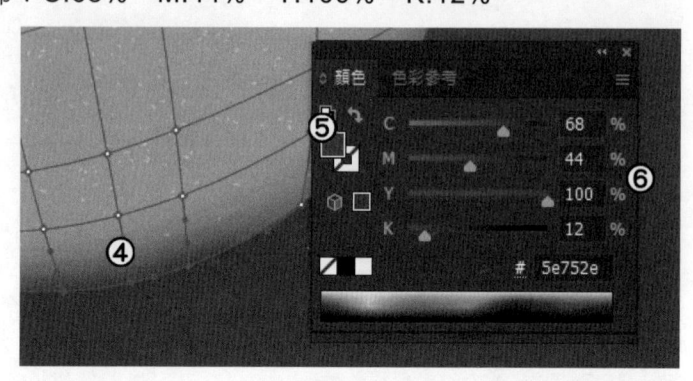

- 亮面：C:22%、M:1%、Y:43%、K:0%。

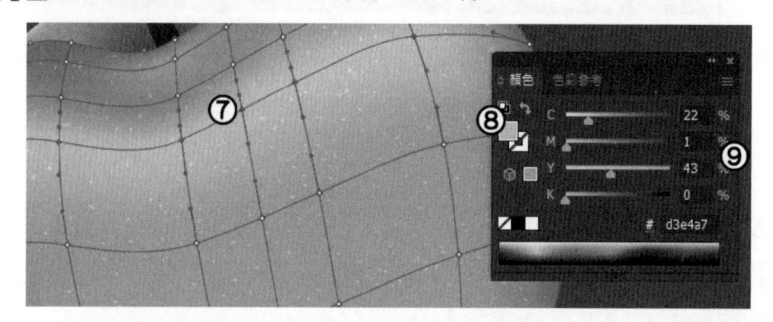

> **Note** 上方區塊採用相同方式，配合「直接選取工具」調整錨點位置及把手方向。
> - 外側：C:20.7%、M:0.39%、Y:33.2%、K:0%。
> - 中間：C:51.95%、M:23.44%、Y:90.63%、K:0%。
> - 內側：C:61.72%、M:32.81%、Y:100%、K:0%。

Step6 將「蘋果」、「綠色矩形」、「白色鋸齒矩形」、「5文字」群組，使用【工具列】/【選取工具】，調整群組的角度。

309-5. 調整郵戳。

Step1 選取「飛機」郵戳，使用【視窗】/【控制】/【影像描圖】，按下「素描圖」，並接著按下「展開」鈕。

Step2 展開後的路徑，套用【特別色】為「PANTONE P 125-12 C 拷貝」，使用【視窗】/【透明度】，設定【漸層模式】為「色彩增值」、不透明度為「90%」，並調整圖層順序、位置與角度。

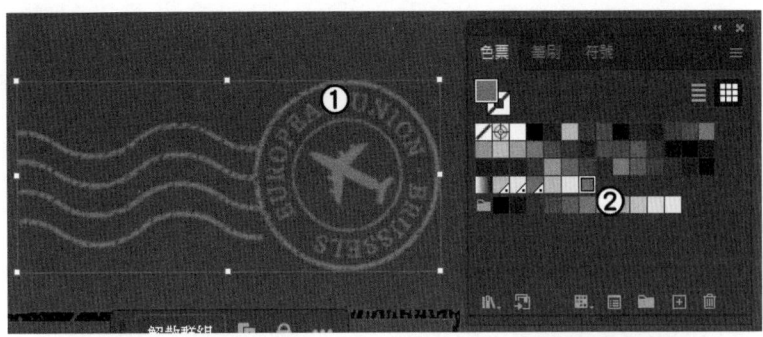

Step3 選取「AIR MAIL」，使用【編輯】/【編輯色彩】/【調整色彩平衡】，設定【青色】為「0%」、【洋紅】為「80%」、【黃色】為「50%」、【黑色】為「-100%」，使用【視窗】/【透明度】，按下「確定」鈕，使用【視窗】/【透明度】，設定【漸層模式】為「色彩增值」、【不透明度】為「90%」，並調整位置與角度。

310. 幼兒園圖表 DM

310-1. 設定背景影像。

Step1　按下「開啟」鈕,選擇「ILD03.ai」。

Step2　使用【工具列】/【矩形工具】,繪製一個「55*55mm」的矩形,設定【填色】為「#F8B62D」、【筆畫】為「無」,按下「確定」鈕,將「時鐘」、「筆記本」、「荷包蛋」、「積木」圖形,拖曳到正方形中排列,再使用【視窗】/【色票】,將圖形拖入色票面板中,左鍵兩下色票,進入編輯環境。

Step3　將【拼貼類型】設定為「磚紋(依欄)」,按下「完成」鈕。

Step4　新增【bg】圖層,使用【工具列】/【矩形工具】,繪製一個同版面大小的矩形,設定【填色】為「方才建立的色票」、【筆畫】為「無」,使用【視窗】/【透明度】,設定【不透明】度為「15%」。

【310. 幼兒園圖表 DM】

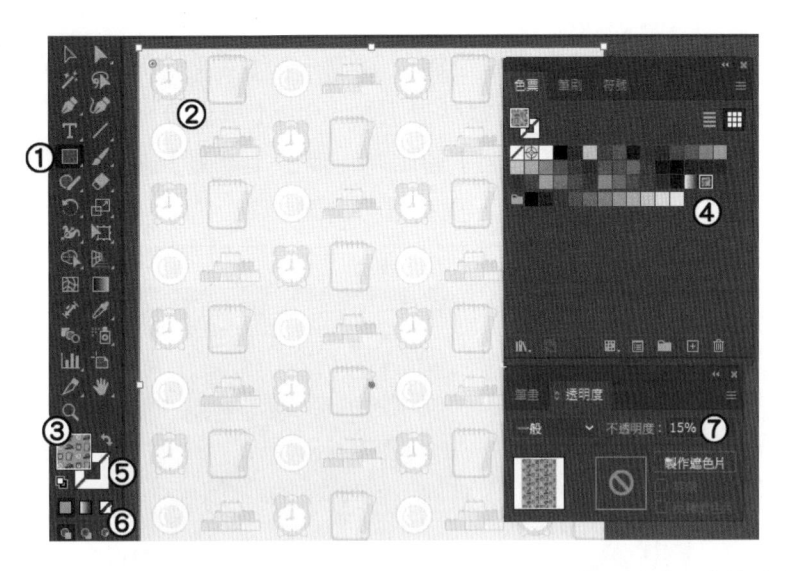

Step5 複製矩形,將【填色】與【筆畫】互換,使用【視窗】/【筆畫】面板,設定【筆畫寬度】為「20pt」、【對齊筆畫】為「筆畫內側對齊」,設定【不透明】度調回「100%」。

310-2. 建立表格及圖表。

Step1 使用【工具列】/【圓角矩形工具】,繪製一個圓角矩形,設定【寬度】為「185mm」、【高度】為「120mm」、圓角半徑為「2mm」,按下「確定」鈕,設定【填色】設定為「# F8B62D」、【筆畫】為「無」,使用【視窗】/【透明度】,設定【漸變模式】為「柔光」。

【310. 幼兒園圖表 DM】

Step2 使用【工具列】/【矩形格線工具】，建立一個【寬度】為「174mm」、【高度】為「109mm」、【水平分隔線數量】為「9」、【垂直分隔線數量】為「5」，按下「確定」鈕，設定【填色】設定為「無」、【筆畫】為「黑色」的表格，並與下方圓角矩形進行水平、垂直置中對齊設定。

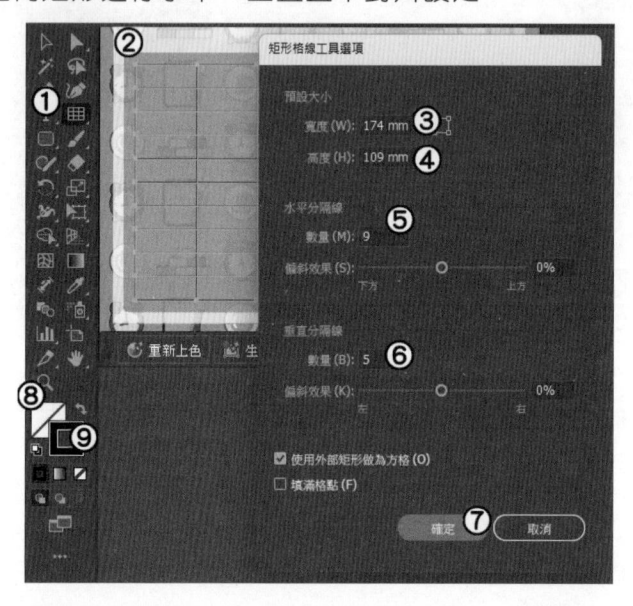

Step3 全選表格，使用【視窗】/【路徑管理員】，按下「分割」鈕，將格線分割成各自獨立的矩形，參考展示檔，使用【視窗】/【路徑管理員】的「聯集」功能，將矩形做部分合併，第一列的填色設定為「#EA5514」。

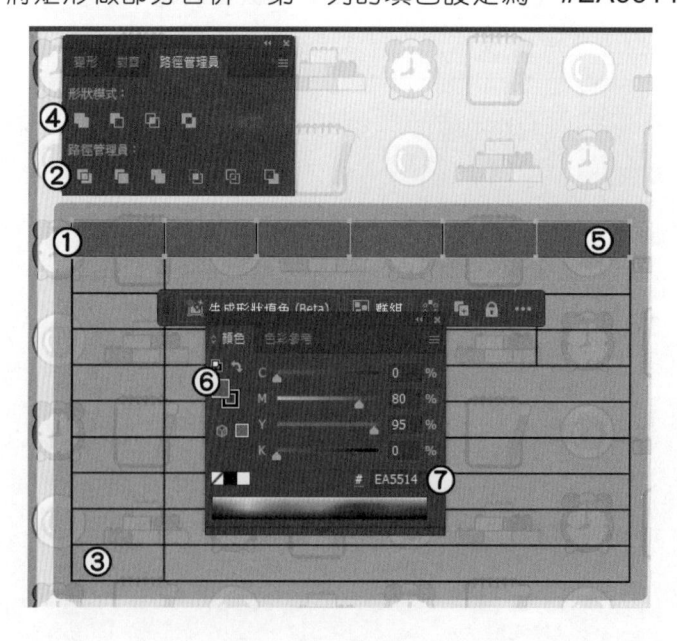

【310. 幼兒園圖表 DM】

310-3. 編排表格文字。

Step1　使用【工具列】/【文字工具】，在版面中拖曳出一個文字方塊（約 18*4mm 大小），設定字體為「微軟正黑體 Bold」、字體大小為「12pt」，調整至表格中，並依表格位置，將文字方塊複製貼入（黑框是為了方便辨識，實際操作不需要設定）。

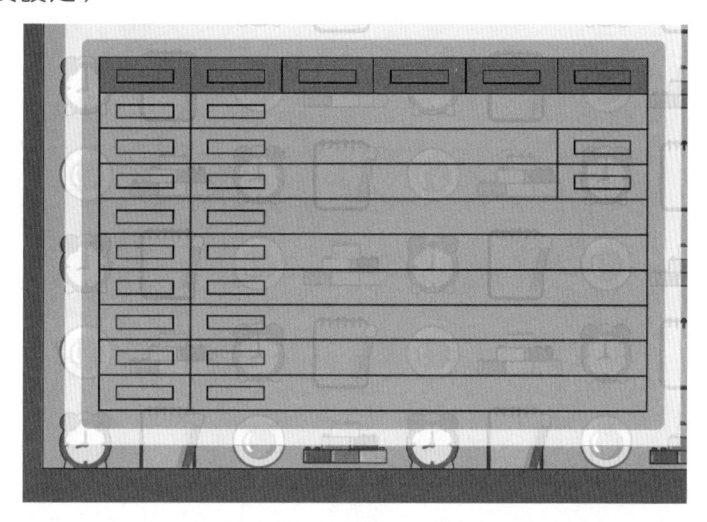

Step2　將文字依序貼入文字方塊並調整文字方塊大小，標題列的文字【填色】設定為「白色」。

> Note　也可以利用「區域文字」配合「文字序」將文字填入，只要注意區域文字框寬度即可。

【310. 幼兒園圖表 DM】

310-4. 建立圖表。

Step1 使用【工具列】/【折線圖工具】，在版面上拖曳出圖表範圍，在【圖表資料視窗】中貼入「matl3」圖層文字內容，按下「套用」鈕。

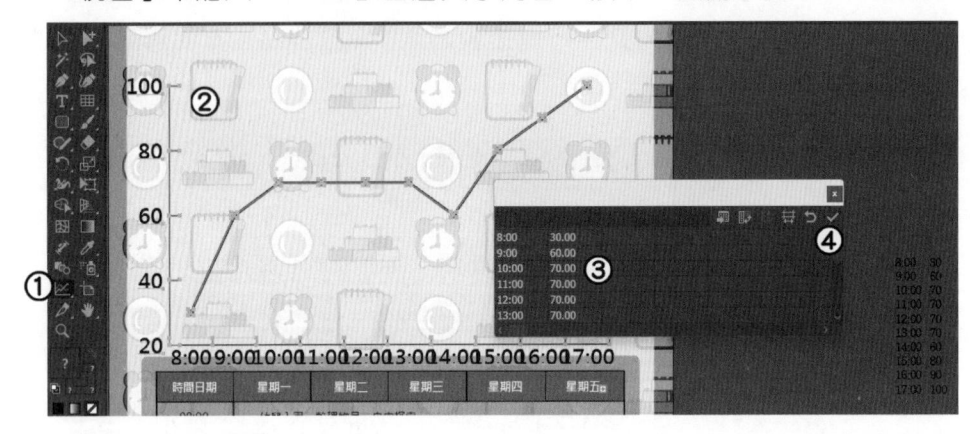

Step2 調整表格位置，使用【物件】/【圖表】/【類型】，將【垂直座標軸】的 40~80 數字及折線圖上的【標記資料點】移除。

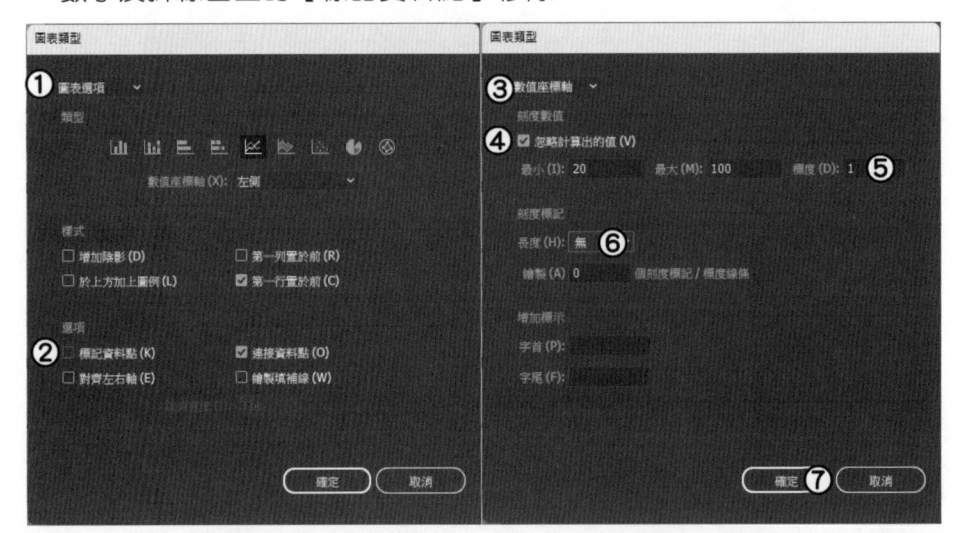

Step3 所有文字【字體】為「Arial Regular」，【垂直座標軸】字體【大小】為「21pt」、【水平座標軸】字體【大小】為「12.5pt」。

Step4 選取【座標軸線段】，設定【寬度】為「6pt」、【筆畫顏色】為「#036EB8」、【端點】為「圓端點」，折線圖設定【寬度】為「21pt」、【筆畫顏色】為「#F8B62D」、【端點】為「圓端點」。

【310. 幼兒園圖表 DM】

310-5. 設定 draw 圖層。

Step1 新增「draw」圖層，將「matl1」內容置入相對應位置，文字設定【填色】為「#F8B62D」、【筆畫】為「黑色」、【筆畫寬度】為「2pt」、【尖角】為「圓角」、【對齊筆畫】為「外側」，【母子】圖案下方添加一個「白色不規則圓型」，設定【填色】為「白色」、【筆畫】為「無」。

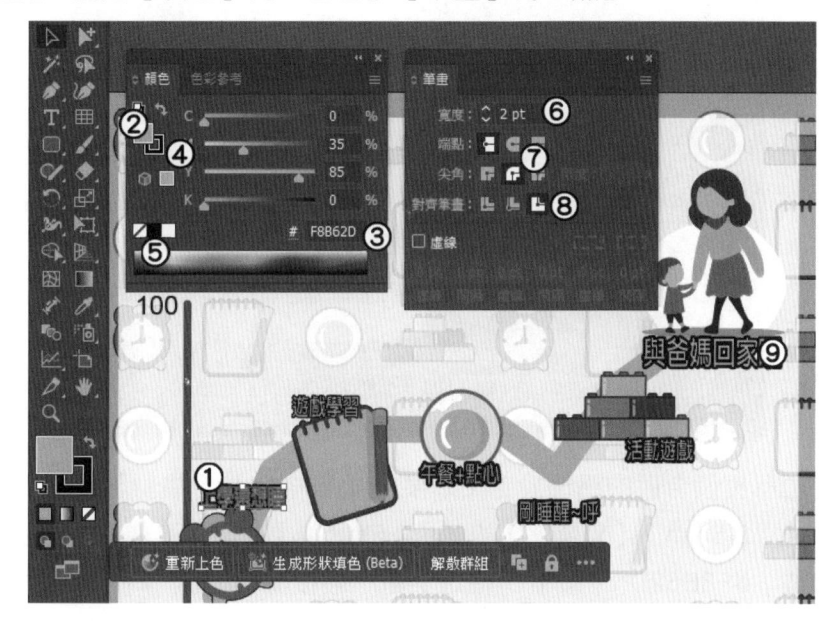

Step2 「寶寶成長心情 UP」設定【填色】為「白色」、【筆畫】為「#F8B62D」、【筆畫寬度】為「1pt」、【尖角】為「圓角」、【對齊筆畫】為「外側」。

> Note：「與爸媽回家囉」字體較大，建議利用【內容】面板，調整成約【寬度】為「40mm」、【高度】為「8mm」大小。

Step3 選取「TQC 加培育幼兒園」，使用【物件】/【路徑】/【位移複製】，設定【位移】為「5mm」、【轉角】為「圓角」，按下「確定」鈕。

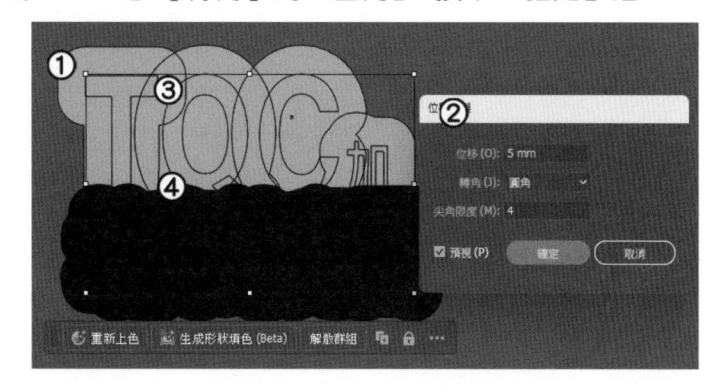

【310. 幼兒園圖表 DM】

Step4 將位移的路徑使用【路徑管理員】的「聯集」功能合併,將【填色】改成「白色」、【筆畫】改成「#F8B62D」、【筆畫寬度】改成「2pt」,最後調整圖層順序及大小。

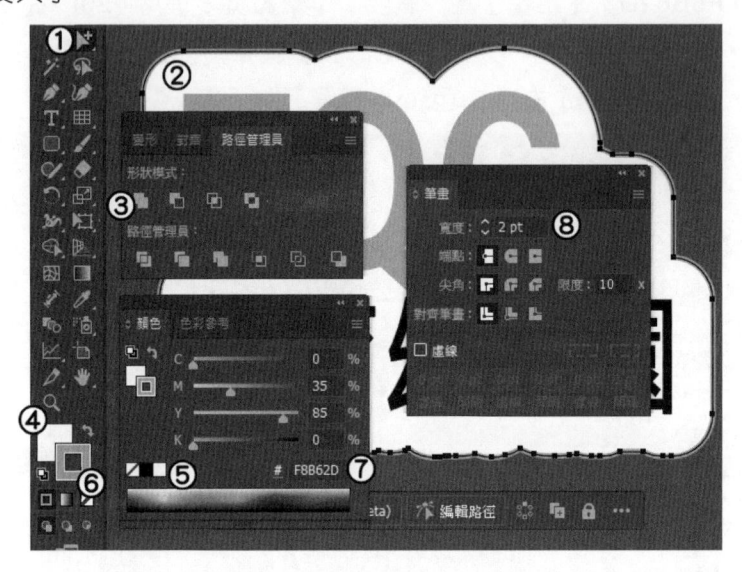

Step5 將位移複製合併的路徑設定【效果】/【風格化】/【陰影】,設定【X位移】改成「2.5mm」、【Y位移】改成「2.5mm」、【模糊】改成「0mm」、【顏色】改成「#F8B62D」,按下「確定」鈕,最後調整位置

【310. 幼兒園圖表 DM】

第四類

圖文應用能力

401. 拼貼藝術
402. 巧克力包裝
403. 森林住宅建案 A4 文宣
404. Folder Design Template
405. 懸疑海報設計
406. Milk Box Design Template
407. flora
408. 水族館登入介面設計
409. No Music No Life
410. Social Media ROI Report

401. 拼貼藝術

401-1. 置入影像。

Step1　按下【開啟】鈕，選擇「ILD04.ai」。

Step2　使用【檔案】/【置入】，將「Block.psd」、「Flower.psd」、「Freedom.psd」、「Green.psd」、「Hand.psd」、「Horse.psd」、「Sign.psd」檔案置入，選擇「Block.psd」，調整「大小」及「位置」之後，使用【工具列】/【旋轉工具】，設定【角度】為「180°」，按下「確定」鈕。

Step3　選擇「Flower.psd」，調整「角度」及「位置」之後，使用【工具列】/【選取工具】，配合【Alt】+【左鍵拖曳】，建立另外三個花朵，並調整成不同「大小」及「角度」。

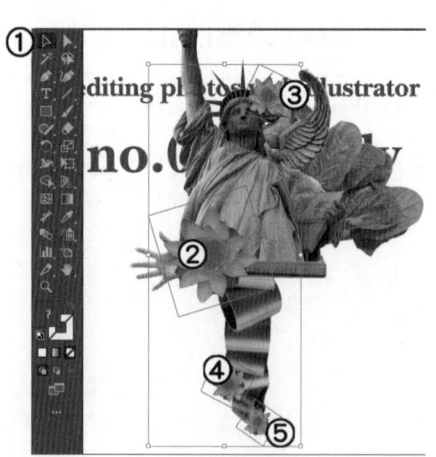

【401. 拼貼藝術】

Step4 選擇「Freedom.psd」，使用【工具列】/【選取工具】，調整「位置」及「大小」。

Step5 使用【工具列】/【選取工具】，選擇「Green.psd」，調整「位置」、「大小」及「角度」，再使用【工具列】/【鏡射工具】，配合【Alt】鍵以「版面中央」為基準，設定【座標軸】為「垂直」，按下「拷貝」鈕，建立「Green.psd」的副本。

Step6 使用【工具列】/【選取工具】，選擇「Hand.psd」，調整「位置」及「大小」，再使用【工具列】/【旋轉工具】，配合【Alt】鍵以「Hand.psd」右邊「錨點」為基準，設定角度為「45°」，按下「拷貝」鈕建立「Hand.psd」副本，再接著使用【Ctrl】+【D】組合鍵三次，再複製三個副本。

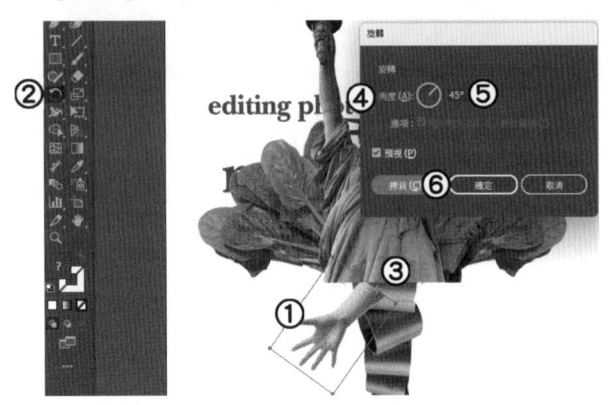

Step7 使用【工具列】/【選取工具】，選擇「Horse.psd」，調整「位置」、「大小」及「角度」，再使用【工具列】/【鏡射工具】，配合【Alt】鍵以「版面中央」為基準，設定【座標軸】為「垂直」，按下「拷貝」鈕，建立「Horse.psd」的副本。

【401. 拼貼藝術】

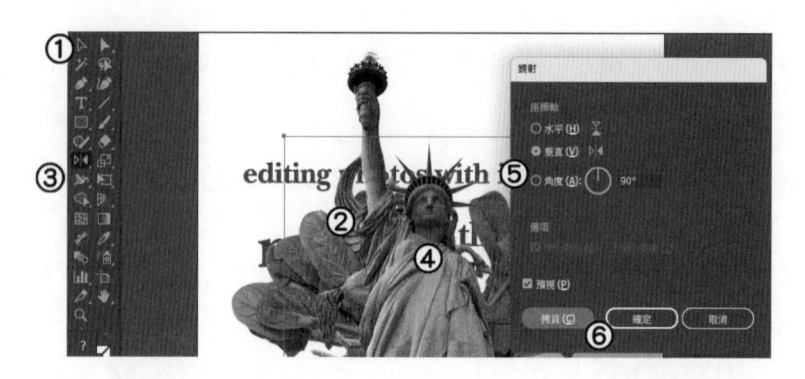

Step8　使用【工具列】/【選取工具】,選擇「Sign.psd」,調整「位置」、「大小」及「角度」,再使用【工具列】/【鏡射工具】,配合【Alt】鍵以「版面中央」為基準,設定【座標軸】為「垂直」,按下「拷貝」鈕,建立「Sign.psd」的副本。

Step9　使用【視窗】/【圖層】面板,將「同檔案」製作成「群組」,並調整圖層順序,由下至上分別為「Green.psd」、「Block.psd」、「Hand.psd」、「Horse.psd」、「Freedom.pad」、「Sign.psd」、「Flower.psd」。

401-2. 繪製背景。

Step1　使用【工具列】/【多邊形工具】,點選頁面空白處,繪製一個【半徑】為 67mm、【邊數】為「3」,按下「確定」鈕,設定【填色】為「C:50%、M:90%、Y:0%、K:0%」、【筆畫】為「無」的三角形,再使用【工具列】/【選取工具】,將三角形調整成「細長型」。

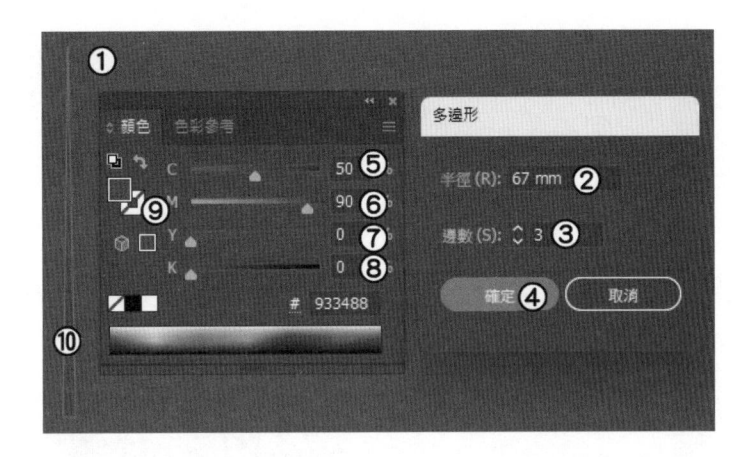

Step2 選取三角形,使用【工具列】/【旋轉工具】,配合【Alt】鍵,指定三角形頂端錨點為基準,設定角度為「7.5°」,按下「拷貝」鈕,最後使用【Ctrl】+【D】組合鍵,複製出「48」個三角形。

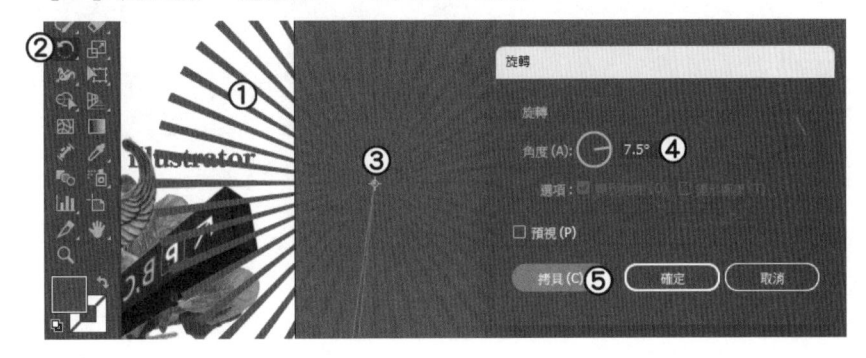

Step3 將「48」個三角形群組後,使用【工具列】/【漸層工具】,配合【視窗】/【漸層】,設定【類型】為「放射狀」、【左側色塊】為「C:50%、M:90%、Y:0%、K:0%」、【右側色塊】為「白色,不透明度為0%」。

Step4 使用【工具列】/【矩形工具】,繪製一個同版面大小的矩形,選取「填色」,使用【工具列】/【漸層】,配合【視窗】/【漸層】,設定【類形】為「放射狀」、【左側色塊】為「C:0%、M:100%、Y:0%、K:0%」、【右側色塊】為「白色」。

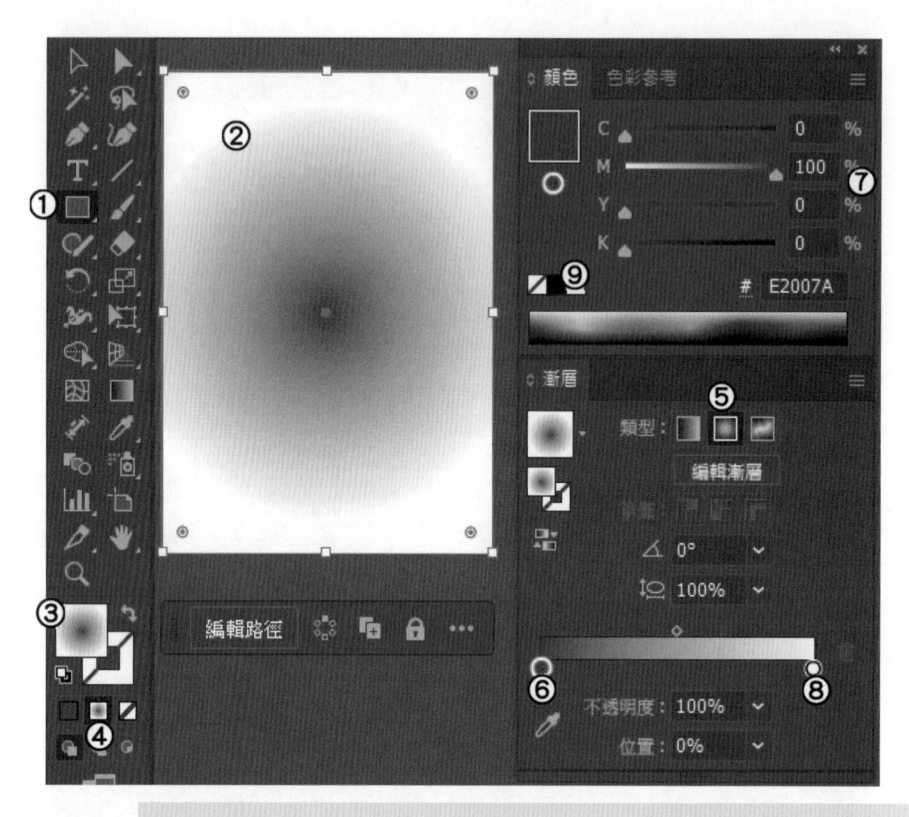

Note 漸層滑桿的「中點」跟「右側色標」可以些微調整。

Step5　使用【視窗】/【圖層】，將「放射狀三角形」及「放射狀填色矩形」移動到最下層。

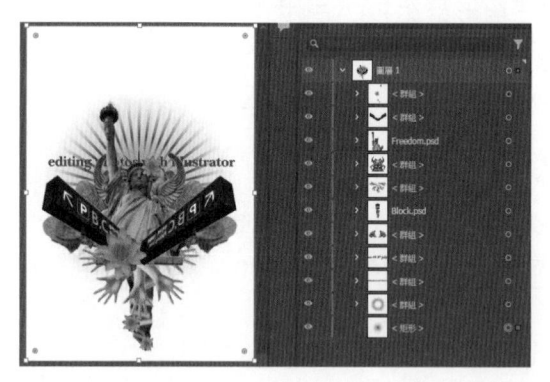

【401. 拼貼藝術】

401-3. 設定漸層線段。

Step1 使用【工具列】/【鉛筆工具】，在版面中繪製四條線段，設定【筆畫寬度】為「2pt」、【筆畫顏色】為「C:70%、M:15%、Y:0%、K:0%」、【筆刷】為「藝術-墨水：漸細筆畫」。

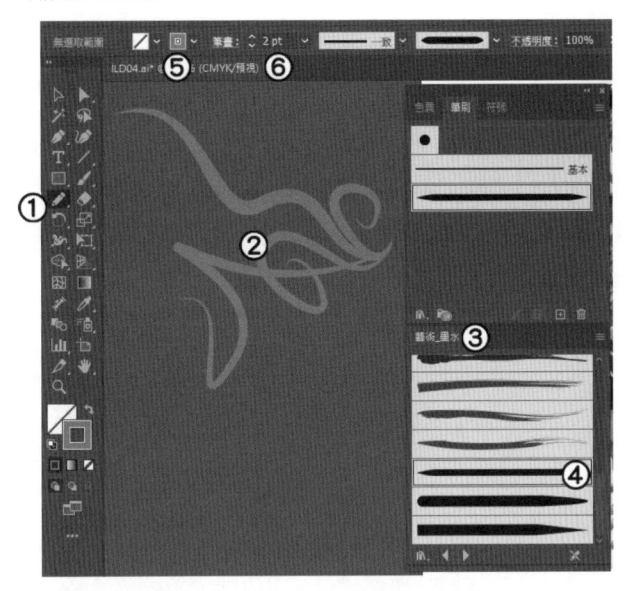

Step2 使用【工具列】/【選取工具】，將四條線段組合後「群組」，使用【物件】/【擴充外觀】，將「線段」轉換成「路徑」。

Step3 使用【工具列】/【漸層工具】，使用【工具列】/【漸層工具】，配合【視窗】/【漸層】，設定【類形】為「線性」、【角度】為「180°」、【左側色塊】為「C:70%、M:15%、Y:0%、K:0%」、【右側色塊】為「白色」。

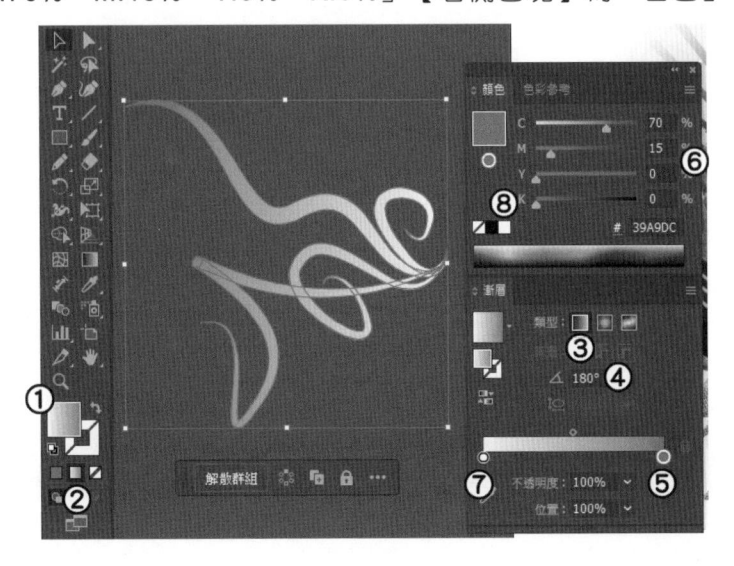

【401. 拼貼藝術】

Step4 使用【工具列】/【鏡射工具】,將「線段群組」以版面中央為基準,配合【Alt】鍵指定「鏡射點」,設定【座標軸】為「垂直」,按下「拷貝」鈕,建立「線段群組」副本,最後調整圖層順序。

401-4. 設定同心圓。

Step1 使用【工具列】/【橢圓形工具】,繪製一個「140*140mm」的正圓形,【填色】、【筆畫】參考下方表格(只針對 C 色彩設定,MYK 色彩都為 0%),再利用【工具列】/【縮放工具】,【一致】設定為「70%」,勾選「縮放筆畫和效果」,最後按下「拷貝」鈕,再利用「Ctrl+D」再次變形組合鍵,建立一共六個正圓形並建立群組。

圓形 (由外到內)	填色	筆畫	位置
第一個	無	C=10%,寬度:9.65mm	移動到同心圓漸層矩形上方(倒數第二層)
第二個	無	C=20%	Freedom.psd 上層
第三個	無	C=40%	Freedom.psd 火炬上層
第四個	無	C=60%	Freedom.psd 上層
第五個	無	C=80%	Freedom.psd 上層
第六個	C=20%	無	Freedom.psd 下層

Note 同心圓組先複製一個,等一下會用到,大同心圓需要些微縮小(如果採用上述設定值),如果使用【工具列】/【縮放】工具建立第二組同心圓組時,可以取消勾選「縮放筆畫和效果」再按下「拷貝」鈕。

【401. 拼貼藝術】

Step2 將同心圓組複製一份，縮小後移動至「Horse.psd」圖層下方，並參考下方圖表改變設定。

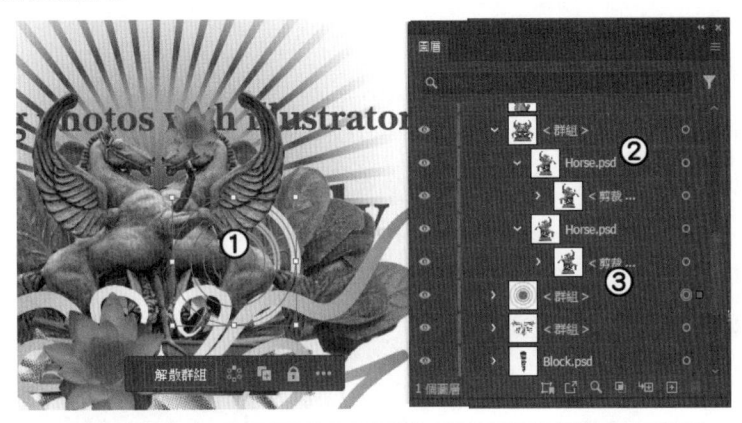

圓形(由外到內)	填色	筆畫
第一個	無	C=20%
第二個	無	C=40%
第三個	無	C=60%
第四個	C=80%	無
第五個(刪除)		
第六個(刪除)		

Step3 其他綠色圓形採用【工具列】/【橢圓形工具】繪製，顏色採用「C:60%、M:0%、Y:75%、K:0%」，大小、圈數參考展示檔。

Step4 使用【視窗】/【符號資料庫】/【汙點向量包】，選擇「汙點向量包 09」及「汙點向量包 11」，再使用【工具列】/【符號噴灑器工具】，設定【填色】為「M:100%」，在版面中建立數個符號組，並調整至「Flower.psd」圖層下方。

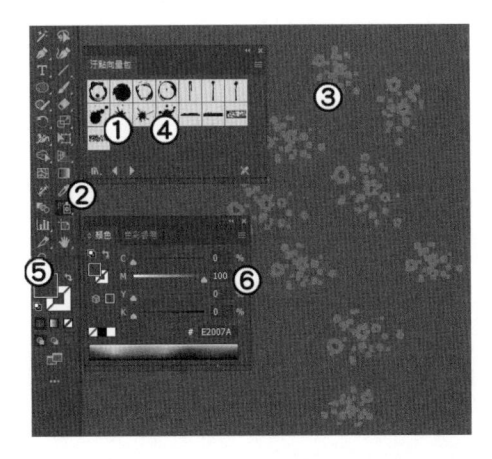

【401. 拼貼藝術】

> 符號組使用【物件】/【展開】,展開成「複合路徑」後再上色會比較方便。

401-5. 調整文字、圖層與存檔。

Step1　分別選擇「editing photos with illustrator」及「no.06 9th july」文字,使用【視窗】/【內容】,先按下「維持高度和寬度的比例」,設定「editing photos with illustrator」高度為「5.5mm」、「no.06 9th july」高度為「8.6mm」最後使用【工具列】/【選取工具】調整位置。

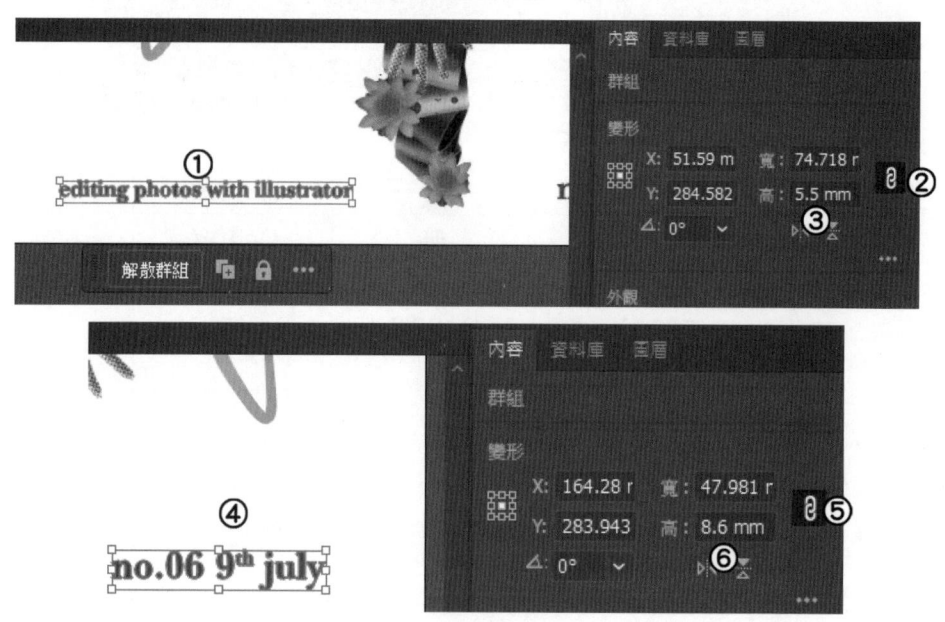

Step2　使用【檔案】/【儲存檔案】,將檔案變更成「ILA04.ai」,按下「存檔」鈕,在【Illustrator 選項】面板中,勾選「包含連結檔案」,按下「確定」鈕存檔。

402. 巧克力包裝

402-1. 設定背景。

Step1　點選「新檔案」鈕，選擇【列印】標籤，【檔名】輸入「ILA04」，設定【寬度】為「200mm」、【高度】為「90mm」，按下「建立」鈕

Step2　使用【工具列】/【矩形工具】，在版面上輸入一個「22*22mm」正方形，按下，按下「確定」鈕，設定【填色】為「#F49E15」、【筆畫】為「無」，使用【工具列】/【橢圓形工具】，繪製一個「11*11mm」正圓形、一個「3*5mm」橢圓形，設定【填色】為「#EC6619」、【筆畫】為「無」，橢圓形使用【工具列】/【錨點工具】，轉換橢圓形上下錨點成尖角，再使用【工具列】/【旋轉】工具，角度設定為「-45°」，按下「確定」鈕，最後調整位置。

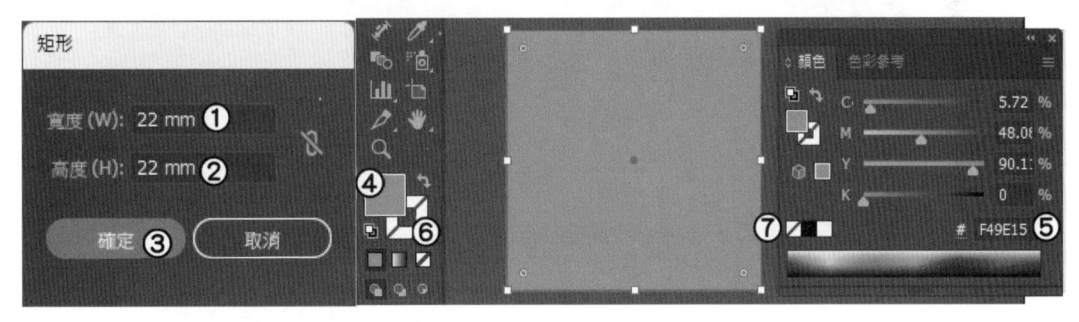

Step3　使用【視窗】/【色票】，將正方形圖形新增成「色票」。

Step4　使用【工具列】/【矩形工具】在版面上繪製一個「200*900mm」矩形，設定【填色】為方才建立的色票、【筆畫】為「無」。

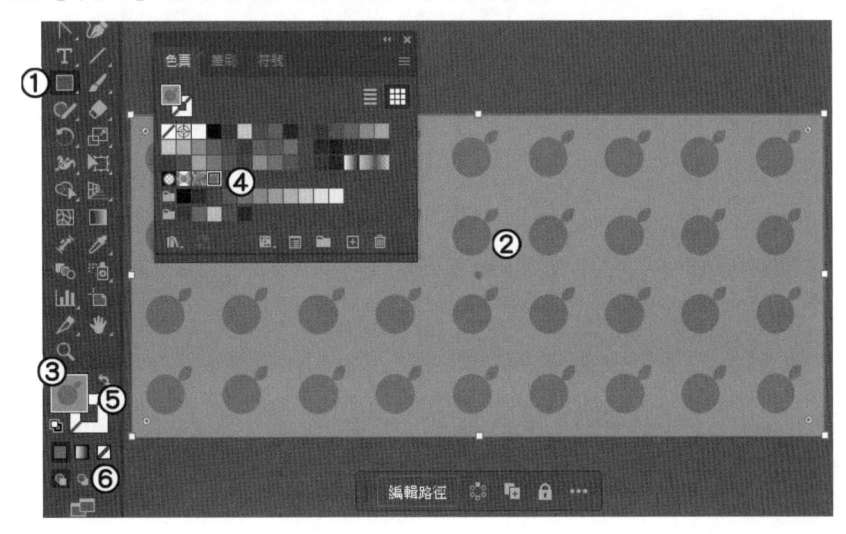

【402. 巧克力包裝】

402-2. 繪製對稱花框圖形。

Step1　使用【工具列】/【矩形工具】及【橢圓形工具】，參考以下表格建立三個路徑：

圖形	填色	筆畫	轉角	圓角半徑
130*62mm 矩形	#F7EBD0	無	反轉的圓角	8mm
162*32mm 矩形	#F7EBD0	無	圓角	16mm
82*82mm 正圓形	#F7EBD0	無		

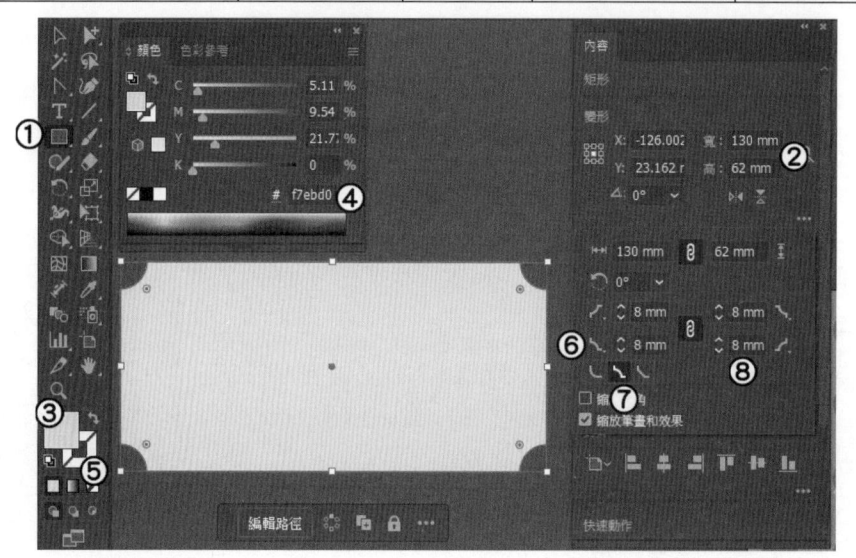

Step2　將三個路徑選取後，【水平】、【垂直】皆置中，再使用【視窗】/【路徑管理員】面板，將【形狀模式】選擇「聯集」。

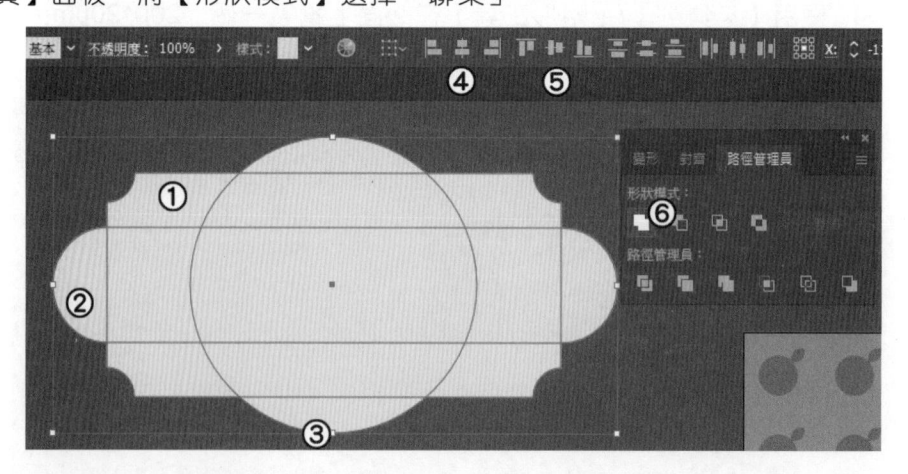

Step3　使用【物件】/【路徑】/【位移複製】，設定【位移】為「-2.6mm」，按下「確定」鈕，設定【填色】為「無」、【筆畫】為「#86572C」，按下「確定」鈕，【筆畫寬度】設定為「1.5pt」，修改對齊版面正中央。

【402. 巧克力包裝】

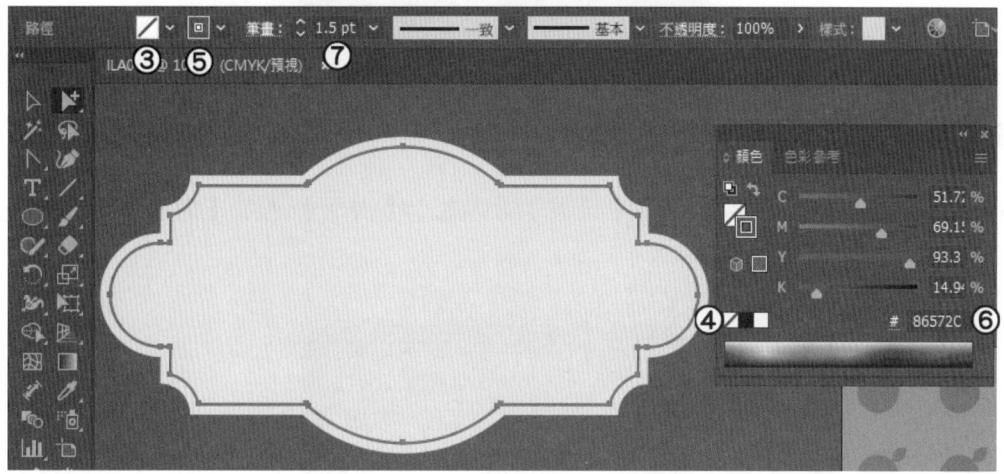

402-3. 輸入文字及添加五芒星形。

Step1 開啟「Text.txt」文字檔，分別複製兩段文字，再使用【工具列】/【文字工具】，將兩段文字輸入在版面中，配合使用【視窗】/【文字】/【字元】及【段落】面板，兩段文字設定如下方表格所示：

文字	字體	大小	顏色	段落對齊
標題文字	Times New Roman Bold	29	#86572C	置中對齊
內文	Times New Roman Italic	11	#86572C	置中對齊

【402. 巧克力包裝】

Step2 使用【工具列】/【星形工具】，在版面中央下方建立一個五芒星形，設定【填色】為「#86572C」、【筆畫】為「無」。

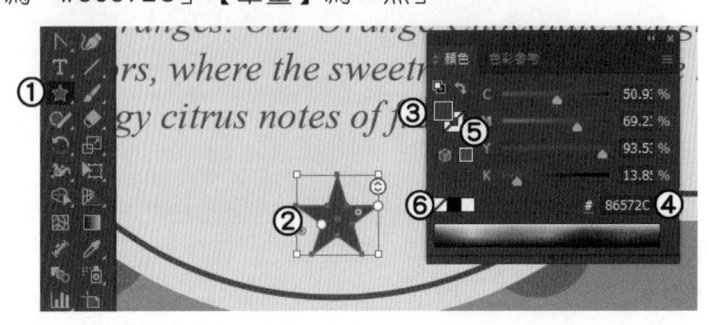

402-4. 拱形文字效果及箭頭線條

Step1 選擇「標題文字」，使用【效果】/【彎曲】/【拱形】，設定【彎曲】為「15%」，按下「確定」鈕。

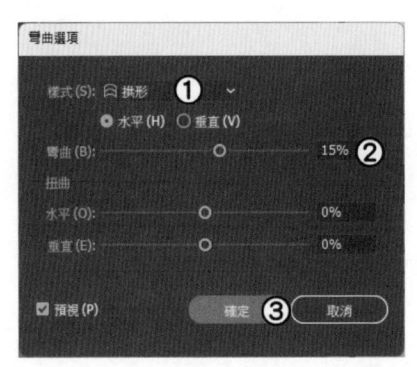

Step2 使用【工具列】/【線段區段工具】，在版面上繪製一個寬度為「136mm」的水平線，在【筆畫】面板中，設定【寬度】為「1.5pt」、【路徑起點的箭頭】與【路徑終點的箭頭】都選擇「箭頭 14」，設定【筆畫】為「#86572C」、【填色】為「無」。

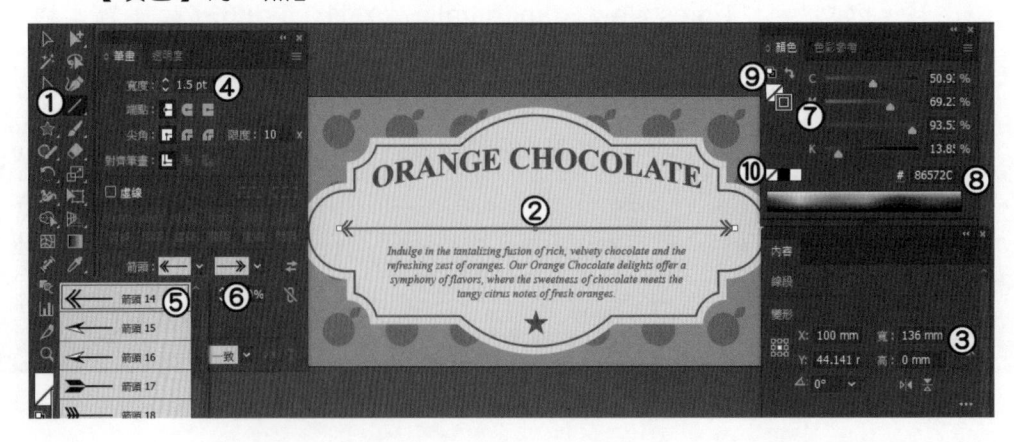

402-5. Orange.jpg 圖檔效果。

Step1　使用【檔案】/【置入】功能,將「Orange.jpg」檔案置入,並修改大小及位置。

Step2　在【控制列】中,選擇【影像描圖】/【灰階濃度】,並按下「展開」鈕,再利用【工具列】/【直接選取工具】,將「白色」底色刪除。

Step3　使用【效果】/【素描】/【網屏圖樣】,【尺寸】設定為「1」、【對比】設定為「5」、【圖樣類型】設定為「直線」按下「確定」鈕。

Step4　使用【視窗】/【透明度】,設定【漸變模式】為「色彩增值」。

【402. 巧克力包裝】

403. 森林住宅建案 A4 文宣

403-1. 建立文件並設計房屋形狀。

Step1　點選「新檔案」鈕，選擇【列印】標籤，選擇「A4」,【檔名】輸入「ILA04」，設定【方向】為「橫向」、【出血】四邊為「1mm」，按下「建立」鈕。

Step2　使用【工具列】/【矩形工具】，繪製一個同版面大小相同的矩形，設定填色為「#BCAF88」、筆畫為「無」。

Step3　使用【工具列】/【矩形工具】繪製一個矩形，在下方【相關工具列】中，按下「產生向量（Beta）」鈕，分別輸入「一棟房子,下方有兩個矩形窗戶,有一個半圓形的門,單色色塊。」，按下「產生」鈕。

Step4　在【屬性】面版中，選擇所需要的圖形。

Step5　將「生成向量檔圖形」解散群組，參考展示檔，建立成單一路徑。

【403. 森林住宅建案 A4 文宣】

> Note 可能需要【群組選取工具】、【路徑管理員面板】做選取、合併及分割。

403-2. 製作清水模。

Step1　使用【檔案】/【置入】，將「Color.png」及「Raw Concrete.png」置入，將「Raw Concrete.png」置於「房子」路徑下層，再利用【物件】/【剪裁遮色片】/【製作】，產生遮色片效果。

Step2　使用【工具列】/【鋼筆工具】及【橢圓形工具】，繪製窗戶的框線，【筆畫】套用「Color.png」中「第三個色票」。

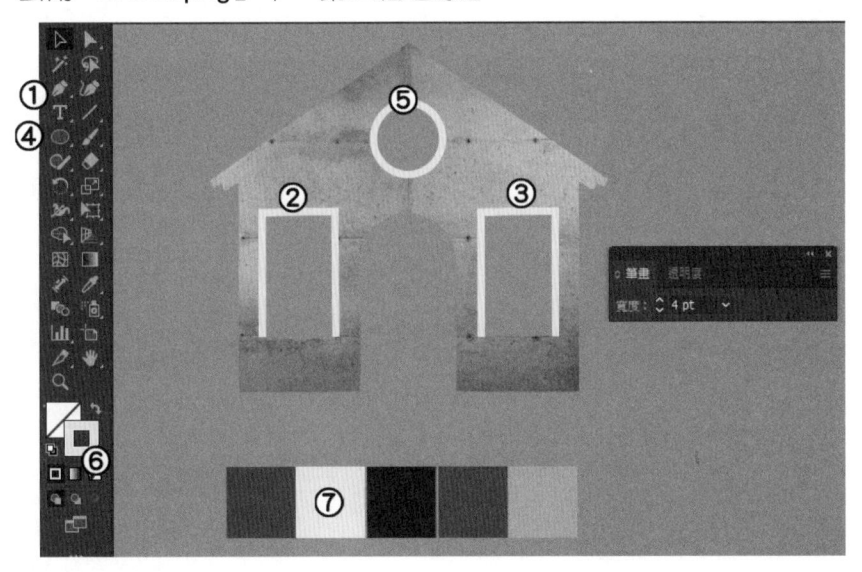

403-3. 置入 Forest.png 圖檔。

Step1　使用【檔案】/【置入】，將「Forest.png」置入並調整圖層順序、大小及位置。

Step2 選擇「房子」,使用【物件】/【路徑】/【位移複製】,設定【位移】為「5mm」,按下「確定」鈕。

Step3 將「位移複製」的「複合路徑」,調整到「影像」圖層上方,先使用【物件】/【複合路徑】/【釋放】,將複合路徑拆解,再使用【工具列】/【刪除錨點工具】,將「門」區域的錨點刪除,讓「房子」路徑變成實心填色,【填色】擷取「Color.png」中「第一個色票」,最後將多餘路徑刪除。

【403. 森林住宅建案 A4 文宣】

403-4. 建立枯木樹林。

Step1 　使用【工具列】/【矩形工具】繪製一個矩形,在下方【相關工具列】中,按下「產生向量(Beta)」鈕,分別輸入「一棵枯木,只有單顏色」,按下「產生」鈕。。

Step2 　在【屬性】面版中,選擇所需要的圖形。

Step3 　將「生成向量檔圖形」解散群組、刪除背景,將所有路徑合併成單一路徑,參考展示檔,建立兩個副本,並分別將【填色】改為「第四個色票」及「第六個色票」。

【403. 森林住宅建案 A4 文宣】

Step4　調整枯木位置與大小。

403-5. 調整文字、繪製水平線。

Step1　使用【工具列】/【文字工具】，在版面上輸入「與自然共生」及「找到，屬於自己的那片林」，參考下方表格，設定文字效果：

文字	字體	大小	填色	筆畫	設定選定字元的字距微調
標題	微軟正黑體 Bold	94pt	無	第五個色票	200
直書文字	微軟正黑體 Bold	26pt	黑色	無	200

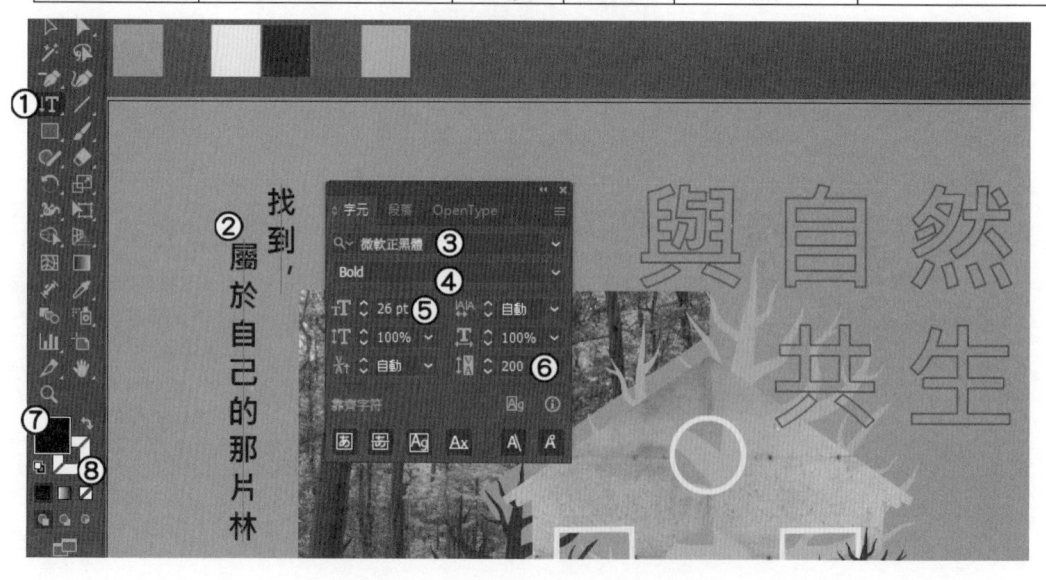

【403. 森林住宅建案 A4 文宣】

Step2 使用【工具列】/【線段區段工具】,在影像下方繪製一條水平線,【填色】為「無」、【筆畫】為「第四個色票」、【筆畫寬度】為「3pt」。

403-6. 調整樹幹透明度。

Step1 使用【工具列】/【鋼筆工具】,在版面上繪製數個樹幹的輪廓線,【填色】分別擷取上方色票組,將樹幹群組後,在【透明度】面板中,設定【不透明度】為「40%」,將群組移動到背景矩形上方。

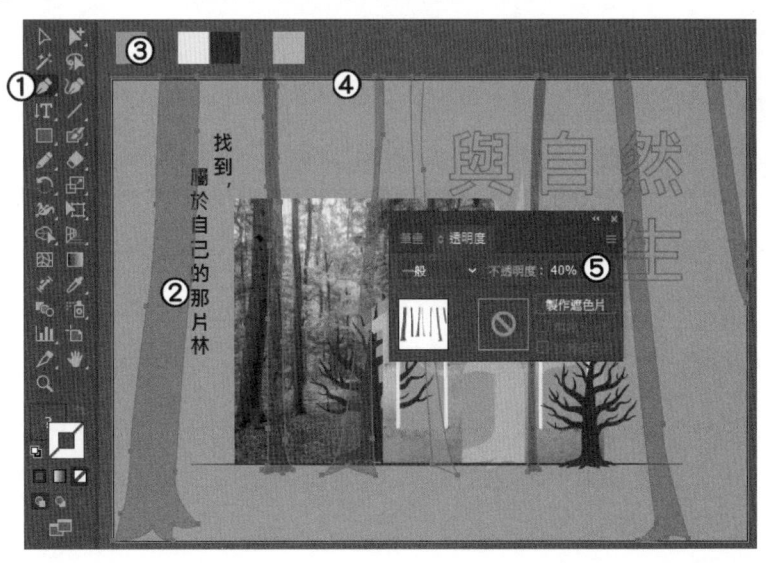

【403. 森林住宅建案 A4 文宣】

404. Folder Design Template

404-1. 設定紙張大小及建立參考線。

Step1　點選【新檔案】鈕，選擇【列印】，【檔名】為「ILA04」，設定【寬度】為「760mm」、【高度】為「520mm」，按下「建立」鈕。

Step2　在【圖層】面板中，將「圖層1」修改為「GuideLine」，使用【檢視】/【尺標】/【顯示尺標】，分別建立「五條」垂直參考線、「四條」水平參考線，分別座標位置如下所示：

- 垂直參考線（只調整 X）：122mm、142mm、377mm、382mm、617mm。
- 水平參考線（只調整 Y）：61mm、306mm、376mm、446mm。

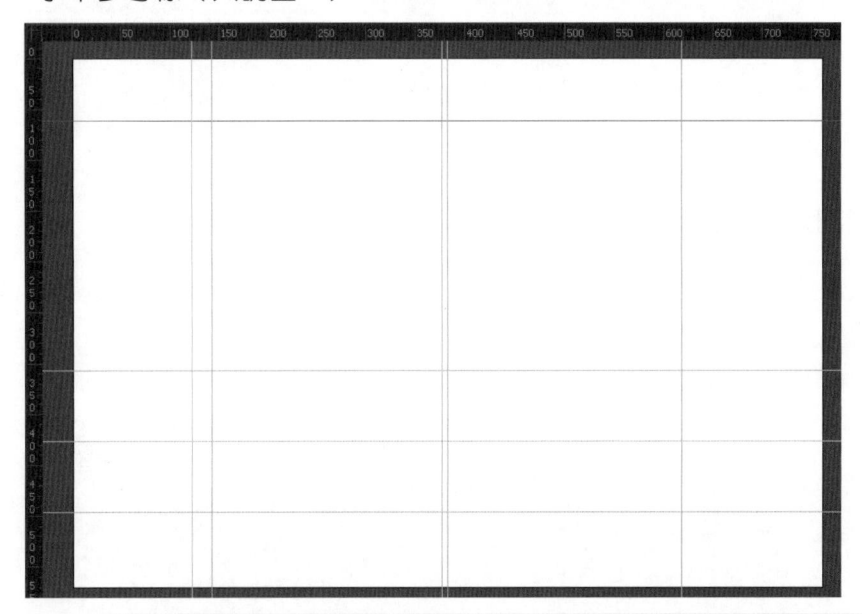

> Note　先由尺標拖曳出參考線，再利用【內容】面板調整位置。

404-2. 繪製刀模。

Step1　在【圖層】面板中，新增圖層為「Outline」，使用【工具列】/【鋼筆工具】，先將輪廓繪製，再使用【工具列】/【直接選取工具】針對圓角做調整及部分錨點偏移設定。

第四類　圖文應用能力

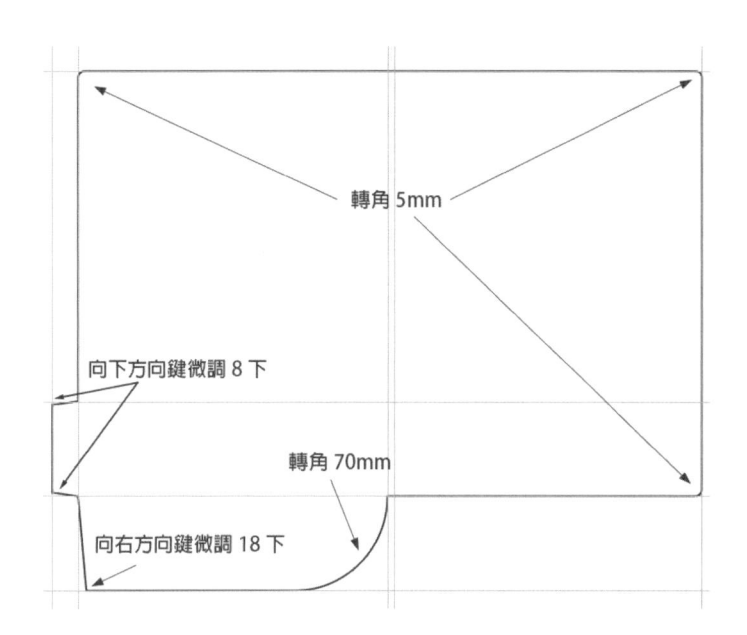

（圖：轉角 5mm／向下方向鍵微調 8 下／轉角 70mm／向右方向鍵微調 18 下）

Step2 使用【工具列】/【線段區段工具】，繪製一條長度為「19.5mm」、【角度】為「45°」的直線，按下「確定」鈕。

> Note
> 因為圓形直徑為 1mm，線段又貼齊至圓形四分點，所以左右各扣 0.5mm，所以只要畫 19.5mm 長度即可。
> 繪製斜角口時，可以利用左側第二條參考線與水平最下方參考線為基準，繪製完成後，分別水平移動 60mm，垂直 -50mm，第二條斜角口則利用複製移動方式，水平 82mm、垂直 41mm產生。

Step3 使用【工具列】/【橢圓形工具】，繪製一個「1mm*1mm」的正圓形，【填色】為「白色」、【筆畫】為「黑色」，「四分點」對齊線段的端點，組成群組後，建立副本並調整位置（位置參考展示檔）。

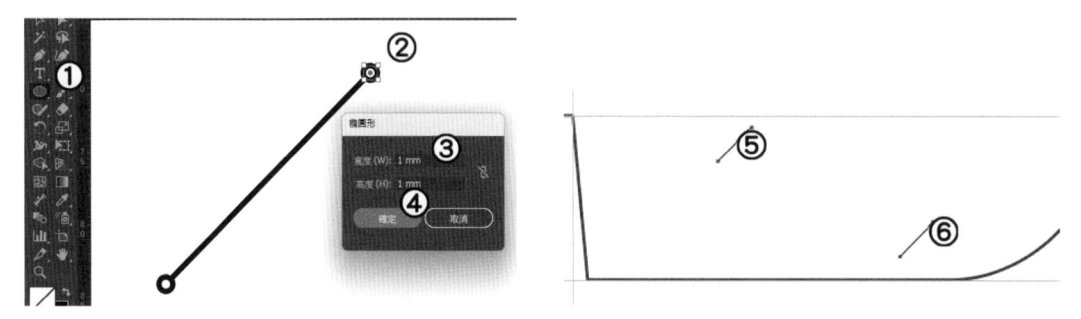

Step4 全選線段，使用【視窗】/【筆畫】，設定【寬度】為「0.5pt」、【筆畫】為「黑色」。

【404. Folder Design Template】

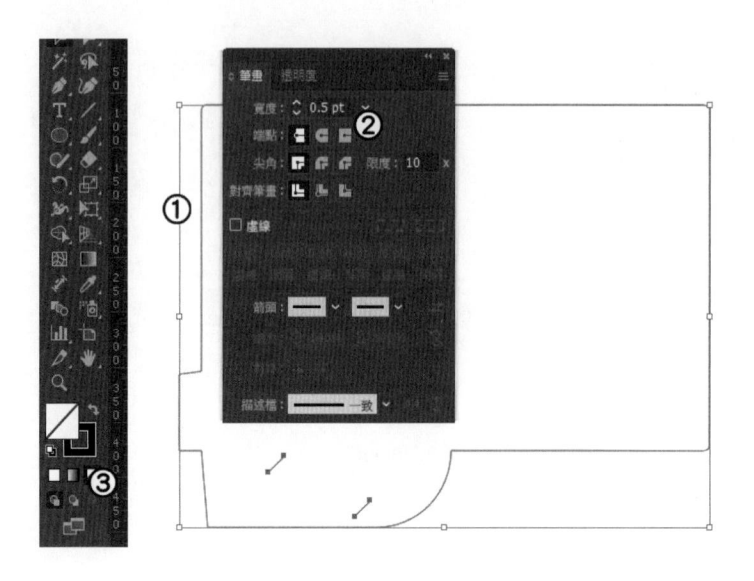

404-3. 新增圖層,並設定虛線。

Step1　在【圖層】面板中,新增圖層並「重新命名」為「Press」,使用【工具列】/【鋼筆工具】,參考示意圖,沿著參考線繪製四條「壓線軋模」,【筆畫】設定為【色票】面板中的「CMYK綠色」、【填色】為「無」、【筆畫寬度】設定為「0.5pt」、勾選「虛線」、【第一個虛線】設定為「3pt」,其他保持預設值。

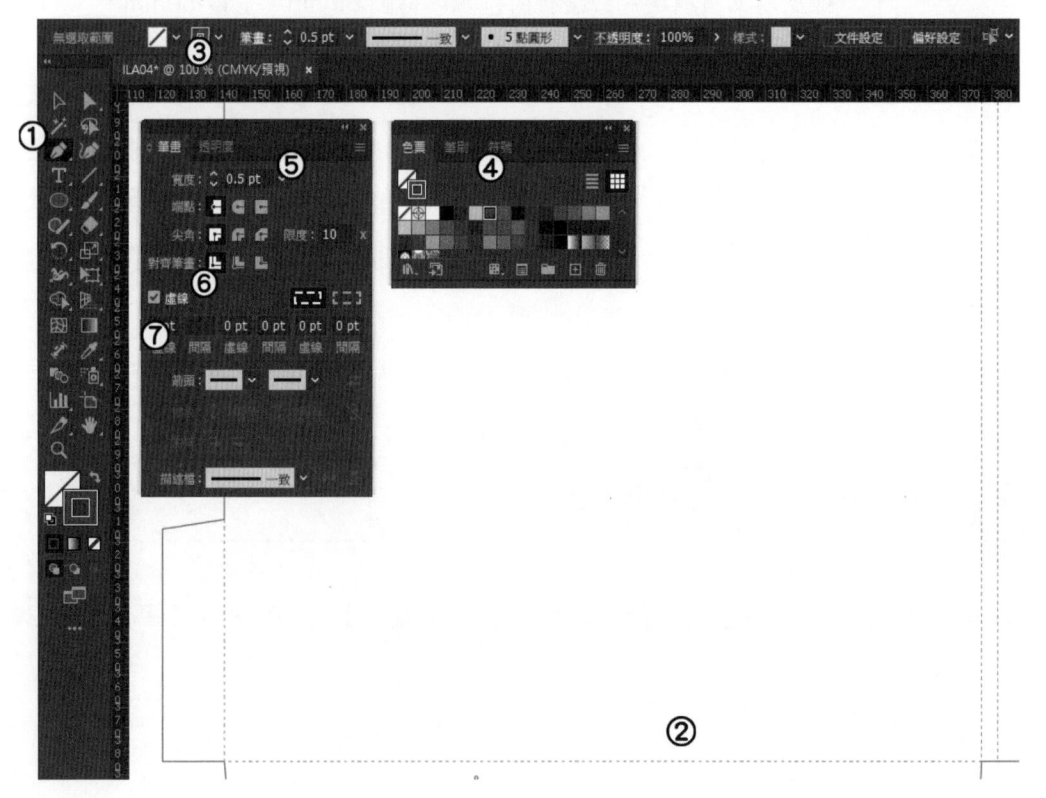

【404. Folder Design Template】

404-4. 建立範本。

Step1 在【圖層】面板中，新增名為「CoverDesign」的圖層，除了此圖層，其他圖層皆鎖定，並將「CoverDesign」移動到最底層。

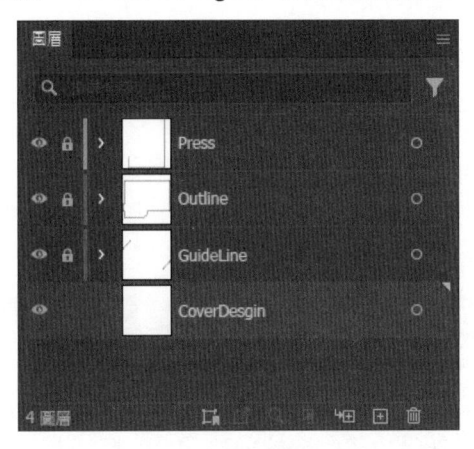

Step2 使用【檔案】/【另存範本】，將檔案儲存成「ILA04.ait」。

404-5. 完成範本檔編輯。

Step1 使用【檔案】/【置入】，選擇「TQC+.jpg」，取消勾選「連結」，按下「置入」鈕。

Step2 調整置入影像，注意影像需大於「參考線」範圍。

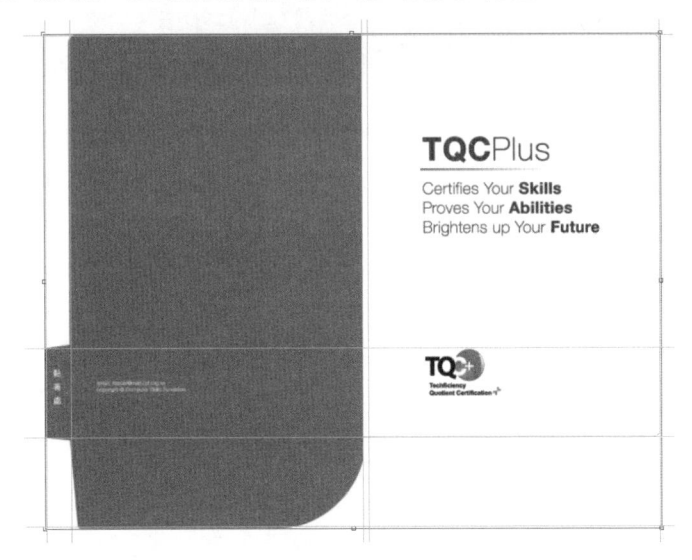

Step3 使用【檔案】/【另存新檔】，設定【檔案名稱】為「ILA04.ai」、【存檔類型】為「Adobe Illustrator(*.AI)」，按下「存檔」鈕。

【404. Folder Design Template】

405. 懸疑海報設計

405-1. 設定背景。

Step1　按下【開啟】鈕，選擇「ILD04.ai」。

Step2　在【BG】圖層中，使用【工具列】/【矩形工具】，在版面上繪製一個同版面大小的矩形，設定【筆畫】為「無」、【填色】為「漸層」，開啟【視窗】/【漸層】面板，分別選擇左右顏色標記，利用「檢色器」鈕，點選左上角的色票，【角度】設定為「90°」。

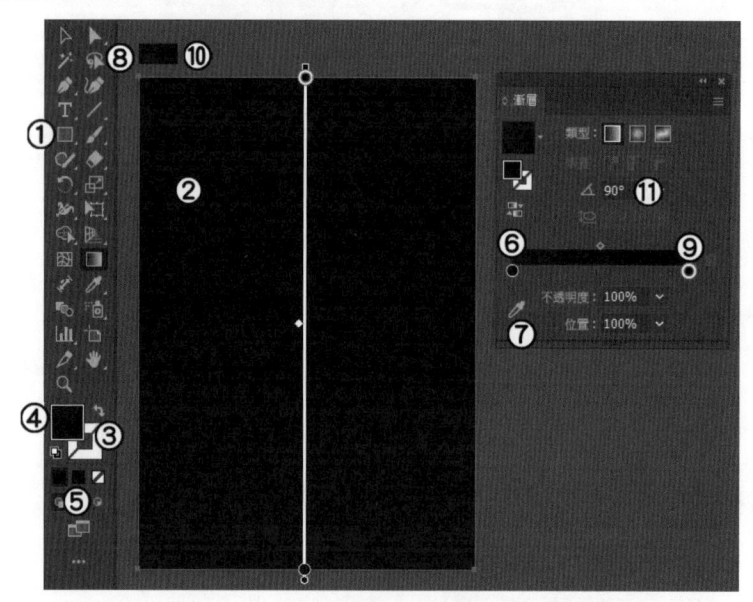

Step3　使用【效果】/【紋理】/【紋理化】，設定【紋理】為「畫布」、【縮放】為「200%」、【浮雕】為「4」、【光源】為「頂端」，按下「確定」鈕。

405-2. 設定桂冠筆刷。

Step1　在【圖層1】圖層中，使用【工具列】/【線段區段工具】、【橢圓形】工具繪製直線及橢圓形，設定「直線」的設定【填色】為「無」、【筆畫】為「白色」，筆畫寬度為「5pt」，「橢圓形」的設定【填色】為「白色」、【筆畫】為「無」，再利用【工具列】/【錨點工具】，將橢圓形上下錨點轉換成尖角，之後複製數個橢圓形，排列成「麥穗」圖形，將圖形拖曳到【筆刷】面板中，建立「線條圖筆刷」按下「確定」鈕，【筆刷縮放選項】設定成「依比例縮放」。

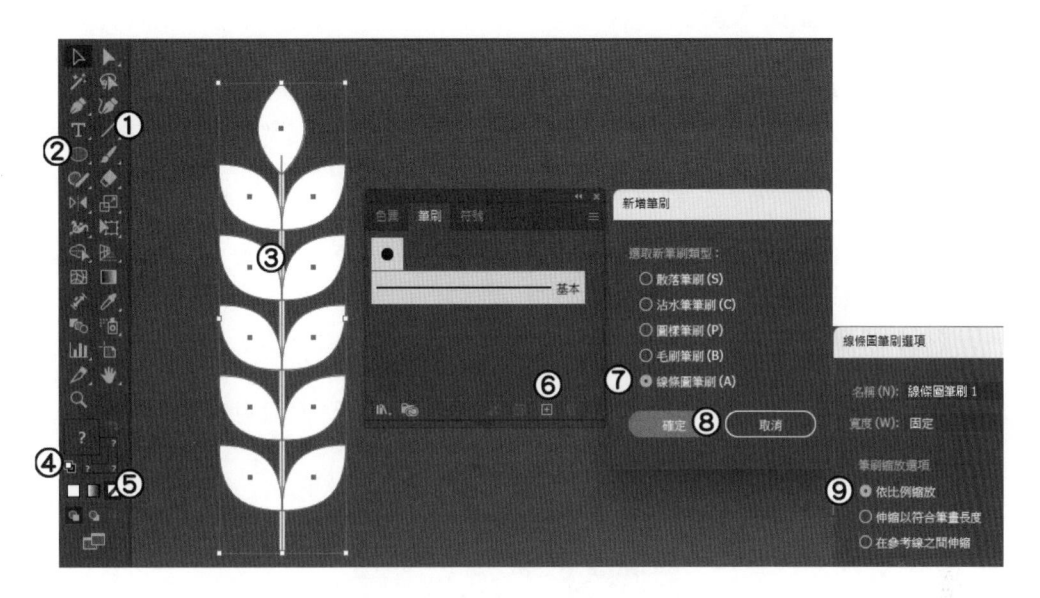

Step2 利用【工具列】/【文字工具】，將「Text.txt」的內容輸入，文字設定【字體】為「Verdana Regular」、【大小】為「10pt」、【行距】為「20」、【填色】為「白色」，並在文字左右兩側使用【工具列】/【鋼筆工具】繪製弧形並套用「桂冠」線條圖筆刷，之後參考展示檔編排在版面上。

405-3. 分割矩形並置入影像。

Step1　使用【工具列】/【矩形工具】,在版面上繪製一個「100*100mm」的正方形,【填色】為「白色」、【筆畫】為「無」,使用【物件】/【路徑】/【分割成網格】,【橫欄數量】與【直欄數量】都設定成「2」,按下「確定」鈕。

Step2　使用【效果】/【扭曲與變形】/【粗糙效果】,【尺寸】為「10%」、選擇「相對」、【細部】為「1/英寸」,【點】選擇「尖角」,按下「確定」鈕,最後執行【物件】/【擴充外觀】。

Step3　將「Face1.jpg」~「Face4.jpg」置入(取消連結),利用扭曲矩形做成「剪裁遮色片」,最後調整位置。

> Note：可以置入影像之後,再到圖層面板中調整影像大小。

405-4. 製作問號曲線。

Step1　使用【視窗】/【筆刷】,將【藝術】/【藝術_粉筆炭筆鉛筆】/【炭筆色-羽化】載入,利用【工具列】/【鉛筆工具】,在版面上繪製一個「問號」上半部分,套用【炭筆色-羽化】、【填色】為「無」、【筆畫】為「白色」、【筆畫寬度】為「1.5pt」。

【405. 懸疑海報設計】

第四類　圖文應用能力　4-29

Step2 調整影像與「?」曲線的圖層順序，並針對「左上」及「右下」影像添加【效果】/【風格化】/【陰影】效果，設定值直接參考下圖，按下「確定」鈕。

405-5. 製作圓形文字效果。

Step1 使用【工具列】/【文字工具】，在版面上輸入「WHO」、「ARE」、「YOU」三個字串，【字體】設定為「Verdana Regular」、【填色】設定為「白色」，大小不拘。

Step2 使用【工具列】/【橢圓形工具】，繪製一個「52*52mm」的正圓形，使用【工具列】/【美工刀工具】，將正圓形分成三份。

【405. 懸疑海報設計】

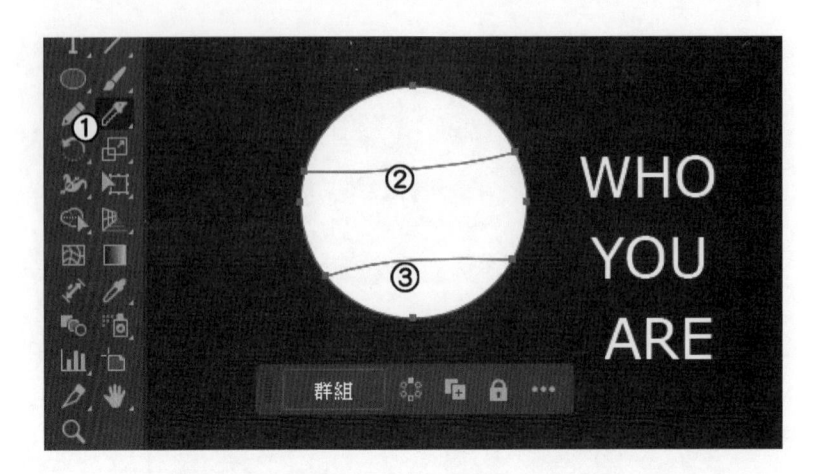

Step3 分別選取「分割圓」及「文字字串」，使用【物件】/【封套扭曲】/【以上層物件製作】將文字填入形狀中，最後微調位置。

405-6. 文字生成沙發與窗戶。

Step1 使用【工具列】/【矩形工具】，在版面上繪製兩個矩形，在下方【相關工具列】中，按下「產生向量（Beta）」鈕，分別輸入「一張三人沙發，左右各有一個抱枕」及「一個半圓形窗戶」，按下「產生」鈕。

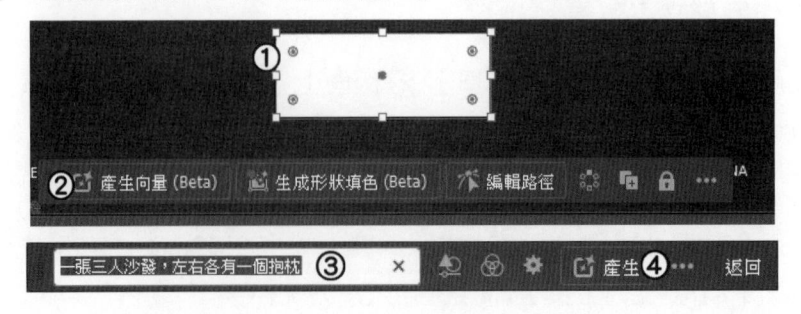

Step2　在【內容】面版中，選擇所需要的圖形。

Step3　接著按下【相關工具列】中的「重新上色」鈕，選擇【生成式重新上色】，在【提示框】中輸入「恐怖、老舊、復古」等提示文字。

Step4　在【綜觀變量】中，選擇所需要的圖檔，窗戶影像也採用相同方式製作。

Step5　最後在【圖層】面板中調整圖層順序至「封套扭曲文字」下層。

406. Milk Box Design Template

406-1. 建立「GuideLine」圖層。

Step1　點選「新增」鈕,選擇【列印】/【A3】,設定【方向】為「橫式」,按下「建立」鈕。

Step2　使用【視窗】/【圖層】,將「圖層1」重新命名為「GuideLine」,使用【檢視】/【尺標】/【顯示尺標】,分別建立「七條」水平參考線及「六條」垂直參考線,設定值如下:

- 垂直參考線(設定 X):81mm、143mm、205mm、267mm、329mm、339mm。

- 水平參考線(設定 Y):45mm、48mm、61mm、105mm、211mm、242mm、252mm。

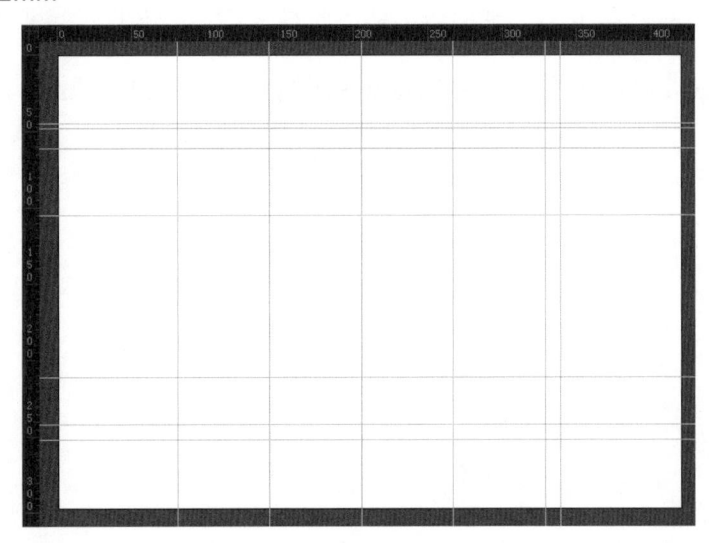

406-2. 繪製刀模。

Step1　使用【視窗】/【圖層】,新增圖層並重新命名為「Outline」。

Step2　使用【工具列】/【鋼筆工具】,繪製刀模輪廓,使用【工具列】/【直接選取工具】,調整指定角落為「3mm」的圓角,使用【工具列】/【直接選取工具】,選取「下方」四個錨點後,對著【直接選取工具】鈕左鍵兩下,設定「水平」為「±15mm」。

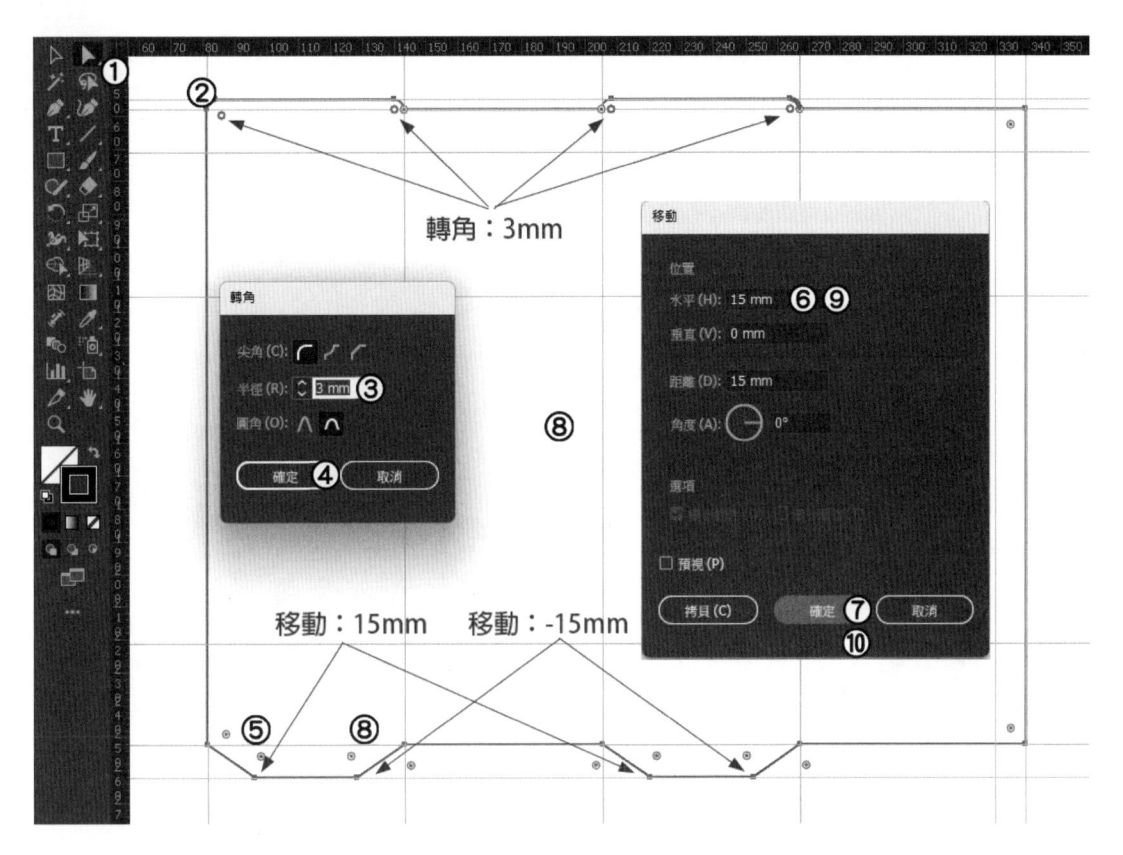

Step3　全選刀模線，使用【視窗】/【筆畫】，設定【寬度】為「0.5pt」、【筆畫】為「黑色」。

406-3. 製作壓線軋模。

Step1　使用【視窗】/【圖層】，新增圖層並重新命名為「Press」，使用【工具列】/【鋼筆工具】，參考示意圖，沿著參考線，繪製「壓線軋模」，【筆畫】設定為【色票】面板的「CMYK 綠色」、【填色】為「無」、【筆畫寬度】設定為「0.5pt」、勾選「虛線」、【第一個虛線】設定為「3pt」，其他保持預設值。

【406. Milk Box Design Template】

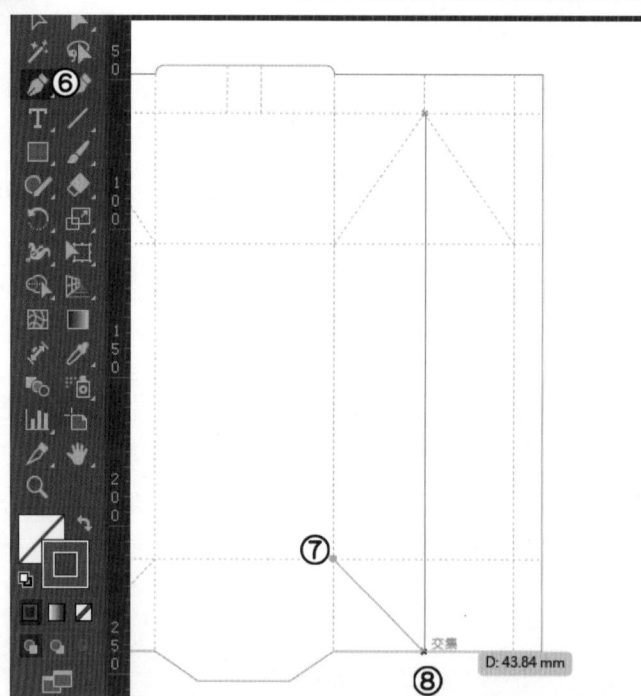

> 上方垂直線，可以「左、右」邊先繪製，再使用【工具列】/【選取工具】左鍵兩下，調整「水平」的「數值」，而下方的「斜線」，建議先畫上方垂直線，再使用【工具列】/【鋼筆工具】繪製時，就會有「智慧型參考線」可以對齊。

【406. Milk Box Design Template】

406-4. 建立範本檔。

Step1 在【圖層】面板中，新增圖層並「重新命名」為「CoverDesign」，除了此圖層，其他圖層皆鎖定，並將「CoverDesgin」移動到最底層。

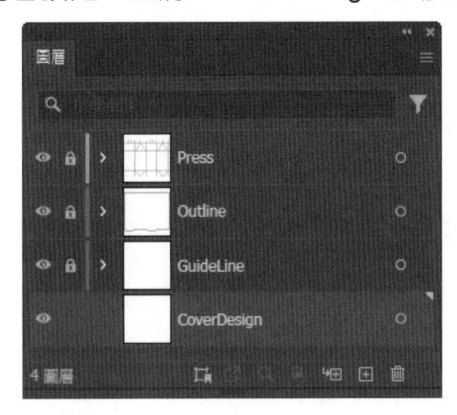

Step2 使用【檔案】/【另存範本】，將檔案儲存成「ILA04.ait」。

406-5. 匯入影像。

Step1 使用【檔案】/【置入】，選擇「MilkBox.jpg」，取消勾選「連結」，按下「置入」鈕。

Step2 調整置入影像，注意影像需大於「參考線」範圍。

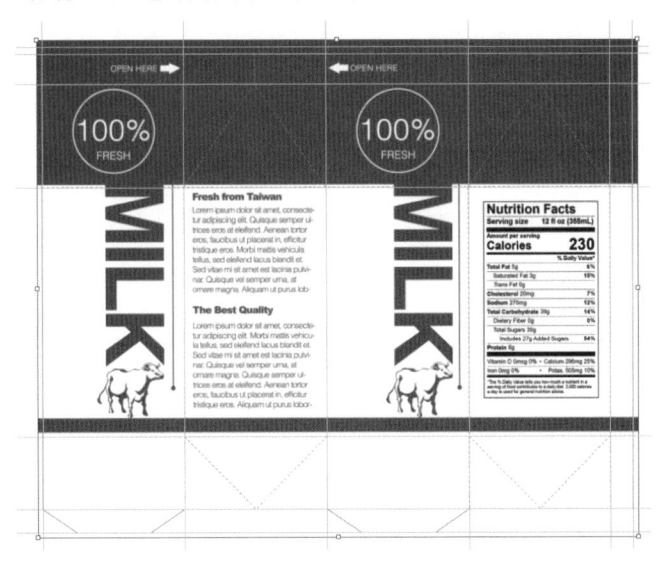

Step3 使用【檔案】/【另存新檔】，設定【檔案名稱】為「ILA04.ai」、【存檔類型】為「Adobe Illustrator(*.AI)」，按下「存檔」鈕。

【406. Milk Box Design Template】

407. flora

407-1. 設定工作區域。

Step1　按下【開啟】鈕，選擇「ILD04.ai」。

Step2　使用【檔案】/【文件設定】，設定【出血】皆為「0.3cm」，按下「編輯工作區域」鈕。

Step3　使用【視窗】/【控制】列，設定【預設集】為「A3」、「橫式」。

407-2. 繪製矩形。

Step1　使用【工具列】/【矩形工具】，繪製一個「21*29.7cm」、【填色】為「C:100%、M:100%、Y:50%、K:10%」、【筆畫】為「無」，對齊版面左側。

Step2　再使用【工具列】/【矩形工具】，繪製一個「21cm*29.7cm」、【填色】為「色票：編織」、【筆畫】為「無」，對齊版面左側。

> Note：「編織」在這個版本沒有出現在預設色票面板中，所以請在色票面版右上角的選項紐，選擇「開啟色票資料庫/圖樣/裝飾/裝飾舊版」中載入。

Step3　使用【編輯】/【編輯色彩】/【轉換為灰階】，再使用【視窗】/【透明度】，設定【漸變模式】為「色彩增值」、【不透明度】為「40%」。

Step4　使用【工具列】/【橢圓形工具】，繪製一個「25cm*25cm」的正圓形，設定【填色】為「C:70%、M:45%、Y:0%、K:0%」，再使用【視窗】/【透明度】，設定【不透明度】為「50%」，最後將下方錨點，使用【工具列】/【直接選取工具】向上移動。

407-3. 繪製花瓣。

Step1　選取「花瓣」，使用【工具列】/【旋轉工具】，配合【Alt】鍵，以「花瓣」左下角錨點為基準，設定【角度】為「30°」，按下「拷貝」鈕，接著按下【Ctrl】+【D】組合鍵十次，建立「12瓣」花瓣。

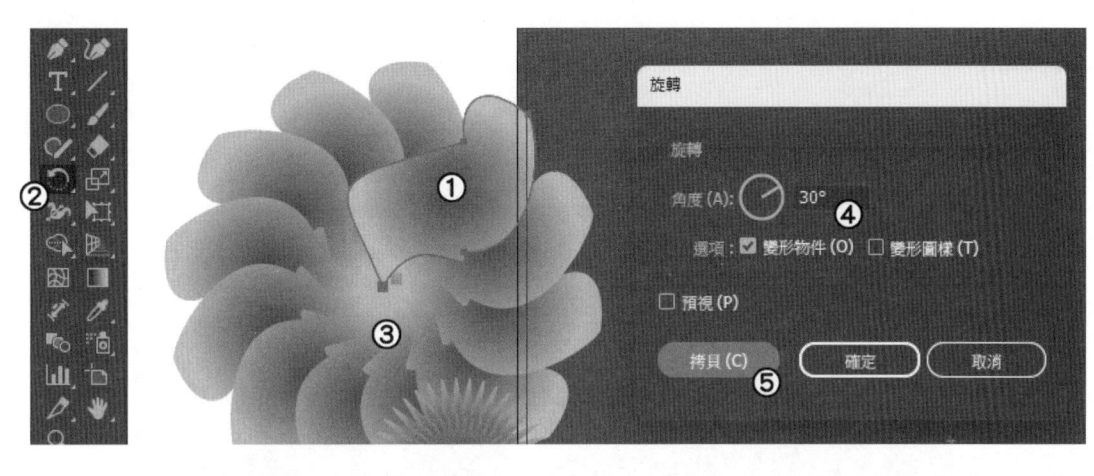

Step2 選取「花瓣組」（建議先群組），使用【工具列】/【縮放工具】，對著【縮放工具】鈕「左鍵兩下」，設定縮放為「一致：80%」，按下「拷貝」鈕，接著按下【Ctrl】+【D】組合鍵 5 次，建立「七層」花瓣組。

Step3 選取「偶數圈花瓣組」，使用【工具列】/【旋轉工具】，設定【角度】為「7.5°」，按下「確定」鈕。

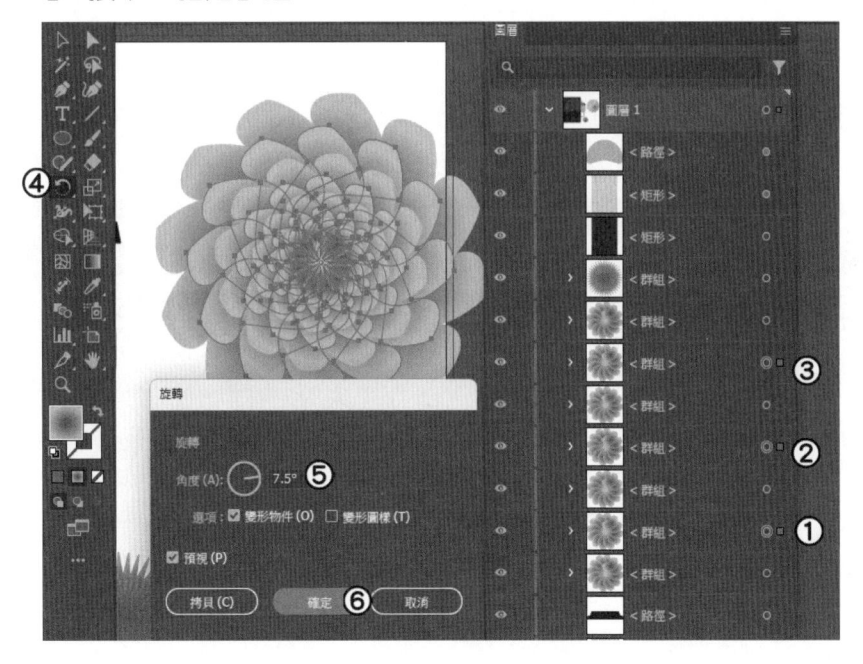

Step4 選取「花蕊」，將「花蕊」路徑移動至「花瓣組」上，使用【工具列】/【縮放工具】，對著【縮放工具】鈕「左鍵兩下」，設定縮放為「一致：40%」，按下「確定」鈕，最後將「花蕊」及「花瓣組」建立群組。

【407. flora】

407-4. 製作葉子。

Step1　使用【工具列】/【橢圓形工具】，繪製一個「13cm*5cm」的橢圓形，使用【工具列】/【直接選取工具】，將兩端錨點轉換成「尖角」。

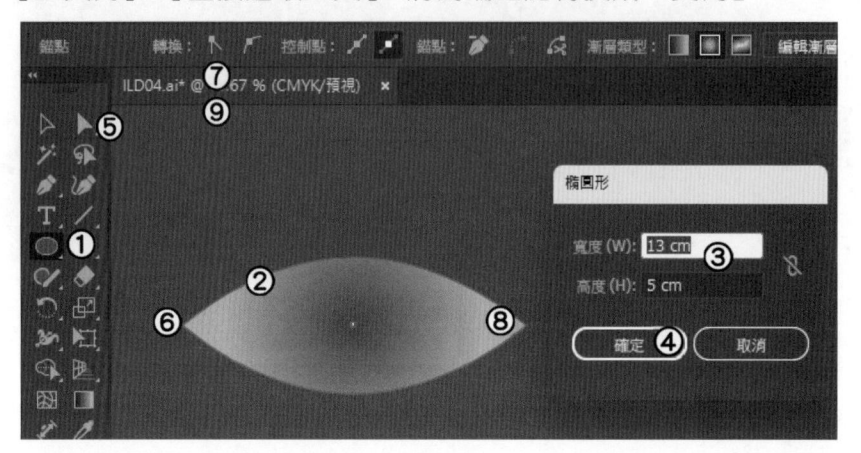

Step2　使用【效果】/【扭曲與變形】/【鋸齒化】，設定【尺寸】為「0.45cm」、勾選「絕對的」、【各區間的鋸齒數】為「4」、【點】為「平滑」、按下「確定」鈕。

Step3　先將橢圓形利用【物件】/【擴充外觀】，將橢圓形套用【鋸齒化】，接者使用【工具列】/【剪刀工具】，分別點選左右兩個錨點，分割成兩個路徑。

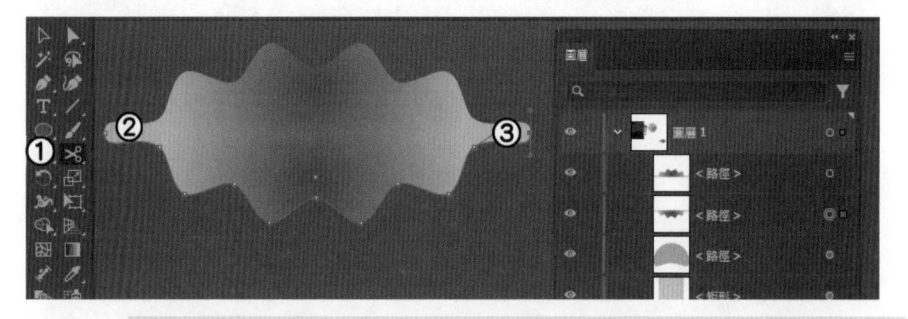

> Note：因為這版本使用【剪刀工具】分割，所以建議將兩個路徑左右兩個錨點分別選取後，利用【物件】/【路徑】/【合併】功能，變成一個「封閉路徑」，這樣後面做「封套扭曲」就不會出現問題。前一版本用線條分割就不需要此操作。

Step4　使用【視窗】/【漸層】，配合【工具列】/【漸層工具】及【視窗】/【色票】，將兩個分割的鋸齒化路徑，填入「線性漸層」，設定值如下所示：

- 上方鋸齒化路徑：左側色塊【填色】為「C:90%、M:30%、Y:95%、K:30%」、右側色塊【填色】為「C:50%、M:0%、Y:100%、K:0%」,【中間】位置為「75%」。

- 下方鋸齒化路徑：左側色塊【填色】為「C:90%、M:30%、Y:95%、K:30%」、右側色塊【填色】為「C:50%、M:0%、Y:100%、K:0%」,【中間】位置為「50%」。

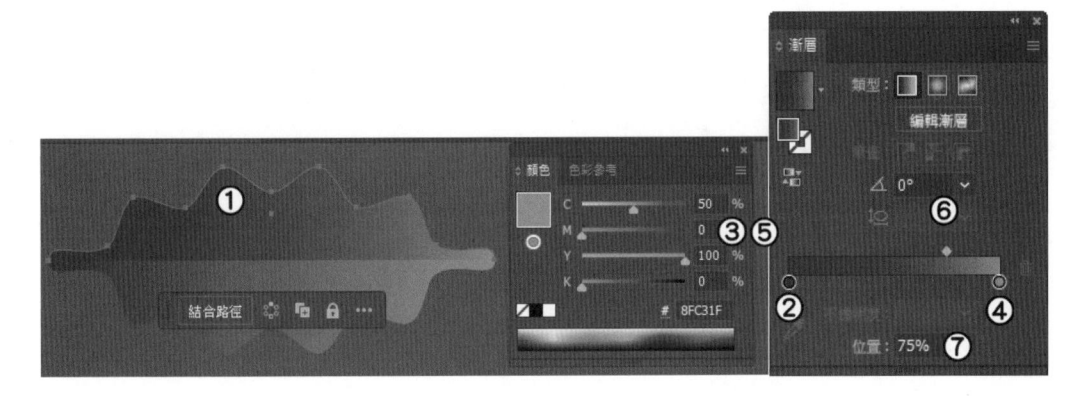

Step5　將兩個鋸齒化路徑群組後，使用【物件】/【封套扭曲】/【以彎曲製作】，設定【樣式】為「弧形」、選擇「水平」、【彎曲】為「50%」、【水平】為「-40%」，按下「確定」鈕，最後使用【物件】/【展開】功能套用【封套扭曲】效果

407-5. 製作花朵、葉子組合。

Step1　將「葉子群組」使用【工具列】/【鏡射工具】，設定【座標軸】為「水平」，按下「拷貝」鈕，接著將兩個葉子群組調整至花朵處並調整大小及順序。

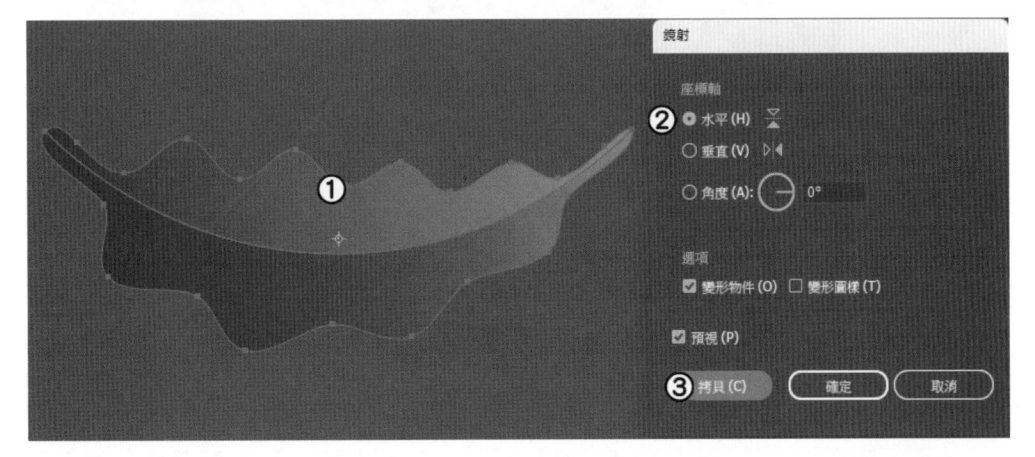

【407. flora】

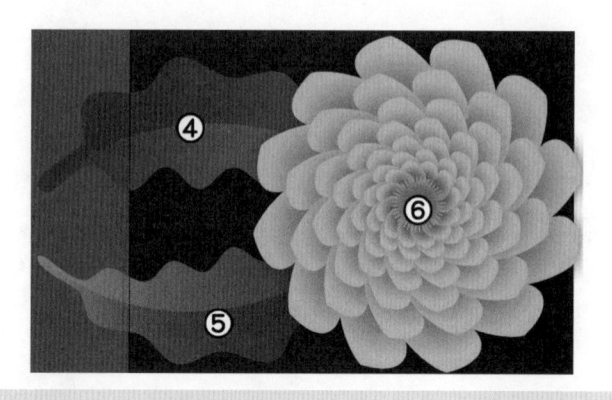

> **Note** 下方葉子，依照參考圖，需要再水平翻轉一次才符合。

Step2 使用【效果】/【風格化】/【製作陰影】，針對「葉子」及「花瓣」最底層的群組，設定【不透明度】為「65%」、【X位移】為「0cm」、【Y位移】為「0cm」、【模糊】為「0.4cm」，按下「確定」鈕。

407-6. 複製花朵及製作遮色片。

Step1 將「葉子」及「花瓣組」製作成「群組」，使用【工具列】/【選取工具】，配合【Alt】鍵，拖曳複製另外兩個「花瓣組」，並調整「位置」與「大小」。

Step2 使用【工具列】/【矩形工具】，繪製一個「21cm*29.7cm」的矩形，同時選取「矩形」、「花朵組」、「變形橢圓形」，利用【路徑】/【剪裁遮色片】/【製作】，將「矩形」外的圖形隱藏。

【407. flora】

407-7. 製作文字區域。

Step1　將之前步驟所做的所有「路徑」、「物件」及「背景」，全選後製作成一個群組並且複製，將複製的「群組」移動至「杯子」造型處，並調整大小。

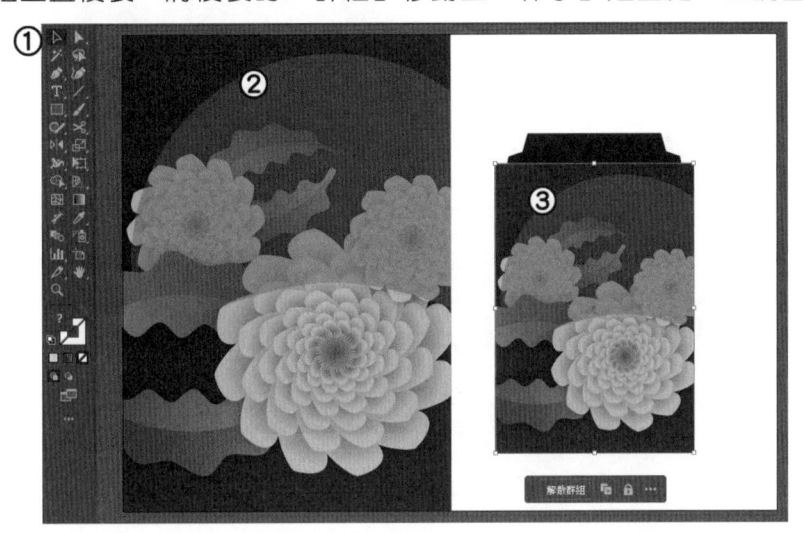

Step2　將「杯子」造型圖層複製後，移至花紋圖層之上，將兩個路徑選取後，利用【物件】/【剪裁遮色片】/【製作】，將「杯子」造型外側隱藏。

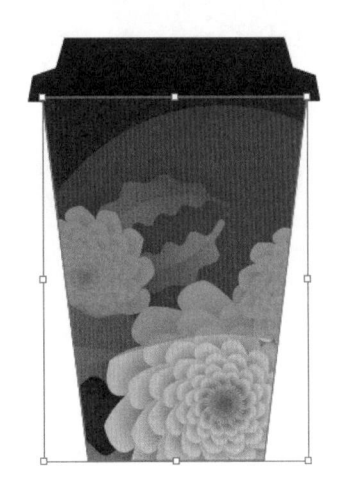

Step3　複製上一步驟製作出的「剪裁遮色片」路徑，使用【工具列】/【鏡射工具】，以「杯底」為基準，設定座標軸為「水平」，按下「拷貝」鈕。

【407. flora】

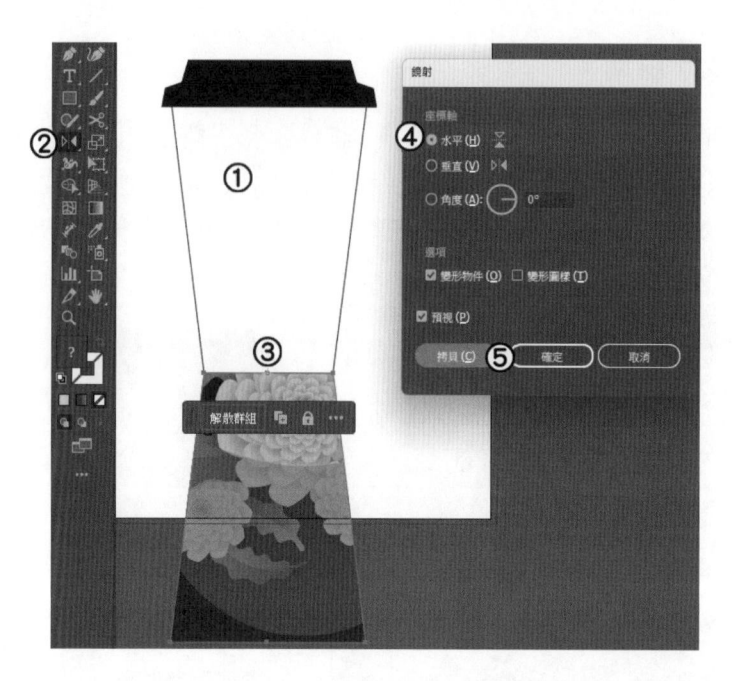

Step4 選取「鏡射」物件，使用【視窗】/【透明度】，按下「製作遮色片」後，在遮色片處套用一個「灰-黑」的垂直漸層矩形。

Step5 選取「杯子組」，建立副本，針對副本中的影像，使用【編輯】/【編輯色彩】/【重新上色圖稿】，先按下「進階選項…」鈕，再按下「編輯」鈕，設定【H】為「250」，按下「確定」鈕。

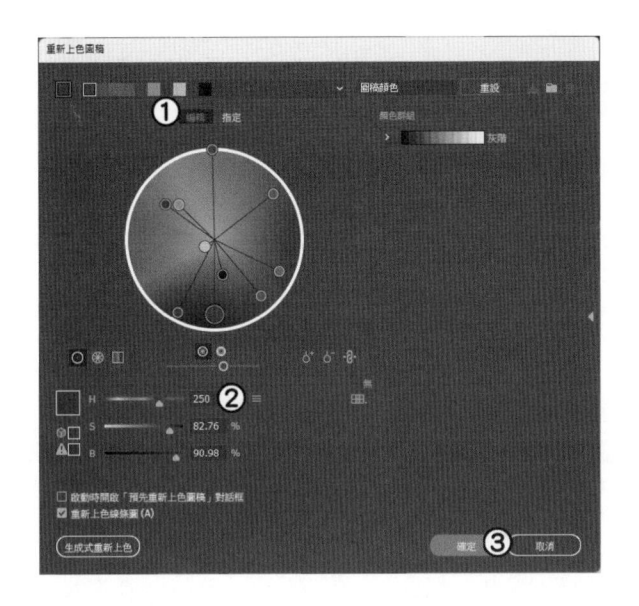

407-8. 製作文字區域。

Step1　開啟「Words.doc」檔案，分別將「flora」及「內文」複製之後，使用【工具列】/【文字工具】，貼入「ILD04.ai」中。

Step2　針對「flora」字串，使用【視窗】/【文字】/【字元】，設定【字體】為「Myriad Pro」、【字體大小】為「90pt」、【填色】為「M:30%、Y:10%」。

Step3　針對「內文」字串，使用【視窗】/【文字】/【字元】，設定【字體】為「Myriad Pro」、【字體大小】為「14pt」、【行距】為「20pt」、【填色】為「白色」、【段落對齊】為「靠右對齊」。

Step4　選取所有文字，使用【文字】/【建立外框】，將文字轉成路徑。

【407. flora】

408. 水族館登入介面設計

408-1. 製作背景。

Step1　按下【開啟】鈕，選擇「ILD04.ai」。

Step2　利用【工具列】/【選取】工具，選取左上角三個色塊，再利用【視窗】/【色票面板】，按下「新增顏色群組」鈕，再按下「確定」鈕，將顏色建立成色票，之後會使用。

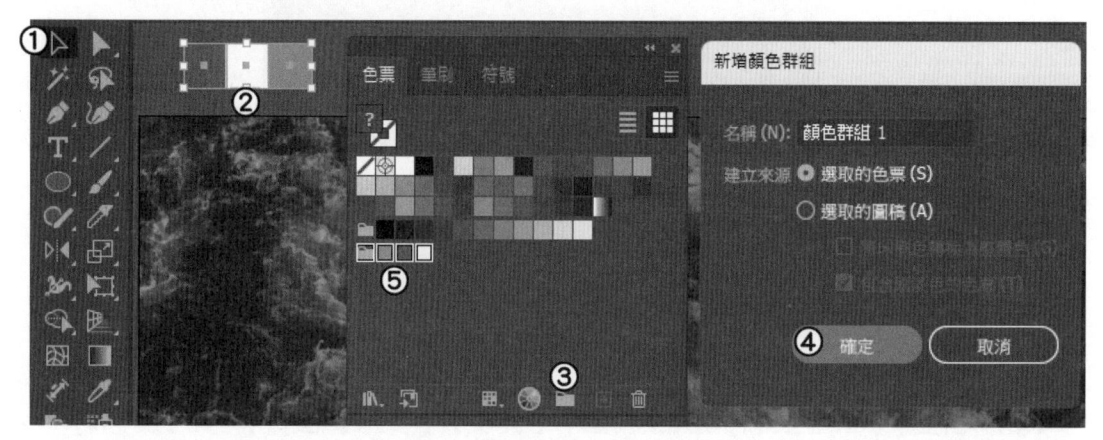

Step3　使用【圖層】面板，將【BG】圖層中的「影像」複製，再使用【效果】/【模糊】/【高斯模糊】，設定【半徑】為「20像素」，按下「確定」鈕。

Step4　使用【工具列】/【圓角矩形工具】，在版面正中央，建立一個【寬度】為「1000px」、【高度】為「600px」、【圓角半徑】為「8px」的矩形，按下「確定」鈕。

Step5　選取「高斯模糊影像」及「圓角矩形」，使用【物件】/【剪裁遮色片】/【製作】，產生只有中央影像有模糊效果，再使用【效果】/【風格化】/【製作陰影】設定【不透明度】為「20%」、【X位移】為「16px」、【Y位移】為「16px」、【模糊】為「5px」，按下「確定」鈕。

408-2. 複製矩形，加強介面亮度。

Step1　使用【工具列】/【矩形工具】，繪製一個同「剪裁群組」圖層相同的「圓角矩形」【填色】為「白色」、【筆畫】為「無」，在【透明度】面板中，設定【漸層模式】為「柔光」、【不透明度】為「50%」。

408-3. 置入 Logo.ai 並編輯。

Step1　使用【檔案】/【置入】，選擇「Logo.ai」，取消「連結」，按下「置入」鈕，在版面中拖曳出合適大小。

Step2　在【圖層】面板中，將「Logo.ai」多餘的「路徑」、「剪裁遮色片」做刪除或釋放，只保留 Logo 線條及文字。

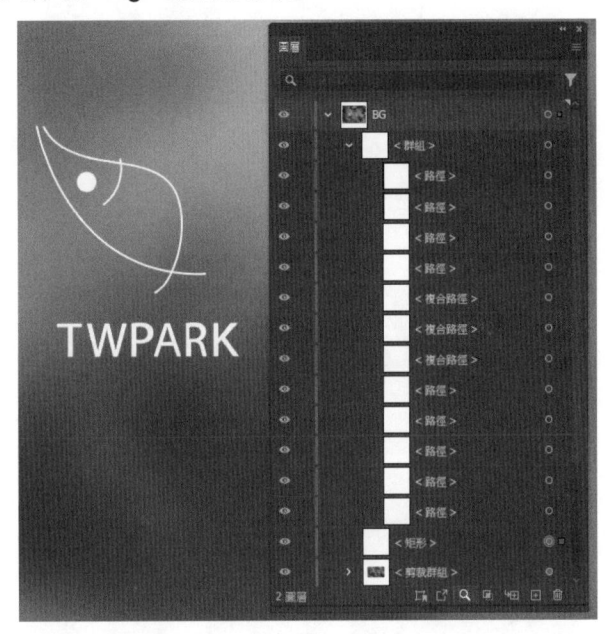

Step3　選取「線條」，使用【控制列】，設定【筆畫寬度】為「3~5pt」、【變數寬度描述檔】為「寬度描述檔 1」，「眼睛」則使用【工具列】/【直接選取工具】調整錨點位置。

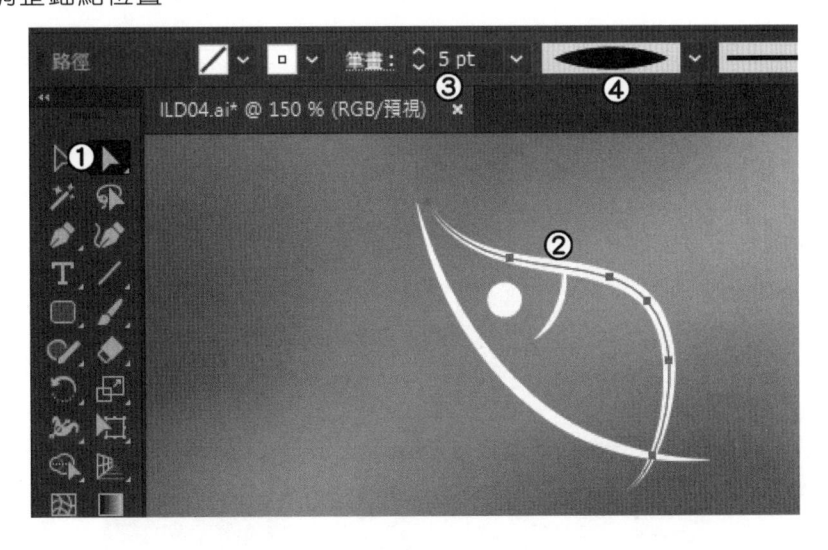

【408. 水族館登入介面設計】

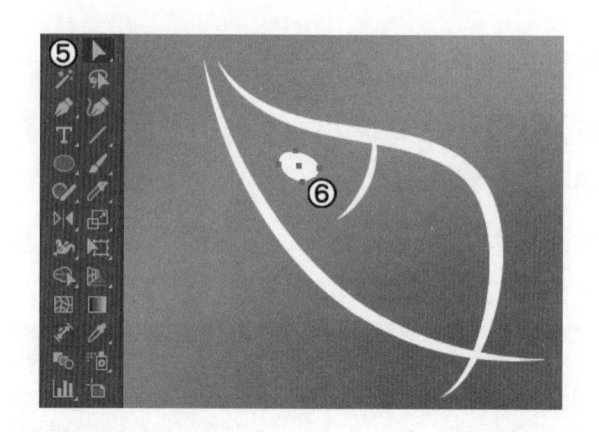

Step4 使用【工具列】/【線段區段工具】，繪製一條直線同「T」上筆畫同寬，使用【控制列】，設定【筆畫】為「白色」、【筆畫】為「3pt」、【變數寬度描述檔】為「寬度描述檔1」。

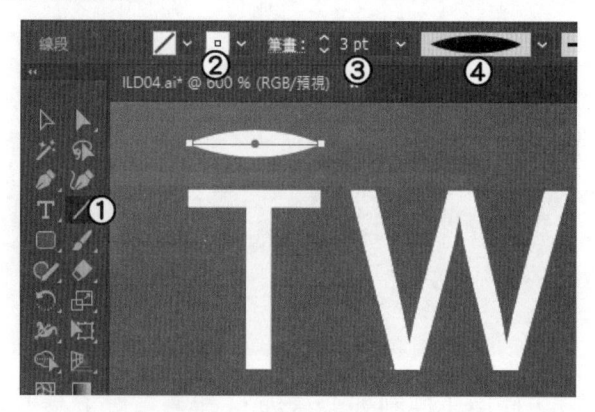

Step5 使用【物件】/【擴充外觀】，將線段轉成路徑，再使用【效果】/【彎曲】/【旗形】，彎曲設定「-100%」，其他保持預設值，按下「確定」鈕。

Step6 使用【物件】/【刪除錨點工具】，將「T」字上方錨點刪除，再將「旗形」路徑調整至「T」字上方。

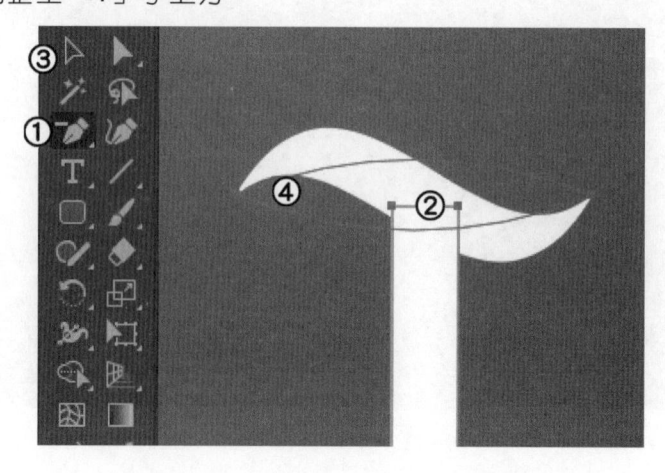

【408. 水族館登入介面設計】

408-4. 置入影像。

Step1　使用【檔案】/【置入】，選擇「Ocean.jpg」，取消「連結」，按下「置入」鈕，在版面中拖曳出合適大小，並置於 Logo 下層。

Step2　使用【工具列】/【圓角矩形工具】，在版面上繪製一個【寬度】為「450px」、【高度】為「568px」、【圓角半徑】為「8px」的圓角矩形，按下「確定」鈕，並將左上角的圓角半徑修改成「200px」。

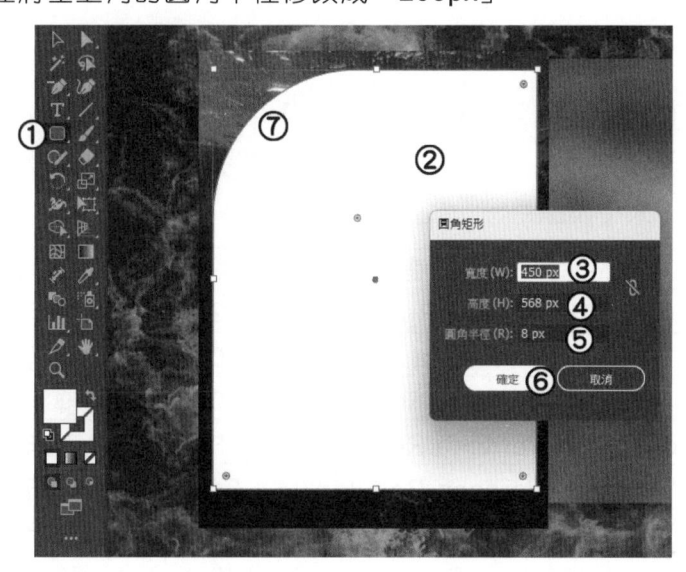

Step3　選取「影像」及「大圓角矩形」，使用【物件】/【剪裁遮色片】/【製作】，並參考展示檔調整影像大小及順序。

408-5. 製作輪播元件。

Step1　使用【工具列】/【橢圓形工具】、【線段區段工具】，繪製「輪播元件」，參考下方表格，設定尺寸、填色及筆畫：

元件	尺寸	填色	筆畫	其他設定
外框圓形	44*44px	黑色	無	不透明度 16%
內框圓形	40*40px	無	白色、1pt 寬	
箭頭	24px 寬	無	白色、1pt 寬	終點設定箭頭 11
頁數指示器底圖	95*14px、圓角 7px	黑色	無	不透明度 16%
作用指示點	10*10px	白色	白色、1pt 寬	
非作用指示點	10*10px	無	白色、1pt 寬	

【408. 水族館登入介面設計】

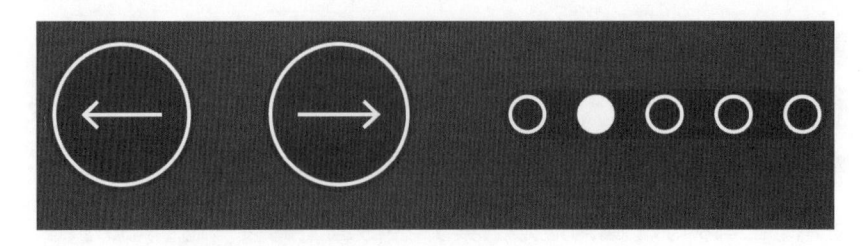

Step2 參考展示檔,調整「輪播元件」的位置。

408-6. 介面文字、按鈕設計。

Step1 利用「Text.txt」檔案,使用【工具列】/【文字】工具,貼入文字,再利用【視窗】/【文字】/【字元】面板及【視窗】/【色票】面板,調整貼入文字的字體、大小及顏色。

文字	字體	大小	顏色
Welcome…	Times New Roman Bold	42pt	顏色群組1色票第三個
Login	Verdana Bold	30pt	顏色群組1色票第三個
Email、Password	Verdana Regular	20pt	顏色群組1色票第二個
Forget password	Verdana Regular	18pt	顏色群組1色票第三個
Login 按鈕	Verdana Regular	24pt	顏色群組1色票第三個
No Account？	Verdana Regular	20pt	顏色群組1色票第三個
Sign up here	Verdana Regular+底線	20pt	顏色群組1色票第三個

Step2 使用【工具列】/【矩形工②】,繪製一個「400*180px」的矩形,設定【填色】為「顏色群組1色票第三個」、【筆畫】為「無」,在【視窗】/【透明度】,

【408. 水族館登入介面設計】

設定【不透明度】為「50%」，建立副本後，調整至「Email」及「Password」圖層下方。

Step3　使用【工具列】/【圓角矩形工具】，在版面上繪製一個【寬度】為「400px」、【高度】為「48px」、【圓角半徑】為「24px」的圓角矩形，設定【填色】為「顏色群組1色票第一個」、【筆畫】為「無」，再調整至「Login」圖層下方。

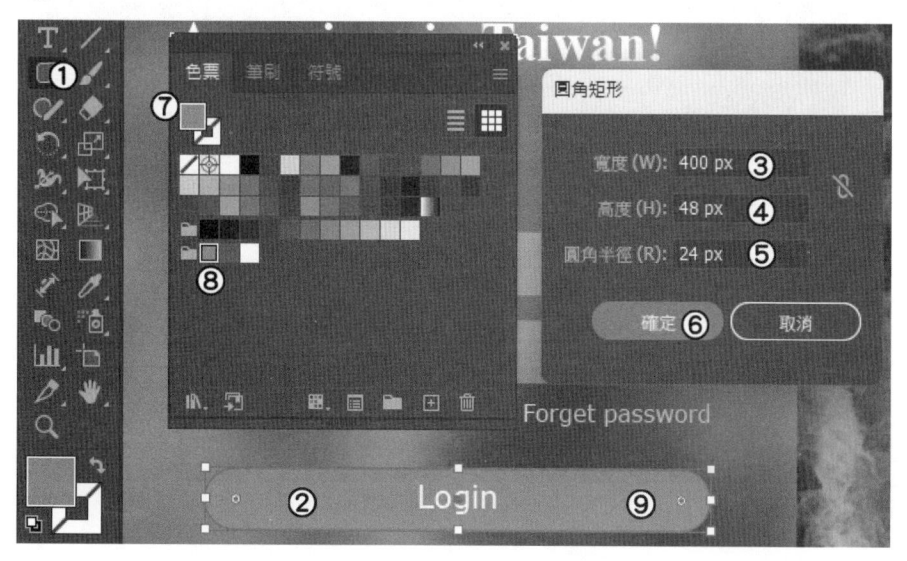

【408. 水族館登入介面設計】

409. No Music No Life

409-1. 設定背景。

Step1　按下【開啟】鈕，選擇「ILD04.ai」。

Step2　使用【工具列】/【矩形工具】，繪製一個同「工作區域」大小相同的「矩形」，選取「矩形」，使用【視窗】/【漸層】，設定【類型】為「線性」、【角度】為「5°」、左側色塊的【填色】為「C:40%、M:50%、Y:100%、K:20%」、右側色塊的【填色】為「C:0%、M:15%、Y:90%、K:0%」、【漸層滑桿】為「29%」、【筆畫】為「無」。

Step3　使用【工具列】/【線段區段工具】，分別繪製兩條斜線，利用【視窗】/【路徑管理員】/【分割】，將矩形分成三部分，並使用【工具列】/【漸層工具】，調整漸層角度、位置。

> Note
> 上方形狀漸層角度設定約 63°、中心位置約 28.5。
> 中間形狀漸層角度設定約 26°、中心位置約 28.5。
> 下方形狀漸層角度設定約 4.5°、中心位置約 28.5。

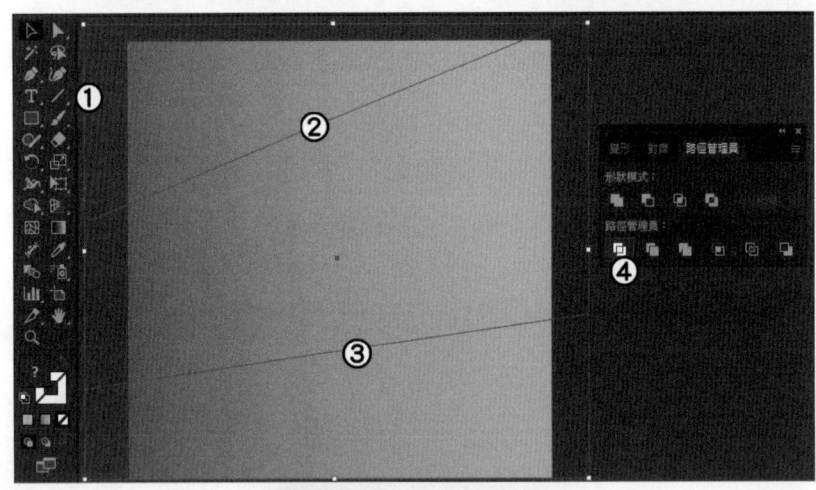

【409. No Music No Life】

Step4 使用【檔案】/【置入】，選擇「Music.psd」，按下「置入」鈕，並使用【工具列】/【選取工具】，調整角度及位置。

409-2. 設定網屏圖樣。

Step1 使用【工具列】/【橢圓形工具】，分別繪製一個「20cm*20cm」、【填色】為「白色」、【筆畫】為「無」、【透明度】為「0%」及「1cm*1cm」、【填色】為「紅色」、【筆畫】為「無」兩個正圓形，並且設定兩個正圓形「水平」、「垂直」置中對齊。

Step2 使用【工具列】/【漸變工具】，設定【間距】為「指定階數：50」，分別點選兩個圓形建立漸變。

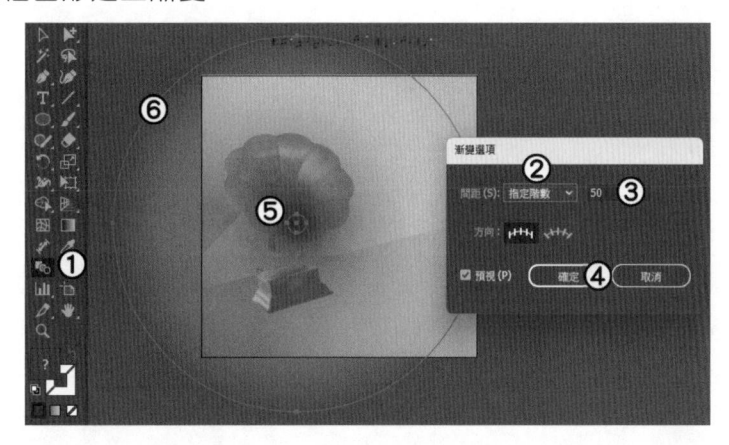

Step3 使用【視窗】/【透明度】，設定【漸層模式】為「色彩增值」、【不透明度】為「95%」，使用【效果】/【像素】/【彩色網屏】，設定【最大強度】為「24」、【色板 1】為「360」、【色板 2】為「162」、【色板 3】為「90」、【色板 4】為「45」，按下「確定」鈕，並移動至「Music.psd」之下。

409-3. 製作五線譜線條。

Step1 選擇「五線譜線條」，使用【視窗】/【筆刷】，按下「新增筆刷」鈕，選擇「線條圖筆刷」，按下「確定」鈕，設定【筆刷縮放選項】為「依比例縮放」。

> Note 完成檔建立的是「圖樣筆刷」類型，兩種筆刷依題意都可以。

Step2 使用【工具列】/【鋼筆工具】，繪製一條曲線，套用「五線譜」筆刷。

【409. No Music No Life】

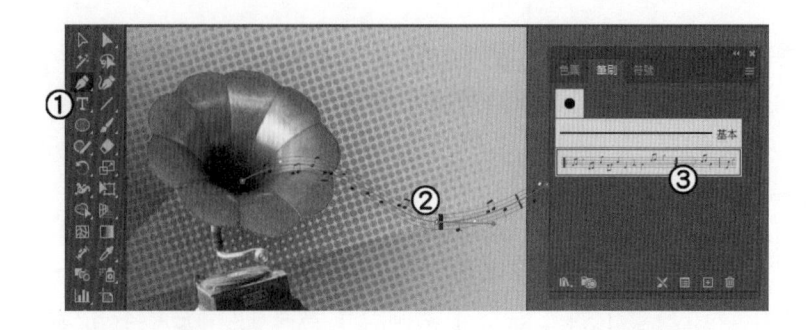

409-4. 製作音符散布效果。

Step1　將版面上方的「五線譜」圖形，使用【物件】/【解散群組】，然後隨機方式排列在版面之中，利用【視窗】/【符號】面板，製作成「符號」。

Step2　使用【工具列】/【符號噴灑器工具】，在版面上建立數個符號組。

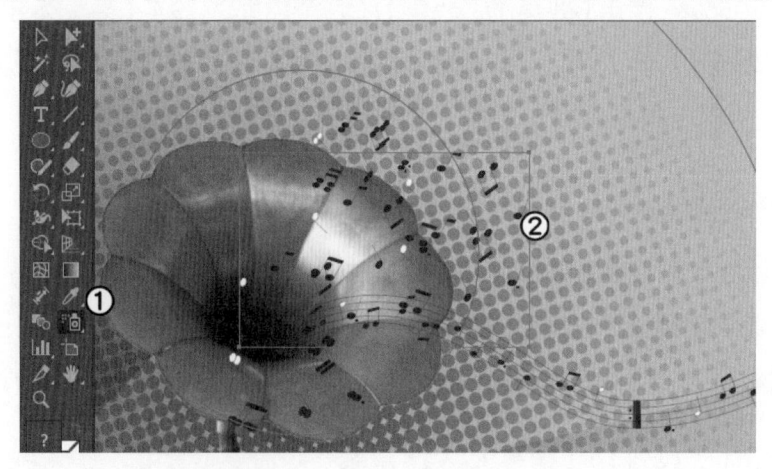

【409. No Music No Life】

Step3 使用【視窗】/【透明度】，設定【漸層模式】為「色彩增值」、【不透明度】為「自訂」，再使用【效果】/【模糊】/【高斯模糊】，設定【半徑】為「1.6像素」。

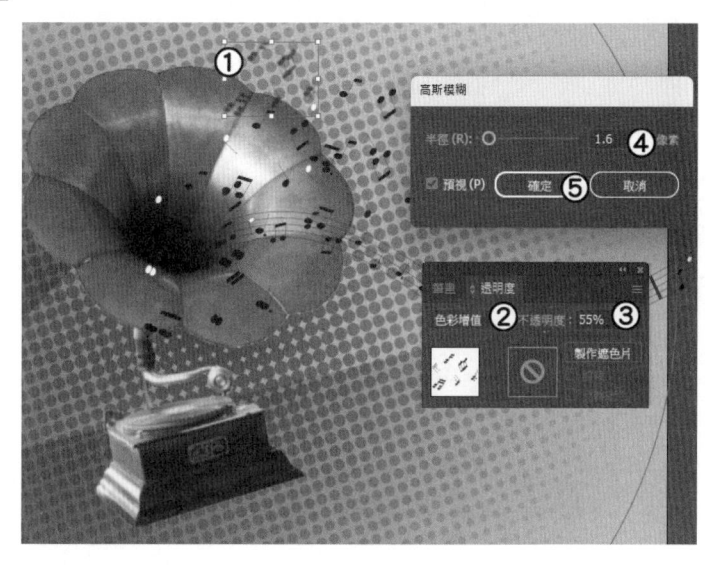

409-5. 標題文字及圓角矩形遮色片

Step1 使用【工具列】/【文字工具】，輸入「No Music No Life」字串，使用【視窗】/【文字】/【字元】，設定【字體】為「Arial」、【字體樣式】為「Bold」、【字體大小】為「45pt」，使用【文字】/【建立外框】，並且使用【工具列】/【直接選取工具】，將文字「i」的下緣錨點下移，切齊「No Life」下緣。

【409. No Music No Life】

Step2 將上方「五線譜」圖形，擷取部分內容，移至「文字」處並調整大小及位置，最後將所有「文字」、「音符」，使用【工具列】/【路徑管理員】/【聯集】，結合成單一路徑。

> Note 所有的路徑、線段及文字，都要使用【物件】/【展開】。

Step3 將「文字及音符」建立副本，設定【填色】為「黑色」，向右下角偏移，原本的「文字及音符」物件，使用【視窗】/【漸層】，配合【工具列】/【漸層工具】，設【填色】為「白色到黑色」、【類型】為「線性」、【角度】為「-90°」。

Step4 使用【工具列】/【圓角矩形】，繪製一個【寬度】為「14cm」、【高度】為「14cm」、【圓角半徑】為「0.5cm」圓角矩形至於版面正中央。

Step5 選取所有路徑，使用【物件】/【剪裁遮色片】/【製作】，將圓角矩形以外的物件全部隱藏。

【409. No Music No Life】

409-6. 儲存檔案。

Step1 使用【檔案】/【儲存】，將【檔案名稱】變更成「ILA04.ai」，按下「存檔」鈕，在【Illustrator 選項】面板中，勾選「包含連結檔案」，按下「確定」鈕存檔。

Step2 使用【檔案】/【另存新檔】，【存檔類型】修改成「Adobe PDF」，按下「存檔」鈕，在【儲存 Adobe PDF】面板中，選擇【標記與出血】，勾選「所有印表機的標記」，按下「儲存 PDF」。

410. Social Media ROI Report

410-1. 建立版面及圖表資料。

Step1　點選「新檔案」鈕,選擇【網頁】標籤,【檔名】輸入「ILA04」,設定【寬度】為「1500px」、【高度】為「1500px」,按下「建立」鈕。

Step2　使用【視窗】/【工作區域】,將「工作區域 1」修改成「Social Media Platform」。

Step3　使用【工具列】/【橫條圖工具】,在版面上拖曳出圖表區域,在「圖表資料」中輸入「Text.txt」的資訊內容,再按下「套用」鈕。

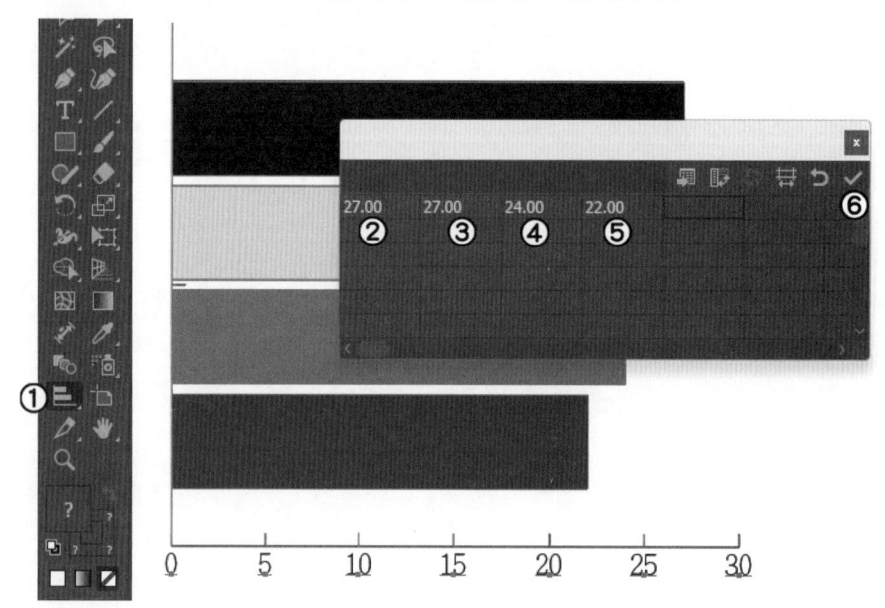

410-2. 建立立體長條圖。

Step1　使用【工具列】/【群組選取工具】將「橫條圖」的橫條資料選取後剪下,先刪除刻度座標軸,再使用【編輯】/【就地貼上】,原地貼回橫條資料。

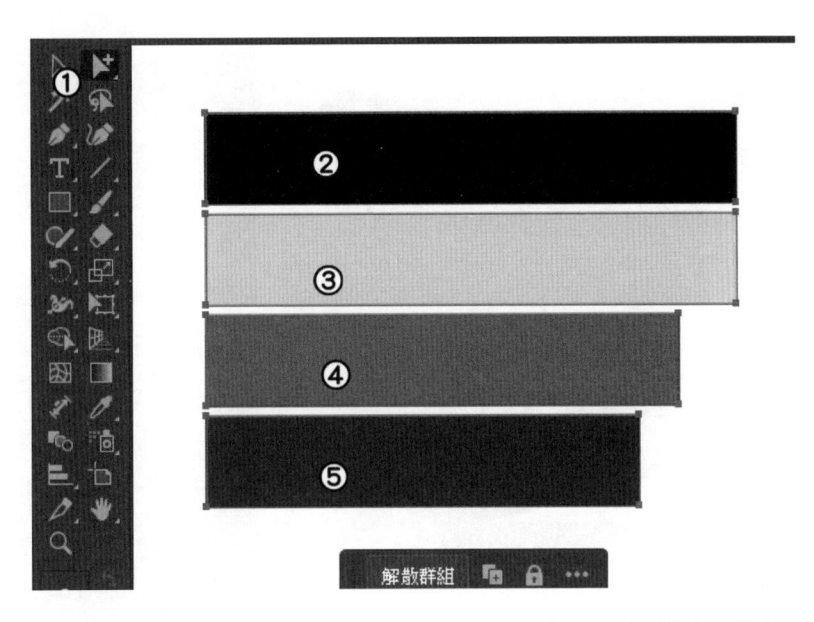

Step2 使用【效果】/【3D 和素材】/【突出與斜角】,設定【深度】為「200pt」、【錐度】為「100%」、【X】為「0°」、【Y】為「40°」、【Z】為「0°」、【透視】為「90°」,【光源】部分,設定【預設集】為「右」、【強度】為「100%」、【旋轉】為「93°」、【高度】為「27°」、【柔軟度】為「40%」、【環境光強度】為「50%」、

> Note 筆者發現在操作「突出與斜角」時,發生「透視」無法設定,建議可以先去調整光源再回來調整。

Step3 使用【工具列】/【群組選取工具】,分別選取四個橫條資料,利用【視窗】/【漸層】面板及【工具列】/【漸層】,依照下方表格,分別填入漸層色,【筆畫】皆設定為「無」:

資料列	左側色彩標記	右側色彩標記
第一個資料列	#62338E	#825EA4
第二個資料列	#00469B	#398BCB
第三個資料列	#B6641F	#F0891A
第四個資料列	#C8291D	#E74030

【410. Social Media ROI Report】

Step4 使用【工具列】/【矩形工具】，繪製四個矩形，【填色】分別設定為「#7B478F」、「#2D79AB」、「#DB7029」、「#B12E3F」、筆畫設定為「無」，最後調整大小及位置。

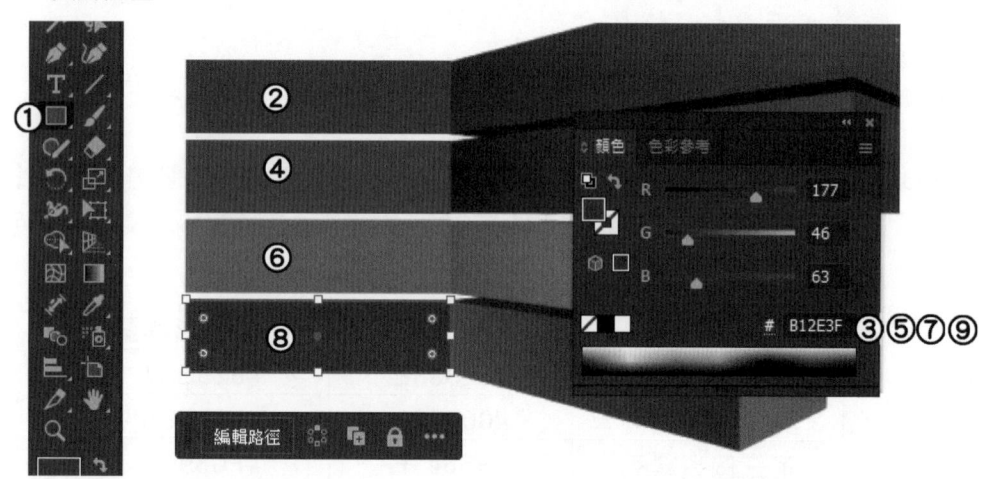

410-3. 設定說明文字及背景美化。

Step1 使用【工具列】/【文字工具】，將「Text.txt」內容貼到版面中，參考下面表格，分別設定文字的【字體】、【字體大小】、【行距】、【填色】，並調整文字位置：

【410. Social Media ROI Report】

文字	字體	大小	行距	填色
標題	Arial Regular	60pt	80pt	黑色
(Top 4)	Arial Regular	40pt	44pt	黑色
說明文字	Arial Regular	40pt	自動	白色
百分比	Arial Regular	40pt	自動	黑色
資料來源	Arial Regular	30pt	自動	黑色

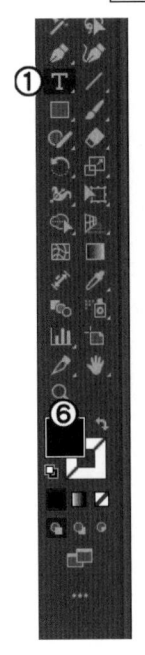

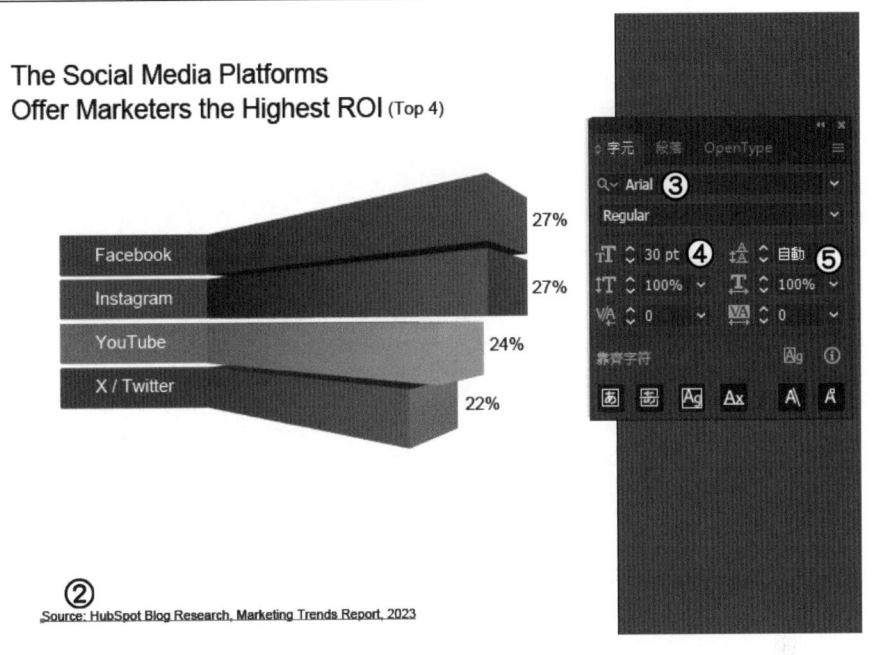

Step2　使用【工具列】/【矩形工具】，在版面左側建立一個「648*1500px」的矩形，【填色】設定為「#EEEDEC」、【筆畫】設定為「無」，移動到最底層。

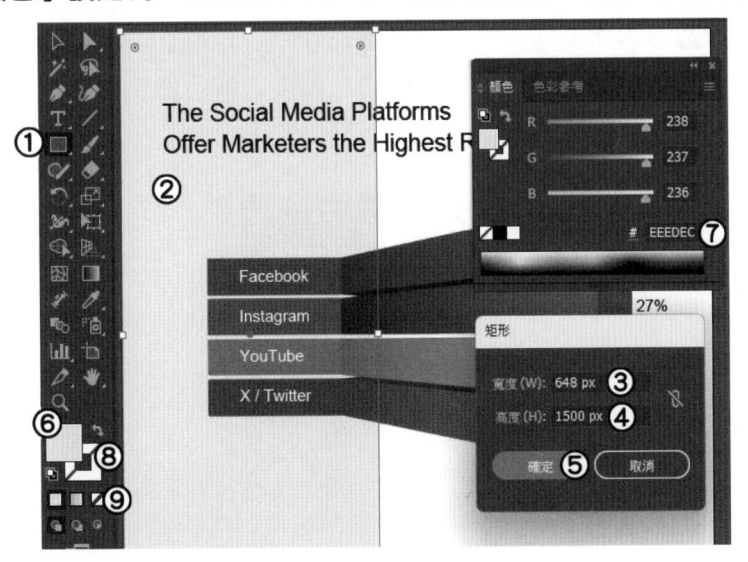

【410. Social Media ROI Report】

Step3 同「Step2 步驟」，使用【工具列】/【矩形工具】，在版面右側建立一個「852*1500px」的矩形，【填色】設定為「#CBCBCB」、【筆畫】設定為「無」，移動到最底層。

Step4 使用【工具列】/【橢圓形工具】，在版面左側建立一個「50*500px」的橢圓形，【填色】設定為「#404040」、【筆畫】設定為「無」。

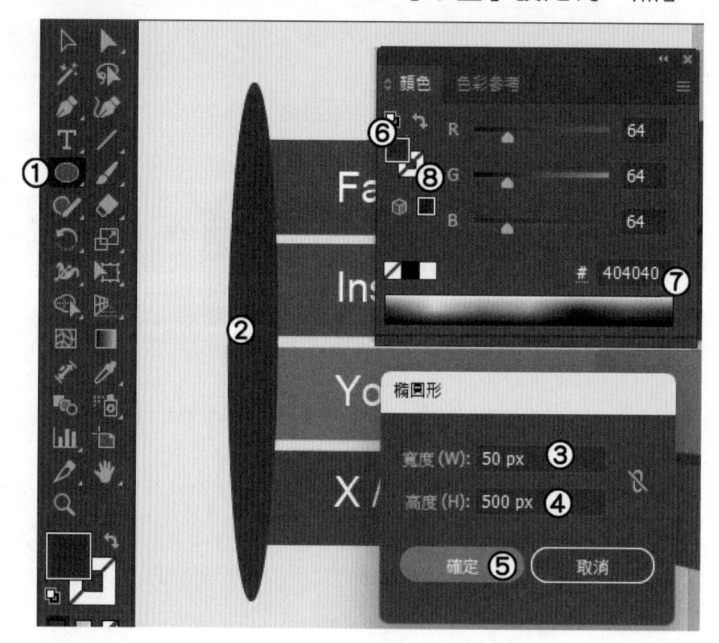

Step5 使用【效果】/【模糊】/【高斯模糊】，設定【半徑】為「18 像素」。

Step6 使用【工具列】/【矩形工具】，在版面左側建立一個「160*580px」的矩形，蓋住橢圓形右側，同時選取「橢圓形」跟「矩形」，使用【物件】/【剪裁遮色片】/【製作】，將左側陰影隱藏，最後切齊色塊左側。

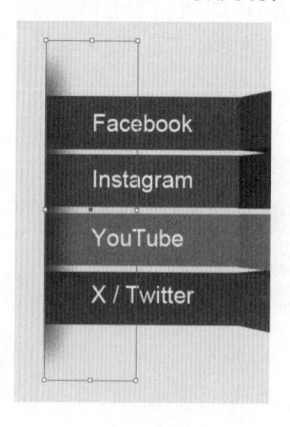

【410. Social Media ROI Report】

410-4. 建立透視效果。

Step1　使用【工具列】/【線段區段工具】，繪製兩個紅色輔助線產生焦點，再使用【檢視】/【透視格點】/【單點透視】/【單點-一般檢視】功能，開啟透視網格，並參考說明文件，調整合適的透視點。

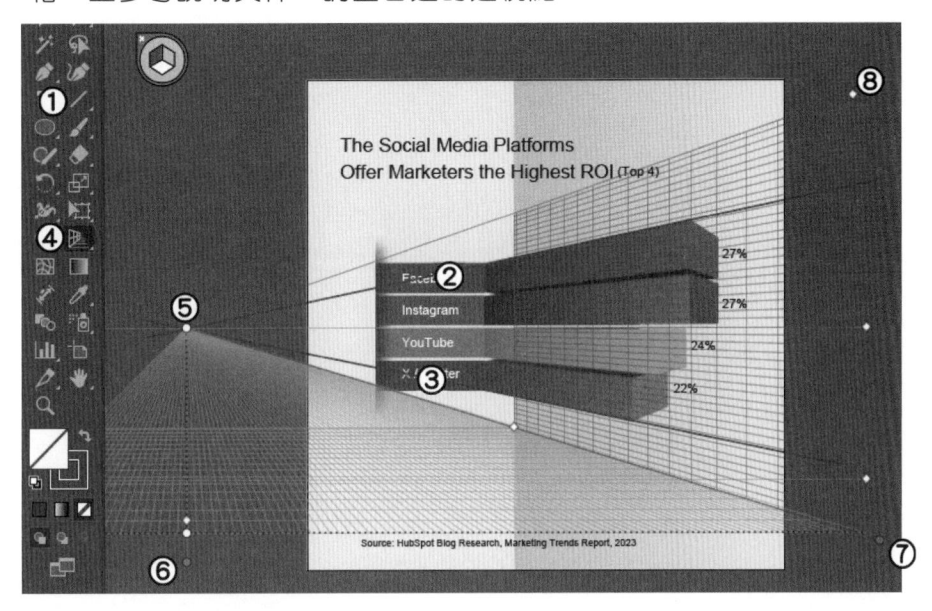

Step2　使用【檔案】/【置入】，將「WordMap.eps」置入，再使用【工具列】/【透視選取工具】，選擇「左側格點」，將「WordMap.eps」調整至左側透視網格中。

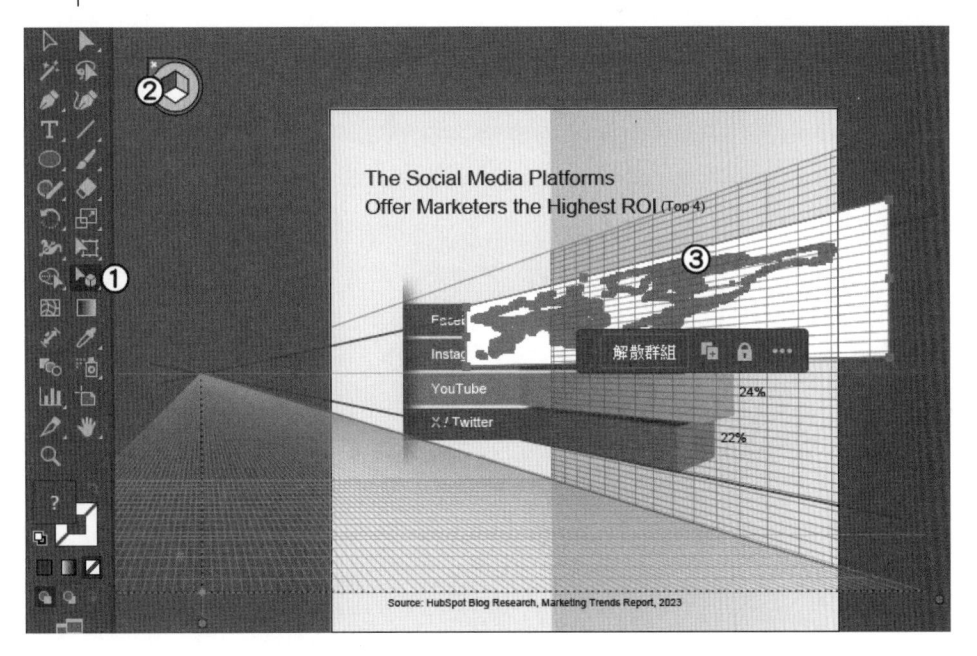

【410. Social Media ROI Report】

Step3　使用【工具列】/【透視選取工具】調整圖檔大小，將「WordMap.eps」圖層群組中最下層的「剪裁群組」刪除，並移動「左側灰色矩形」圖層上方，將【填色】設定為「無」、【筆畫】設定為「白色」、【筆畫寬度】設定為「1pt」，最後隱藏「紅色輔助線」及「單點透視網格」。

TQC+ 電腦繪圖設計認證指南解題秘笈 Illustrator CC(第三版)

作　　者：胡凱元
總 策 劃：財團法人中華民國電腦技能基金會
企劃編輯：郭季柔
文字編輯：江雅鈴
設計裝幀：張寶莉
發 行 人：廖文良

發 行 所：碁峯資訊股份有限公司
地　　址：台北市南港區三重路 66 號 7 樓之 6
電　　話：(02)2788-2408
傳　　真：(02)8192-4433
網　　站：www.gotop.com.tw
書　　號：AEY045111
版　　次：2025 年 08 月三版
建議售價：NT$350

國家圖書館出版品預行編目資料

TQC+電腦繪圖設計認證指南解題秘笈：Illustrator CC / 胡凱元編
　著. -- 三版. -- 臺北市：碁峯資訊, 2025.08
　　面；　公分
　ISBN 978-626-425-141-9(平裝)

　1.CST：Illustrator(電腦程式)　2.CST：電腦繪圖　3.CST：考試
指南

312.49I38　　　　　　　　　　　　　　　　　　　114010499

商標聲明：本書所引用之國內外公司各商標、商品名稱、網站畫面，其權利分屬合法註冊公司所有，絕無侵權之意，特此聲明。

版權聲明：本著作物內容僅授權合法持有本書之讀者學習所用，非經本書作者或碁峯資訊股份有限公司正式授權，不得以任何形式複製、抄襲、轉載或透過網路散佈其內容。

版權所有‧翻印必究

本書是根據寫作當時的資料撰寫而成，日後若因資料更新導致與書籍內容有所差異，敬請見諒。若是軟、硬體問題，請您直接與軟、硬體廠商聯絡。